Khudaverdi Ganbarov
Rena Mammadova
Nigar Agayeva, Samira Abdulgamidova

Atividade antimicrobiana de óleos essenciais de plantas aromáticas

Khudaverdi Ganbarov
Rena Mammadova
Nigar Agayeva, Samira Abdulgamidova

Atividade antimicrobiana de óleos essenciais de plantas aromáticas

ScienciaScripts

Cover image: www.ingimage.com

This book is a translation from the original published under ISBN 978-3-659-83329-8.

Publisher:
Sciencia Scripts
is a trademark of
Dodo Books Indian Ocean Ltd. and OmniScriptum S.R.L publishing group

120 High Road, East Finchley, London, N2 9ED, United Kingdom
Str. Armeneasca 28/1, office 1, Chisinau MD-2012, Republic of Moldova, Europe
Managing Directors: Ieva Konstantinova, Victoria Ursu
info@omniscriptum.com

Printed at: see last page
ISBN: 978-620-8-37198-2

Khudaverdi Ganbarov - prof. Dr. Microbilogista.

Diretor do Departamento de Microbiologia da Universidade Estatal de Baku. Especialista reconhecido em bioquímica e fisiologia de microorganismos.

Rena Mammadova - Dra. Microbilogista.

Departamento de Microbiologia da Universidade Estatal de Baku.

Nigar Agayeva - prof. Dr. Microbiologista.

Departamento de Microbiologia da Universidade Médica do Azerbaijão.

Samira Abdulgamidova - Dr. Microbiologista.

Departamento de Microbiologia da Universidade Estatal de Baku

ÍNDICE DE CONTEÚDOS

A monografia é dedicada às propriedades antimicrobianas (antibacterianas e antifúngicas) do óleo essencial obtido de plantas aromáticas da flora do Azerbaijão. Fornece informações sobre as caraterísticas gerais das plantas oleaginosas essenciais, o óleo essencial, a composição química, as propriedades e a aplicação. Foi demonstrado que o óleo essencial tem propriedades antimicrobianas elevadas contra bactérias gram-positivas e gram-negativas e leveduras que foram obtidas a partir de plantas que se espalham na região do Azerbaijão. O livro pode ser útil para cientistas, microbiologistas, farmacologistas, médicos de especialidades afins, professores do ensino secundário e estudantes.

INTRODUÇÃO

Atualmente, o estudo das propriedades antimicrobianas de substâncias biologicamente activas de origem vegetal requer uma atenção especial. Isto deve-se principalmente ao facto de os microrganismos patogénicos serem capazes de se adaptar muito rapidamente a medicamentos antimicrobianos individuais, principalmente antibióticos. Os óleos essenciais ocupam um lugar especial entre as substâncias antimicrobianas de origem vegetal. As plantas produtoras de óleos essenciais estão espalhadas por todas as zonas climáticas do mundo. Atualmente, são conhecidas 2500 espécies de plantas que formam óleos essenciais, a maioria das quais pertencentes a 3 famílias. A família *Labiateae (Laminaceae)* inclui 187 espécies, *Apiaceae (Umbelliferaceae)* - 177 espécies, e *Compositeae (Asteraceae)* - 177 espécies.

Os óleos essenciais, extraídos de diferentes plantas, têm propriedades antibacterianas, antifúngicas, antivirais, antiparasitárias, antioxidantes, estimulantes do sistema imunitário, anti-inflamatórias e cicatrizantes. Antes de mais, isto está associado ao efeito sinérgico das substâncias que contêm óleo essencial. A composição e as propriedades dos óleos essenciais podem ser diferentes, dependendo do tipo de substâncias que os geram e das condições climáticas em que se propagam. As propriedades biológicas dos óleos essenciais das plantas dividem-se em quatro grupos, de acordo com as suas propriedades biológicas e com a recolha dos óleos essenciais nos diferentes órgãos das plantas:

1) *óleo essencial, que é recolhido nos frutos (sementes).* São plantas oleaginosas essenciais principalmente de cereais e pertencem à família *Apiaceae (Umbelliferaceae);*

2) *óleo essencial, recolhido nas flores.* Uma acácia comum, uma flor perfumada, uma rosa com óleo essencial e outras estão incluídas;

3) *óleo essencial, recolhido na biomassa floral e vegetativa.* Incluem-se a hortelã, o gerânio, a hortelã-gato, o manjericão, a salva e outros;

4) *óleo essencial, que é recolhido nas raízes e nos tubérculos das raízes.* A íris e outras estão incluídas.

No entanto, os óleos essenciais de algumas plantas são recolhidos nos botões florais (por exemplo, bétula, choupo, cravinho), na casca do caule (por exemplo, a canela) e na parte da composição da resina que elas próprias formaram (por exemplo, resina de árvores coníferas). O óleo essencial encontra-se na composição de alguns líquenes e musgos. No território da *República* do Azerbaijão existem mais de 800 variedades de plantas oleaginosas essenciais, sendo a família *Apiaceae* a mais numerosa. As propriedades antimicrobianas (antibacterianas e antifúngicas) do óleo essencial extraído de plantas que se encontram na flora do Azerbaijão, tais como *Achillea millefolium* L., *Orqanium vulqare* L., *Foeniculum vulqare* Mill. *Ocimum basilicum* L., *Menta piperitae* L., *Vatex agnus- castus* L., *Salvia officinalis* L., *Saturea hortensis* L., *Pimpinell asaxifraga* L., *Juniperus subina* L., *Coriandrum sativum* L., *Nepeta cataria* L., 4 espécies do género *Heracleum,* 3 espécies do género *Zizifora* e 11 espécies do género *Thymus* L.

Foi determinado que a atividade antimicrobiana do óleo essencial extraído de diferentes plantas pode ser significativamente alterada em função do tipo de micróbio e do tipo de óleo essencial. Alguns óleos essenciais (por exemplo, um óleo essencial de funcho comum), apenas para uma bactéria gram-positiva especificamente, alguns deles (por exemplo, óleo essencial de alecrim) - para bactérias agram-negativas, alguns deles (por exemplo, *thymeyagi caucasiano)* - para bactérias gram-positivas e gram-negativas, e outros (por exemplo, hortelã amarga, sálvia de óleo essencial de ervas) - pertencem a uma elevada atividade antimicrobiana contra bactérias gram-negativas e leveduras.

5) Os óleos essenciais são capazes de exercer um efeito bactericida e bacteriostático sobre as bactérias e um efeito fungicida e fungistático sobre os fungos. Embora a produção de óleo essencial seja específica para a maioria dos tipos de plantas, na prática é muito pouco utilizada. Atualmente, uma carraça comum, um anis comum, uma hortelã amarga, hortelã-gato, óleo de éter de rosa, alecrim, gerânio, jasmim, tomilho, coentro, funcho comum, habitual, cominho, pimenta de Caiena, hortelã, coentro, manjericão, sálvia, íris, violeta perfumada são considerados palnts industriais substanciais

de óleo essencial.O conhecimento das caraterísticas dos óleos essenciais obtidos de várias plantas é fundamental para alargar o âmbito de aplicação e serve para aumentar a quantidade de tipos de plantas de óleos essenciais industriais.

Os autores agradecem antecipadamente as notas e os comentários dos leitores.

CAPÍTULO 1

PROPRIEDADES DOS ÓLEOS ESSENCIAIS PLANTAS E ÓLEOS ESSENCIAIS

1.1. Caraterísticas gerais das plantas oleaginosas essenciais

Nos tempos modernos, a produção de substâncias biologicamente activas de diferentes plantas e as suas propriedades antioxidantes, antirradicais, antitumorais, antimicrobianas e outras continuam a ser estudadas ativamente [59, 72; 103].

Um grupo de substâncias biologicamente activas em plantas que sintetizam plantas de óleo essencial. As plantas produtoras de óleos essenciais, bem como para fins medicinais, têm sido utilizadas desde a antiguidade e os óleos essenciais perfumados têm sido utilizados pelas pessoas. O óleo essencial para perfumar salas de linho e plantas silvestres tem sido utilizado fresco ou seco. Mais tarde, foram utilizados óleos essenciais puros [25, 42, 172, 183, 246].

Plantas de óleo essencial que se espalharam pelo globo em todas as zonas climáticas. Atualmente, são conhecidas 2500 espécies de óleo essencial de plantas. A maioria destas plantas pertence a 3 famílias. A família *Labiateae (Laminaceae)* inclui 187 espécies, a família *Apiaceae (Umbelliferaceae),* 177 espécies, e a família *Compositeae (Asteraceae)* - as 177 espécies [5, 66, 71, 138, 200].

O óleo essencial forma uma espécie de planta única, embora haja muito poucas no mundo para obter uma gama de óleo essencial é usado nas espécies de plantas do óleo essencial. Assim, 6 espécies da família Apiacea - o anis habitual, coentros selvagens, cominhos habituais, funcho vulgar, sabor a endro, 6 espécies *Labiateae* da família - a hortelã-gato, alfazema verdadeira, medicamentos para a dor da hortelã alecrim, âmbar de salva. 1-2 espécies de outras famílias de plantas são utilizadas para este fim [86, 194].

De acordo com as propriedades biológicas e a acumulação de óleo essencial em diferentes órgãos, as plantas oleaginosas são subdivididas em quatro grupos principais [36, 69, 207, 248].

1) Plantas oleaginosas, que recolhem o óleo essencial nos frutos ou nas sementes (o anis comum, a hortelã selvagem, o cominho comum, o funcho comum, o endro odorífero e etc.). Estas plantas são principalmente plantas cerealíferas e pertencem todas às *Apiaceae.* O fruto destas plantas é chamado de semente;

2) plantas de óleo essencial, recolha de óleo essencial em flores (óleo essencial de rosa, árvore comum, espiga de flor perfumada e etc.);

3) plantas de óleo essencial que recolhem o óleo essencial em plantas de biomassa racemosa e vegetativa (manjericão, gerânio, hortelã-gato, hortelã-amarga, salva, alfazema, etc.). É de notar que durante a recolha das plantas e a transformação das plantas se perde uma grande parte do óleo essencial;

4) plantas de óleo essencial que recolhem o óleo essencial na raiz e no tubérculo da raiz. A íris e outras estão incluídas.

Em algumas plantas, o óleo essencial é recolhido nos botões florais (por exemplo, bétula, choupo, cravinho), na casca do caule (por exemplo, canela), e parte formada de sumo e resinas de goma (por exemplo, plantas coníferas, resina, resina benzol, etc.) [108].

Encontram-se óleos essenciais na composição de alguns líquenes e musgos, por exemplo, musgo de carvalho [36, 78]. Atualmente, o anis comum, o funcho comum, o habitual, os cominhos, a pimenta de caiena, a hortelã, a hortelã-gato, o óleo essencial de rosa, o alecrim herbáceo, o gerânio, a violeta doce, o jasmim, o tomilho, os coentros, a alfazema, o manjericão, a salva, a íris e outros pertencem a plantas industriais de óleo essencial substancial. [2, 5, 80, 84-87, 171].

Cuminum cyminum L. pertencente à família *Apiaceae* é uma planta anual e o Sudeste Asiático é o seu habitat. O óleo essencial é recolhido nas sementes da planta e a sua quantidade é de 2-4%. Há 3,8% de óleo essencial numa semente de cominho comum que se espalhou no Azerbaijão [79, 80,

127].

Ao mesmo tempo, foram estudados os óleos essenciais de 9 tipos de pseudo-alcaravia e, dependendo das espécies de plantas, a quantidade de dose de óleo essencial variou entre 0,65-8,7%. A maior parte do óleo essencial (8,7%) é observada na *Pimpinella aromatica* (anis).

Carum carvi L. é uma planta herbácea bienal e pertence à família Apiceae. Cresce em estado selvagem na Ásia e na Europa. O óleo essencial é recolhido nas sementes da planta e a quantidade é de 3,5-6% [109].

Foeniculum vulgare Mill. é uma planta bienal e perene que pertence à família *Apiaceae.* Espalhou-se na costa do Cáspio, em Kur-Araz e na planície de Lankaran do Azerbaijão. O óleo essencial é recolhido nas sementes da planta e a quantidade é de 3-7% [77].

A Menta piperita L. é uma erva perene que pertence à família *Labiateae (Laminaceae).* Cresce nos continentes da Europa, Ásia e América como uma planta selvagem. O óleo essencial é recolhido na parte elevada da planta e a quantidade é de 2% [23, 111].

Nepeta cataria L. é uma erva perene que pertence à família *Labiateae (Laminaceae).* O óleo essencial é recolhido na parte elevada da planta e a quantidade é de 0,2-0,3% [163].

A Rosa damascena L. é um arbusto perene que pertence à família Rosaceae. O óleo essencial é recolhido em pétalas e copos, a quantidade é de 0,17-0,20% [81].

O Rosmarinus officinalis L. é um arbusto perene de folha perene que pertence à família *Labiateae (Laminaceae).* Cresce na Europa como planta de bosque. O óleo essencial é recolhido nas flores e nos rebentos jovens, a quantidade é de 0,8-1,2% [200].

Pelargonium roseum L. é um arbusto atrópico-perene que pertence à família Geraniaceae. O óleo essencial é recolhido nas folhas (0,3-0,4%) e no tronco (0,01%) [87, 188].

Viola odorata L. é uma erva e pertence à família das violáceas. O óleo essencial é recolhido nas flores e nas folhas e a sua percentagem é de 0,080,10% [125].

O Jasminum grandiflorum L. é um arbusto perene e pertence à família das oleáceas. A sua terra natal é considerada a Índia. O óleo essencial é recolhido nas flores e o quantum é de 0,2% [227].

Thymus Kotachyanus Boiss é uma erva perene e pertence à família Labiateae, tem um cheiro forte e agradável. O óleo essencial é recolhido na parte elevada da planta, sobretudo (0,6%) nas folhas [112].

O Coriandrum sativum L. é uma erva anual, pertence à família *Apiaceae.* Cresce no Cáucaso, na Crimeia, na Ásia Central, na América do Sul, na Ásia e no Norte de África. O óleo essencial é recolhido nas sementes da planta e o quantum é de 1,2-1,5% [27, 130].

A Lavandula angustifolia Mill. é uma erva perene e pertence à família *Labiateae* (*Laminaceae*). Cresce na Europa principalmente como uma planta selvagem. O óleo essencial é recolhido na infrorescência e o seu quantum é de 0,92,3%.

O Ocimum gratissimum L. é uma erva perene e pertence à família *Labiateae (Laminaceae).* A sua terra natal é considerada o Sul da Ásia. O óleo essencial é recolhido nas folhas e o quantum é de 0,35-0,60% [87, 171].

A Salvia sclareae L. é uma erva perene e pertence à família *Labiateae (Laminaceae).* Espalhou-se na Europa como planta selvagem. O quantum de óleo essencial é de 0,33% [43, 62, 121].

Petroselinum crispum (Mill.), A.W.Hill. é uma erva bienal, pertencente à família *Apiaceae.* O óleo essencial é recolhido nos órgãos da planta, mas é recolhido quantitativamente nas sementes (2,7%) [78].

A Apium graveolens L. é uma erva perene. Espalha-se como planta selvagem no território do Azerbaijão. Existe óleo essencial em todos os órgãos da planta, mas é recolhido principalmente nas sementes (2-6%). Existe óleo essencial nas folhas e no tronco (0,1%) e na raiz (0,08%) [47].

Anethum graveolens L. é uma erva anual e pertence às *Apiaceae.* A sua origem é considerada a costa mediterrânica. Existe óleo essencial em todos os órgãos da planta e é recolhido principalmente nas sementes (2,5-4,0%) [11, 86].

A Achiellea millefolium L. é uma planta herbácea, pertence à família *Compositeae (Asteraceae).* Está presente na Europa e na maioria dos países do mundo. O óleo essencial é recolhido na parte elevada da planta 0,010,13% [25, 374].

A Heracleum trachyloma Fisch. et Mey. é uma planta herbácea perene, que se espalha nas zonas montanhosas do Azerbaijão, nos locais húmidos e nos vales aquosos. O óleo essencial é recolhido nas sementes da planta e a sua quantidade é de 9% [84, 236, 238].

A Iris musilmanika Fem. é uma erva perene, pertence à família *Iridaceae.* Cresce em Itália, na Índia e em Marrocos como planta selvagem. O óleo essencial é recolhido no rizoma e a quantidade é de 0,3% [87, 136].

Tripleurospermum perforatum (Mart.) é uma erva anual e pertence à família *Compositeae* (*Asteraceae*). O óleo essencial é recolhido nas suas flores e a quantidade é de 0,15% [252].

Artimisia lerchiana Web.: Stechm é um semi-arbusto. O óleo essencial é recolhido na parte elevada da planta [98, 141, 181].

A flora de plantas silvestres de óleo essencial e a flora cultural foram estudadas por cientistas do Azerbaijão. Verificou-se que, mais de 800 espécies de plantas oleaginosas essenciais se espalharam no Azerbaijão e a maioria delas pertence à família *Apiaceae.* Assim, mais de 50% das espécies pertencentes à *Apiaceae* são plantas oleaginosas essenciais [3, 76, 78-80, 83, 84, 87].

As outras plantas mais comuns, que pertencem a *Labiateae (Laminaceae)*, são representativas do género *Thymus. L.* Verificou-se que, dependendo da espécie da planta, a quantidade de óleo essencial varia entre 0,46-1,75%. A maior parte (1,75%) do óleo essencial foi observada no *Thymus Caucasus* [78, 106-113].

Vitex agnus-castus L., *Achillea filipendulina Lam.*, *Pimpinella L.* e *Chaerophyllum L.* produzem óleo essencial [51, 163, 168].

Foi estudada a quantidade de óleo essencial e a composição dos seus componentes das plantas supramencionadas que se encontram disseminadas no Azerbaijão. O óleo essencial de 5 espécies de *Chaerophyllum* foi armazenado. A quantidade de óleo essencial em *Chaerophyllum aureum* foi de 1,7%, em *Ch. roseum* - 0,9%, em *Ch. crinitum* - 0,53%, em *Ch. bulbasum* - 1,42%, em *Ch. morospermum* - 1,7% [143]

Foi estudado o óleo essencial de 2 espécies do género *Echinophora (Echinophora orientalis* e *E. sibthorpiana)* que se espalharam no Azerbaijão. A maior quantidade (3,8%) de óleo essencial foi observada em *Echinophora sibthorpiana* [10].

A quantidade de óleo essencial nas sementes de *Astrodaucus orientalis* era de - 2,45%, e nas sementes de *A. cerefolium* - 1,4% [80].

A quantidade de óleo essencial no fruto de *Grammosciddium platycarpum* foi de 4,3% [62], nas sementes de *Daucus sativus* - 1,8 e *Daucus carota* - 2,0 % [79, 161].

1.2. Composição química dos óleos essenciais, propriedades e aplicações

Óleo essencial - é sintetizado pelas plantas e consiste numa mistura de compostos orgânicos à base de líquidos gordos que têm uma volatilidade e um cheiro especiais. Os óleos essenciais só se encontram nas plantas e nunca foram observados em organismos animais [56, 73, 169, 196].

Os principais ingredientes dos óleos essenciais são os fenóis e os terpenos e na sua composição podem existir entre 300 e 500 elementos individuais. Estes são hidrocarbonetos, álcoois, aldeídos, cetonas, laktones, ácidos, ésteres, fenóis e seus ésteres. A composição dos terpenos dos óleos essenciais são os hidrocarbonetos C5H8 e os seus derivados oxigenados^, 36, 174, 218, 219, 244].

Os óleos essenciais têm sempre um odor agradável. É por isso que 90% deles são amplamente utilizados na indústria dos perfumes. A principal razão para a utilização do óleo essencial numa vasta área é explicada pelas suas substâncias biologicamente activas. O resultado do efeito conjunto destas substâncias, o óleo essencial tem propriedades valiosas [91, 167, 176, 252].

Os álcoois livres ou os seus poliéteres, os fenóis e os seus éteres, alguns aldeídos e cetonas conferem ao óleo essencial um odor agradável. Apesar de a maior parte do óleo essencial ser constituída por diferentes substâncias odoríferas, a sua importância é atribuída a um ou poucos componentes. Este tipo de óleo essencial é utilizado como matéria-prima para a produção de substâncias individuais. Por exemplo, o anetol é obtido a partir do óleo essencial de anis, o linalol, que cheira a lírio, é obtido a partir do óleo essencial de coentros, o geraniol, que cheira a rosa, o metilionon, que cheira a violeta, o stirol, que cheira a limão, e o hidrooksistronellool, que cheira a tília, são obtidos a partir de diferentes óleos essenciais [39, 50, 61, 79, 94, 173, 186, 187].

Existem substâncias cristalinas de alta temperatura de fusão nos óleos essenciais. Por conseguinte, os óleos essenciais que possuem mais substâncias deste tipo, congelam muito facilmente e mantêm a forma sólida à temperatura ambiente. Como exemplo, podemos citar os óleos essenciais de carraway e de rosa [92, 93, 180, 222].

A maioria dos óleos essenciais é um líquido transparente, incolor ou amarelado, verde-amarelado, com viscosidade diferente. Como resultado de terem diferentes graus de volatilidade, as substâncias têm diferentes temperaturas de ebulição. Uma das propriedades mais importantes do óleo essencial, amplamente utilizado na prática, é o facto de, em condições de baixa temperatura de 100°C, o vapor de água poder ser expulso. A maioria dos óleos essenciais é mais leve do que a água. Mas alguns deles, como o óleo essencial de manjericão, louro e cravinho, são mais pesados do que a água [10, 30, 40, 41,178].

Os óleos essenciais quase não se dissolvem em água ou dissolvem-se um pouco. Mas dissolvem-se facilmente na maioria dos solventes orgânicos (álcool etílico, benzina, éter etílico, acetona, colofórmio). Os óleos essenciais também podem ser dissolvidos em óleos vegetais. Estas propriedades dos óleos essenciais são utilizadas para a sua obtenção a partir de ervas. O óleo essencial tem também a capacidade de solvente e pode dissolver alcatrão, cera, parafina, gordura e borracha [12, 16, 179, 206].

A viscosidade e a densidade ótica aumentam, a cor torna-se escura e o cheiro torna-se pior. Os óleos essenciais podem inflamar-se facilmente. Durante a conservação dos óleos essenciais é necessário prestar atenção a estes factores. É necessário mantê-los no escuro e em condições frescas, em recipientes herméticos [33, 36, 64, 104, 220].

O óleo essencial obtido a partir de várias plantas tem propriedades diferentes consoante as suas caraterísticas. Prestemos atenção aos óleos essenciais que são mais utilizados.

O óleo essencial de menta amarga é uma matéria que lembra o cheiro da menta e tem um cheiro um pouco doce. Contém 45-70% de mentol, mentilasetat e mentilvaleriant 16-38% de menthon, limonene, dipenten, pinene, e 16-39% de cineole. Para além disso, contém também menten, fellandren e sesquiterpeno. O óleo essencial tem propriedades refrescantes, regeneradoras, ardentes, analgésicas e estimulantes. É amplamente utilizado para obter doces, pasta de dentes, refrescos, bebidas, gomas de mascar e substâncias cosméticas, e é utilizado no tratamento de órgãos digestivos [23, 87, 125, 205, 208, 209, 210].

A parte principal do óleo essencial de cominho comum é o karvon (5565%), limoneno (30%) e karvalol (10-20%). É utilizado para emitir um odor agradável em preparações medicinais e na produção de açúcar, e no tratamento de doenças gastrointestinais [14, 42, 43, 195].

A parte principal do óleo essencial de anis é o anetol (50-60%), benzol (20%), methilhavakol (10-12%), para além de 10-12% de aldeído de anis, cetona, benzon, pineno, dipenten e combinações de fellandren. Tem demasiada propriedade de volatilidade. Este óleo essencial é muito utilizado na culinária, perfumaria, sabonetes perfumados e na produção de licores e vinhos. É utilizado habitualmente em medicina para constipações e doenças respiratórias [10, 54-56,199].

O óleo essencial de coentro selvagem contém 50% de carvona e 30% de piol. O restante contém lonalool, limoneno, cimeno, fellandren e terpinolen. Na medicina, é utilizado para tratar inflamações do trato respiratório superior, doenças da pele, para eliminar perturbações do sistema digestivo, doenças do sistema nervoso [11, 14, 44-46, 78, 159].

O principal constituinte 50% do óleo essencial de salsa encaracolada é o apiol, e a parte restante é constituída por pineno, mystirin, isomystirin, ácido palmítico, petrosil e fellandren. O óleo essencial de salsa tem propriedades diuréticas, é aplicado na inflamação dos rins e da bexiga. Tem uma aplicação muito mais alargada na culinária [8, 14, 46-48].

Os principais componentes do óleo essencial de aipo perfumado são o limoneno (29%), o karvon (18%), o fellandren (10%), o selénio, o sedanolídeo, o anidrido do ácido sedónico e os fenóis. O apiol e o pineno também são encontrados em alguns casos. O óleo essencial de aipo é utilizado em doenças dos rins e da bexiga urinária, em particular, pedras quebradas, trazendo a eliminação da prisão de ventre, esfregaços de feridas purulentas [14, 49-51].

O principal componente do óleo essencial da cicuta florífera enorme é o oktilazo-butirato (30,3%), o terpinolen (19,7%), o heksilbutirato (12,24%), o etilazobutirato (5%), o álcool octílico (4,9%), o pineno (3,3%), o heksilasetato (3%), o sabinen (3,6%), o etilvaleriat (2%), o anisaldeído e uma pequena quantidade de outros. O aldeído de anis diferencia o seu cheiro de outros óleos essenciais . Este óleo essencial tem propriedades antioxidantes, anti-sépticas e expectorantes. Os medicamentos feitos a partir do óleo essencial são utilizados como sedativos e no tratamento de vermes intestinais [69, 84, 235, 238].

O componente do óleo essencial que se obtém das flores da cicuta que cresce na região de Sanktpeterburg na Rússia, foi mostrado como acetato de geranil, actilbutonat, sabinen, в-mirsen, osimen, curcumen, bisabalen e terpinenol. O componente principal do óleo essencial que se obtém da raiz da planta consiste em menton, sabinen, pulegon, pinen, e simola e piperiton [21, 201, 202, 237, 238].

O principal componente do óleo essencial de funcho aromático é constituído por lymonen 47%, fellandren 11,5%, fenchol 0,87%, karvon 0,23%, cetonas, ácidos e aldeídos. É aplicado na obtenção de preparações cosméticas, licores e na preparação de alimentos enlatados. Na medicina é utilizado como diurético colagogo, apetecível e sonífero [43, 44, 76, 77, 84, 252].

O óleo essencial de alecrim é quase um líquido incolor ou amarelo claro e de cheiro forte. A composição é formada principalmente por monoterpenos e cetonas. E é rico em pineno, komfen, linool e outros terpenóides. É amplamente utilizado para obter várias preparações de medicamentos em farmacologia. Em particular, é aplicado em reumatismo, artrite, miosite, dores de cabeça, osteocondrose e no tratamento de doenças neurológicas [45, 87, 90, 115, 118, 205].

O óleo essencial de lavanda tem um aroma fresco de flor, é um pouco doce e tem um odor forte. Contém linalol (1030%), éteres complexos (30-60%), valeriana, óleo, vinagre, ácidos de kapron. É amplamente utilizado no tratamento de medicamentos para a tosse espasmódica, doenças cardiovasculares e feridas cutâneas. Tem um efeito tranquilizante no sistema nervoso [63, 87, 106, 119, 120].

O óleo essencial de salva de cheiro específico é um líquido oleoso incolor, verde claro ou amarelo claro. Os principais componentes são éteres complexos (6070%), ácidos e terpenos. 42,1-63,2% do terpeno é acetato de linalilo. É utilizado principalmente no tratamento de doenças ginecológicas. Melhora o estado psicológico do ser humano [19, 107-109, 230].

Existem 13 componentes no óleo essencial de rosa. O linalol, o linalilformato, o sitronelilformato, o geranilformato, o sitronelol, o acetato de geranil, o geraniol e o álcool feniletol são alguns deles. Este óleo essencial é utilizado principalmente em perfumaria [160, 217].

O óleo essencial de *Filipendula ulmaria* Maxim. que se obtém do racemo tem um odor a mel. A sua composição principal é a salicianida e, além disso, há ácido metilsalicílico de baunilha, heliotropina, benzilaldeído, ácido etilbenzóico, feniletilfenilasetat, álcool benzílico e 2-hidroksimetilfurfurol [227, 231].

A composição química do óleo essencial que se obtém da parte superior do solo de *Xanthium pennsylvanicum* Wollroth é principalmente lymonene, sabinen, pinene, camphene, mirsen, terpinon e simol [32, 185].

O óleo essencial da cenoura brava *(Daucus carota* L.) tem um cheiro perfumado e na sua estrutura encontram-se pineno, kamfin, cymene, dausen, elemen, ilangen, curcumen, cariofillen, chimacolen, cadinen, bisabolen, bergamoten, cartol, daukol, akorenon, uniperkamfora, izoelemisin, geraniol e geranilasetat. Os dois últimos elementos são componentes-chave do óleo essencial [161, 249].

O óleo essencial obtido a partir do fruto e do racemo de *Vitex agnus-castus pertence a L.* e é constituído por substâncias pineno, sabreno, limoneno, cineol, cimeno, linalol, cânfora e bornilasetato. Os principais componentes são o pineno, o limoneno e o simolaide [63, 234].

No óleo essencial obtido da erva parenial *Nepeta grandiflora* Bieb. foram revelados pineno, cineol, timol, menton, izomenton, timon, mentol, borneol, puleqon, terpineol, sitromellol, epinepetalacton e nepetalakton. O principal componente são as lactonas [156, 189].

Os principais componentes do óleo essencial obtido de *Ledum palustre* L. são o limoneno, o cis-mentoadienol, o trans- mentoadienol, o mirsen, o ledol e o palostrol [17, 140].

Os óleos essenciais foram obtidos a partir de diferentes tipos de folhas e cascas de pinheiro e a sua composição revela pinen, camphene, mirsen, karen, terpinen, limonene, fellandren, cymene, terpinolen, heroniol, neral, comphor, bronilasetat, karifollen, humilen, langifolen, terpincol, murolen, kordinen, curcumen, elamarulen [35, 154, 177].

Há informações sobre a aplicação na indústria alimentar de óleos essenciais obtidos de *Mellissa officinalis* L., *Origanum tyffanthum* Gontsch. e *Ziziphora pedicellata* Voed to Paris. que crescem no Uzbequistão [123].

O oli essencial de *Achiellea millefolium* L. tem um sabor forte e um pouco doce. Na sua composição existem algumas combinações como fraqranol, cineole, azulen, boranilasetat, limonene, pinene, tuyon, ácido acético, kariofillen, ácido salicílico. Este óleo essencial tem um efeito sedativo no sistema nervoso e é utilizado no tratamento do reumatismo [51, 87, 136, 168].

O óleo essencial de *Achilla nobilis* tem 62% de fargranol no seu interior, por isso é tão valioso [34, 158].

O óleo essencial obtido de *Artemisia lerchiana* Web contém cânfora, mirsen, canfeno, p-cimeno, pineno, cineol, limoneno, terpineno, fellantren, bor neol e tuyon: Stechm [134].

Interior de *Artemisia soparia Woldst:* Kit. óleo essencial kariollan, kapillen, curcumen, evgenol, pinene foi revelado [37, 217].

No óleo essencial obtido de *Artemisia jacutica Drobak.* foram encontrados farnezin, qumulen, kordinen, intermedol, bizabolol, kamazulen e álcool selikan. Os últimos 3 itens são os principais componentes do óleo essencial [122, 232].

O fraqranol foi encontrado pela primeira vez no óleo essencial de *Artemisia fragrans Willd.* [116]. Foram definidas propriedades farmacológicas neste óleo essencial [47, 133, 141, 162, 190].

O óleo essencial de *Tripleurospermum inodorum* é um líquido castanho-azulado e tem um cheiro doce. É utilizado principalmente no tratamento de úlceras de gastroenterotomia, cansaço, depressão e tensão nervosa [87, 139, 142, 143, 151, 152].

De 15 a 50 composições foram reveladas dentro de óleos essenciais obtidos de diferentes espécies do género *Thymus.* Mas 78,7% do óleo essencial é timol e curbakrol, e 10-20% é geranial e tinaloel. Além disso, também se encontram pinin, karvon, terpinol e simen. Os óleos essenciais são utilizados principalmente para dar um cheiro e um sabor agradáveis aos produtos à base de carne e aos produtos de confeitaria na indústria alimentar. Também são aplicados no tratamento de doenças infecciosas na medicina [6, 96, 97, 100, 109, 110, 157, 204].

O óleo essencial de Thymus vulgaris tem mais de 60 componentes na sua estrutura. A maior parte deles são pineno, canfeno, limoneno, sabinen, mirstsen, psimol, linolool, terpincol, sitrenellol, sitrol, karuofillen, terpinen, bernol, keranilol e keranilacetate [113, 120].

Os óleos essenciais obtidos a partir das plantas *Origanum vulgare* L., *Hypericum perforatum* L., *Menthol piperatae* L., *Nepeta grandiflora* Bieb., *Satureja laxiflora* C. Koch, *Anethum graveoleus* L., *Thymus serpullum* L., *Salvia officinalis* L., *Ocimum basilicum* L. têm propriedades antioxidantes elevadas [9, 18, 29, 49, 88, 159, 192, 218, 253].

Foi definido que os principais ingredientes do óleo essencial de *Origanum vulgare* são kariofillen (11-32%), germakren (10-19%), sabinen (7,5-17,8%), mirsen (3,0-5,0%), osimen (8,4-14,2%) e farnezen (4-11%) [119, 165, 199, 239].

Os óleos essenciais obtidos da cebola e do alho diferem entre si na composição química [14, 24].

Os campos de aplicação dos óleos essenciais são muito vastos. Atualmente, os óleos essenciais e alguns dos seus componentes são utilizados nos seguintes domínios [2, 31, 46, 62, 63, 65, 135, 136, 170, 175, 188, 213, 241]:

1) cosméticos perfumados, perfumes, sabão para as mãos e rosto, champô prxeparation;

2) na indústria alimentar, para dar sabor e cheiro agradáveis à carne e aos produtos de confeitaria, aos licores, às bebidas alcoólicas e às pastilhas elásticas;

3) A preparação de aerossóis para melhorar e neutralizar o ar da sala;

4) a produção de medicamentos para o tratamento de várias doenças;

5) o tratamento da doença, anti-inflamatório, antissético, desinfetante, antioxidante, expelente de helmintos, regulador imunitário e cicatrizante .

1.3. Propriedades antibióticas dos óleos essenciais de várias plantas

A infusão natural obtida de algumas plantas tem propriedades antimicrobianas [41, 131, 135]. As propriedades antimicrobianas são específicas das substâncias biologicamente activas presentes na composição das plantas. Os óleos essenciais são uma dessas substâncias [26, 103, 142, 166, 185, 222].

Os campos de aplicação dos óleos essenciais são muito vastos e a utilização da vida humana neste ou noutros domínios está relacionada com as suas propriedades específicas. A utilização de óleos essenciais no tratamento de feridas purulentas e doenças infecciosas está associada, em primeiro lugar, às suas propriedades antimicrobianas (antibacterianas, antifúngicas e antivírus) [55, 100, 102].

O óleo essencial obtido a partir de *Origanun vulgare* L. que cresce na Turquia, tem um efeito fungicida contra fungos fitopatogénicos. O efeito antifúngico mais elevado é específico para os itens tymol e kervacrol no óleo essencial [8, 32, 95].

Foram estudadas as propriedades antibacterianas, antifúngicas e antiprotésicas do óleo essencial obtido de *Oregano vulgare* L. que cresce no Uzbequistão, tendo sido revelado o seu efeito antibiótico contra microrganismos patogénicos convencionais: *Staphyloccus aureus, Staphyloccus epidermidis, Staphylococcus saprophyticus, Streptococcus pyogenes, Streptococcus faecilis, Streptococcus faecium, Streptococcus pneumoniae, Pseudomonas aeruginoza, Klebsiella pneumoniae, Citrobacter freundili, Enterobakter cleaceae, Enterbacter aerogenes, Escherichia coli, Salmonella enteridis, Salmonella typhimurium, Shigella flexneri, Proteus morganii, Proteus mirabilis* e *Candida albicans*. Foi determinado que a atividade antimicrobiana do óleo essencial é altamente dependente da sua densidade. Assim, o crescimento de algumas bactérias foi inibido na concentração de 200 mcg/ml, não apresentando impacto negativo a bactéria *Staphylococcus aureus* e a *levedura Candida albicans*. No entanto, concentrações de 300 e 600 mcg/ml impedem o desenvolvimento do crescimento das culturas testadas [115, 118].

O óleo essencial de *Organium vulgare* L. tem influência antibacteriana em vários microrganismos, incluindo o bacilo da tuberculose (bacilo da tuberculose) [101, 105, 119].

O óleo essencial de *Organium vulgare* L., que cresce na Sibéria Ocidental, tem atividade antimicrobiana e antifúngica contra as *bactérias Staphylococcus aureus* e Pseudomonas *aeruginosa e* o fungo *Candida albicans*. As várias fracções deste óleo essencial foram obtidas e determinou-se que, se houver timol no interior da fração, esta pode apresentar atividade antifúngica e antibacteriana. Se não houver timol na fração etérea, esta não tem efeito antibiótico contra o micróbio patogénico [120].

Assim, foi determinado que o óleo essencial de *Oragno vulgare* L. pode ser utilizado como remédio alternativo contra os micróbios patogénicos e para descontaminar os quartos do hospital.

Os óleos essenciais obtidos de diferentes espécies do género *Herasleum* L. têm fortes propriedades antimicrobianas e são utilizados para proteger as plantas da contaminação bacteriana, para fazer preparações profilácticas e curativas contra o vírus [236-239].

O efeito antibiótico do óleo essencial obtido a partir de *Vitex agnus- castus* L. foi aprendido contra bactérias asporogénicas *Staphylococcus aureus*, *Serratia marcescens*, *Escherichia coli*, *Pseudomonas aeruginosa* e fungos de levedura *Candida albicans* A atividade antibiótica do óleo essencial foi observada contra a maioria dos micróbios. No entanto, o crescimento da bactéria *Bacilus anthracoides* não foi afetado mesmo com uma solução de óleo essencial a 1% [155, 163].

Foi estudado o efeito antibacteriano de óleos essenciais obtidos de diferentes espécies do género *Artemisia aunua* L., *Artemisia glouca* Pall., *Artemisia abstinthium* L. e *Artemisia austria* Jacq. Entre elas, a maior atividade antimicrobiana foi revelada no óleo essencial do absinto *Artemisia lerchiana*

Web.: Stechm. A atividade antimicrobiana do óleo de éter obtido foi determinada contra *Staphylococcus aureus* e *Corynebacterium diphteriae.* Foi utilizada uma variedade de concentrações de óleo essencial (0,010,6%). Verificou-se que o óleo essencial na densidade de 0,05% destrói 45% das células *de Staphylococcus aureus* e 97,5% das células *de Corynebacterium diphteriae* em 48 horas. Na concentração de 0,1% de óleo essencial, todas as culturas testadas foram completamente destruídas. *A Corynebacterium diphteriae* mostrou maior sensibilidade ao óleo essencial de absinto. Na sua concentração de 0,01-0,05% o desenvolvimento da bactéria foi significativamente inibido (88-97,5%) [181, 208, 228].

O óleo essencial obtido da espécie *Artemisia capillaris* de absinto mostrou uma atividade antibiótica elevada contra leveduras [132, 134, 137].

Definiu as propriedades antifúngicas, anti-inflamatórias e cicatrizantes de feridas do óleo essencial obtido do absinto *Artemisia glabella* Kar. Et Kir. que se propagou como planta endémica no Cazaquistão Central [212].

As propriedades antimicrobianas do óleo essencial do absinto *Artemisia glabella* Kaz. et Kir foram estudadas contra as espécies *Staphylococcus aureus, Bacillus subtilis, Escherichia coli, Pseudomonas aeruginosa* e *Streptococcus agalactiae.* Para resolver o problema do óleo essencial foi utilizado o TVIN-80 e estudou-se o efeito do óleo essencial na sua concentração de 2 mq/l. Verificou-se que o óleo essencial tinha um impacto mais forte nas bactérias gram-positivas (*Staphylococcus aureus, St. agalactae, Bacillus subtilis)* do que nas bactérias gram-negativas (*Escherichia coli, Pseudomonas aerugenosa*). Assim, o impacto nas bactérias gram-positivas foi 1,6-1,7 vezes superior ao das bactérias gram-negativas [181].

Quando o óleo essencial de *Artemisia glabella* foi misturado com óleos essenciais de *Calendula officinalis, Hypericum perforatum* L., *Urtica dioica* L., *Chamomilla recutita* L., *Achillea millefolium* L. e *Salvia officinalis* L., observaram-se propriedades antibióticas elevadas contra *Escherichia coli, Staphylococcus aureus, Bacillus subtilis,* bactérias *Pseudomonas aeruginosa* e levedura *Candida albicans.* Os medicamentos obtidos, devido às suas propriedades cicatrizantes, são utilizados para obter o medicamento "levomekol" [131, 157, 212, 223, 225].

Os óleos essenciais, para além das propriedades antimicrobianas (antibacterianas, antifúngicas e antivírus), têm também propriedades antiparasitárias. No intestino humano, os animais de lei causam doenças como a lamblíase *(Lamblia intestinalis),* a enterobíase *(Suphacia obvelata),* a himenolepíase *(Hymenolepis nana)* e a tricocefalíase *(Trichocephalus muris)*, que são geralmente muito resistentes aos antibióticos e muito difíceis de tratar [127, 128, 233].

Os óleos essenciais obtidos a partir de *Artemisia absinthium* L., *Artemisia amnua* L. e *Artemisia scoparira Waldst.*que se encontram amplamente disseminados nas áreas do Azerbaijão, foram testados quanto às suas propriedades antiparasitárias em ratos vivos. O óleo essencial de *Artemisia absinthium* L. tratou 84,2% dos ratos com lamblíase, 85,7% com enterobíase, 70% com himenolepíase e 73,7% com tricocefalíase. O óleo essencial de *Artemisia amnua* tratou os ratos com 86,4% de lamblíase, 90% de enterobíase, 76,5% de himenolepíase, 71,2% de tricocefalíase. O óleo essencial de *Artemisia scoparira Walds* tratou ratos com 85,7% de lamblíase, 88,2% de enterobíase, 72,2% de himenolepíase, 77,8% de tricocefalíase. Isto significa que todos os três tipos de óleos essenciais tiveram um forte efeito antiparasitário contra parasitas intestinais. Os autores escreveram que a utilização de óleos essenciais contra estes parasitas não os torna resistentes e os óleos essenciais mantêm sempre o seu efeito [37, 182].

Uma das propriedades úteis dos óleos essenciais é que previnem a infeção de parasitas intestinais. O óleo essencial de *Artemisia absinthium* no intestino diminuiu as contagens de ovos de himenolepíase e tricocefalíase 4,4 e 2,1 vezes, o óleo essencial de *Artemisia amnua* - 6,6 vezes, o óleo essencial de *Artemisia scoparira* - 3,0 e 4,0 vezes, respetivamente. O primeiro óleo essencial tem um forte efeito contra a invasão da himenolepíase, mas o segundo e o terceiro óleo essencial têm um forte efeito contra a invasão da tricocefalíase. Isso significa que os óleos essenciais diminuem essencialmente a infacção.

Preparou uma composição de óleos essenciais (mistura na proporção de 1:1) de *Artemisia glabella* Kar. Make Dirt. e *Mentha piperita* L. e estudou as suas propriedades antibacterianas e de cicatrização de feridas. Como culturas de teste foram utilizados *Staphylococcus aureus* grampositivo e *Bacillus subtilis, Escherichia coli* gram-negativo e *Pseudomonas aeroginos,* e culturas de leveduras *Candida albicans*. As bactérias e os fungos foram incubados, respetivamente, a 37°C e 25°C. A atividade antimicrobiana, comparada com o controlo, foi determinada pelo tamanho do diâmetro da colónia (mm). A composição dos óleos essenciais a uma concentração de 14 mcg/ml contra a bactéria *Escherichia coli* e *Pseudomonas aeruginosa,* a 12 mcg/ml contra a bactéria *Bacilis subtilis,* a 7,9 mcg/ml contra a bactéria *Staphylococcus aureus* e a levedura *Candida albicans* teve essencialmente impacto [131].

A compressa foi preparada a partir de uma composição de óleos essenciais e estudou-se a sua cicatrização de feridas e propriedades anti-inflamatórias. Os linfócitos aumentaram e as células monócito-makrofaq diminuíram durante o primeiro dia em que a compressa foi aplicada. Isto indica que o medicamento tem fortes propriedades anti-inflamatórias. Assim, a composição do óleo essencial tinha propriedades anti-bacterianas, anti-fúngicas, anti-inflamatórias e de cicatrização de feridas.

Estudaram-se as propriedades antibacterianas e anti-inflamatórias do óleo essencial de *Saussure salsa* Pall. A atividade antimicrobiana foi determinada em meio sólido pelo diâmetro (mm) das colónias de bactérias cultivadas. O medicamento afecta mais as bactérias gram-negativas *Escherichia coli* e *Staphylococcus aureus* e as gram-positivas *Pseudomonas aeruginosa* em comparação com os fungos de levedura do género *Candida*. O efeito antimicrobiano contra os primeiros foi mais elevado 1,2-1,4 vezes do que os segundos, 1,5-1,6 vezes do que os terceiros [48].

Em experiências com modelos de feridas purulentas, os métodos histológicos e bacteriológicos implementados provaram propriedades anti-inflamatórias e anti-bacterianas elevadas. Em particular, mostra um forte efeito antibacteriano contra bactérias resistentes a antibióticos [198].

Propriedades anti-inflamatórias semelhantes foram observadas noutros óleos essenciais obtidos de *Saussure leppa* e *Lourteigia lallotaefolia* [1, 38, 202].

O óleo essencial das folhas de *Salvia officinalis* L. foi testado quanto ao seu efeito antimicrobiano contra as bactérias *Staphylococcus aureus*, *Bacillus cereus*, *Pseudomonas aeruginosa*, *Escherichia coli* e o fungo *Candida albicans*. 20 mg/ml de óleo essencial afectou o bacteriostático contra *Staphylococcus aureginosa, Bacillus cereus* e *Escherichia coli,* mas afectou o bacteriócito contra *Pseudomonas aeruginosa*. Este fármaco não pode afetar o antibiótico contra a cultura de levedura [121].

Os óleos essenciais das folhas e da parte eleva da *Saliva officinalis* são utilizados na preparação de medicamentos contra micróbios patogénicos [94, 130].

Como resultado da resistência, os antibióticos perdem gradualmente a sua eficácia quando são utilizados contra doenças microbianas. Uma das questões mais importantes é a melhoria do efeito do tratamento com antibióticos contra as doenças infecciosas [11].

Para este efeito, foram estudados os efeitos do óleo essencial na alteração da sensibilidade dos microrganismos aos antibióticos. Ao afetar as bactérias *Streptococcus pneumonia* com o óleo essencial de *Menta piperita*, a sensibilidade das bactérias à tetraciclina aumentou 2,4 vezes, à canamicina - 1,6 vezes, à eritromicina - 1,7 vezes, à estreptomicina - 1,8 vezes, à gentamicina - 1,2 vezes. Depois de afetar o óleo essencial, a bactéria *Streptococcus pneumonia* mostrou uma elevada sensibilidade contra a levomiksina e a polimiksina, o que antes não acontecia. Quando afetada a *Streptococcus pneumonia* com óleo essencial de salva, a sensibilidade diminuiu em relação à gentamicina, mas em relação à tetraciclina diminuiu 3,6 vezes, em relação à canamicina aumentou 1,4 vezes, em relação à estreptoimicina aumentou 1,3 vezes e em relação à eritromicina a sensibilidade não se alterou. Em relação à levomiksina e à polimiksina, verificou-se uma forte sensibilidade que não tinham também. Quando se infligiu *a Streptococcus pneumonia* com os óleos essenciais de *Syzygium aromaticum* e *Sophora japonica*, a sensibilidade da bactéria contra a tetraciclina aumentou 2,0 vezes, contra a canamicina aumentou 1,3 vezes, contra a estreptotimicina aumentou 1,8 vezes, contra a eritromicina diminuiu 1,6 vezes e contra a gentamicina a sensibilidade não se alterou. Em relação à levomiksina e à polimiksina, verificou-se uma forte sensibilidade nas células bacterianas que não tinham também [75, 124, 195, 216].

Depois de afetar outra estirpe de *Streptococcus pneumonia* com o óleo essencial de *Salvia officinalis*, a sensibilidade da bactéria contra a gentamicina aumentou 1,7 vezes, contra a levamisina 1,2 vezes, contra a polimiksina 1,8 vezes, a sensibilidade contra a estreptotimicina e a tetraciclina mudou. Ao afetar esta estirpe de bactérias com diferentes óleos essenciais, a sensibilidade à tetraciclina diminuiu 1,3 vezes, à canamicina 1,5 vezes, à eritromicina 1,7 vezes, à levomisina 1,4 vezes e à estreptoimicina 2,2 vezes, mas à gentomicina 1,1 vezes e à polimiksina 1,7 vezes aumentou. Assim, o efeito do óleo essencial na sensibilidade das bactérias contra os antibióticos também depende da estirpe e do tipo de óleo essencial, e não apenas da espécie do micróbio [190].

Depois de afetar a bactéria *Staphylococcus aureus* com o óleo essencial de *Menta piperita*, a sensibilidade da bactéria contra a gentamicina diminuiu 1,2 vezes, embora contra a levamisina e a tetraciclina tenha diminuído 1,3 vezes, contra a canamicina e a estreptotimicina tenha aumentado 1,2 vezes, contra a polimiksina tenha aumentado 2,8 vezes e contra a eritromicina tenha aumentado 1,4 vezes. Após a aplicação do óleo essencial de *Origanum vulgare* à bactéria *Staphylococcus aureus*, a sensibilidade à gentamicina diminuiu 1,5 vezes, à levamisina 1,3 vezes, à canamicina 1,1 vezes, à polimiksina 2,0 vezes, à eritromicina 1,2 vezes e à estreptotimicina 1,1 vezes e à tetraciclina não se alterou. Após o impacto do óleo essencial de *Citrus bergamia* em *Staphylococcus aureus*, a sensibilidade das bactérias contra a estreptomicina mudou, contra a polimiksina perdeu-se, mas contra a gentamicina aumentou 1,1 vezes, contra a eritromicina 1,2 vezes e contra a levomisina 1,2 vezes [216, 228, 240].

Depois de afetar *a Salmonella dublin* com o óleo essencial *de Menta piperita*, a sua sensibilidade contra a canamicina, a estreptomicina e a polimiksina aumentou 2,4 vezes, contra a tetraciclina 1,9 vezes, contra a eritromicina 1,1 vezes e contra a levomisina 1,2 vezes. Após a aplicação do óleo essencial de *Origanum vulgare a Salmonella dublin*, a sensibilidade contra a gentamicina aumentou 4,5 vezes, contra a tetraciclina 2,9 vezes, contra a canamicina 1,7 vezes, contra a eritromicina 1,1 vezes, contra a levomisina 1,5 vezes, contra a estreptomicina 1,6 vezes. Mas a sensibilidade à polimiksina não se alterou. Depois de afetar o óleo essencial de *Salvia officinalis*, a sensibilidade das bactérias contra a canamicina e a eritromicina não se alterou, contra a estreptomicina diminuiu 1,4 vezes, mas contra a gentamicina aumentou 1,2 vezes. A sensibilidade apareceu contra a polimiksina. Após a afetação do óleo essencial de *Syzygium aromaticum*, a sensibilidade contra a estreptomicina diminuiu 1,3 vezes, contra a gentamicina 2,3 vezes, contra a tetraciclina 1,6 vezes, contra a eritromicina 1,1 vezes, contra a levomicina 1,3 vezes foi aumentada, mas a sensibilidade não foi alterada contra a canamicina e a polimiksina.A sensibilidade contra a polimiksina não se alterou, a sensibilidade contra a eritromisina diminuiu devido ao efeito do óleo essencial *de Citrus bergamia*, mas a sensibilidade contra a gentamicina aumentou 2,5 vezes, contra a tetraciclina 1,6 vezes, contra a canamicina 1,9 vezes, contra a levomicina 1,6 vezes e contra a estreptomicina 1,5 vezes [216].

Assim, devido ao efeito dos óleos essenciais em várias bactérias, a sensibilidade das mesmas tem sido diferente: na maioria das vezes, a sensibilidade das bactérias aos antibióticos aumentou; nalguns casos, a sensibilidade não se alterou, tendo sido raramente enfraquecida. Estes resultados podem ser diferentes consoante os tipos de antibióticos, as estirpes de bactérias e o tipo de óleos essenciais.

A partir da parte elevada da *Psoralea drupacea Bunge.* groing no Turquemenistão, obteve-se óleo essencial e estudou-se o seu efeito antimicrobiano contra as bactérias *Staphylococcus aureus, St. albus, Streptococcus pyogenes, S. faccialis, S. bovis, Lactobacillus plantarum, Bacillus anthracis, B. subtilis, B. mesentericus, B. megaterium, B. mycoides, Mycobacterium tuberculosis, Escherichia coli, Shigella dysenteriae, Brucella melitensis, B. suis, Proteus vulgaris, Pseudomonas aeruginosa, Xanthamonas phaseoli* e contra fungos *Candida albicans, Trichophyton gypseum, Epidermophyton rubrium, Verticillium dahliae* e *Pencillium rugulosum.* Foi determinado que, 10 mg/ml de densidade de óleo essencial influencia bactérias grampositivas, 20 mg / ml de densidade de óleo de éter influencia o vírus do mosaico do tabaco, tipos A2 e B de vírus da gripe [20].

O óleo essencial obtido a partir de sementes de *Heracleum trachyloma* é utilizado em alguns tratamentos de doenças bacterianas das plantas. Com base neste óleo essencial, foram efectuadas preparações antivírus [28, 237, 238].

A partir das 4 espécies de *Heracleum que crescem* no Azerbaijão: *Heracleum antasiaticum*

Manden, H. asperum Hieb., H. sosnovsky e *H. trachyloma Fisch. et Mey. obtiveram-se* óleos essenciais, e a sua atividade antimicrobiana contra as bactérias *Serratia marcescens, Pseudomonas aeruginosa, Escherichia coli, Staphylococcus aureus, Micobacterium modure, Nocardia modurae* e a levedura *Candida albicans* foi aprendida. Foi determinado que os óleos essenciais, obtidos a partir de 4 espécies de sementes do género *Heracleum*, têm propriedades bacteriocidas e fungicidas. O efeito antimicrobiano dos óleos essenciais de *Heracleum antasiaticum* e *Heracleum sosnovsky* foi diferente dos outros. *As bactérias Gramnegativas, Serratia marcescens* e *Pseudomonas* e a bactéria resistente a ácidos *Mycobacterium modure* foram mais sensíveis ao óleo essencial. A atividade antimicrobiana da solução de óleo essencial em álcool etílico torna-se mais forte quando a quantidade de álcool etílico aumenta [7].

Obteve-se óleo essencial de *Vitex agnus-castus* L., que cresce na península de Absheron, no Azerbaijão, e estudaram-se as suas propriedades antimicrobianas contra a levedura *Candida albicans* e as bactérias *Staphylococcus aureus, Serratia marcescens, Escherechia coli, Pseudomonas aeruginosa* e *Bacillus anthracoides.* Foi determinado que a bactéria gram-negativa não esporulada *Escherichia coli* e a levedura *Candida albicans* são mais sensíveis do que as bactérias gram-positivas esporogénicas *Staphylococcus aureus* e *Bacillus anthracoides* [95].

Obtenção de óleos essenciais de ervas da flora do Azerbaijão, tais como *Achillea millefolium* L., *Oreganum vulgare* L., *Salvia officinalis* L., *Juniperus Subina* L., *Saturea hortensis* L., *Foeniculum vulgare Mill., Pimpinella saxifraga* L., *Ziziphora biebersteiniana A. Grossh., Ziziphora denticulatatus, Ziziphora tenior* L. e de 11 espécies do género *Thymus* L., *Thymus azerbaijanians Klok, Thymus Grossheimi. Ronn, Thymus transcaucasicus Ronn, Thymus ziaratikus* Klok. et. Shost., *Thymus karjagini* A. Grossh., *Thymus kjapasi,* Grossh., *Thymus migricus* Klok., *Thymus fedtchenkou.* Ronn, *Thymus Gadzhievii* A. Gross., *Thymus shemachesis* Klok. e estudou o seu efeito antimicrobiano contra as bactérias *Escherichia coli, Pseudomonas aeruginosa, Staphilococcus aureus, Proteus vulgaris, Serratia marcescens* e a levedura *Candida albicans*. Determinou-se que a bactéria *Staphylococcus aureus* era tão sensível aos óleos essenciais de *T.Gadzhievii, T.transcaucasicus, T. Fedtahenkau, T. migricus, T. Karjagini, T.Shemachesis* e foi exposta a um forte efeito antimicrobiano. O efeito antimicrobiano mais elevado foi observado pelo óleo essencial de *Ziziphora denticulata.* A restante eficácia dos óleos essenciais contra *Staphylococcus aureus* dependeu da taxa de diluição e do tempo de impacto [13, 106, 107, 109, 114, 163].

O efeito antimicrobiano mais forte contra a cultura de ensaio de *Psedomonas aeruginosa* foi observado pelos óleos essenciais de *Foxniculum vulgare, Anisum vulgare, Ziziphora biebersteiniana, Achillea Millefolium, Thymus transcaucasicus, Thymus Gadzhievii* [109].

O efeito antimicrobiano mais forte contra a cultura de ensaio da bactéria *Escherichia coli* foi observado pelos óleos essenciais de *Foeniculum vulgare, Anisum vulgare, Ziziphora biebersteiniana, Achillea Millefolium, Thymus transcaucasicus, T. Gadzhievii, T. Migricus* e *T. Shemachesis* [112].

O efeito antimicrobiano mais forte contra a cultura de teste *Proteus vulgaris* foi observado pelos óleos essenciais de *Ziziphara biebersteineana, Thymus Gadzhievii, T. transcaucasicus, T.fedtchenko, T. migricus, T. Shemaphesis* e T. Azerbaijanicus [112].

O efeito antimicrobiano mais forte contra a cultura de teste de *Serratia marcescens* foi observado pelos óleos essenciais de *Thymus ziaratikus* e *T. Grossheimi* [73].

O efeito antimicrobiano mais forte contra a levedura *Candida albicans* foi observado pelos óleos essenciais de *Thymus Gadshievii*, *T. transcaucasicus*, *T. fedtchenko*, *T. migricus* e *T. Shemachesis* [113].

Assim, foi estabelecido que o óleo essencial de *Thymus transcansicus* afecta todas as culturas testadas, os óleos essenciais de *T. Gadshievii*, *T. fedtchenko, T. migricus, T. Shemachesis, T. Azerbaijanicus* têm efeito em 5 espécies, os óleos essenciais de *Ziziphora tenior, Focniculum vulgare, Anisum vulgare, Ziziphora biberstainiana* têm efeito em 3 espécies, os óleos essenciais de *Achillea millefolium*, *Thimus karjagini*, *Zizifora tenior* têm um efeito forte apenas numa espécie de culturas de teste. É necessário notar que a atividade antimicrobiana dos óleos essenciais, que estão ligados ao estudo da investigação qualitativa citada na atividade antimicrobiana e aproximadamente o sinal "+" ou "-" foi expresso. A intensidade da atividade no sinal "+" é mostrada para aumentar pelo sistema de classificação de cinco marcas. Em alguns casos, a atividade antimicrobiana foi determinada pela diminuição do diâmetro da colónia de micróbios em crescimento. A atividade antimicrobiana, tal como os métodos imprecisos, não permite comparar os resultados dos vários investigadores. A atividade antimicrobiana está associada à inibição do crescimento celular e é razoável utilizar um método quantitativo para a expressão da atividade antimicrobiana das substâncias.

ACTIVIDADE ANTIMICROBIANA DE ÓLEOS ESSENCIAIS DE PLANTAS AROMÁTICAS DO AZERBAIJÃO CONTRA BACTÉRIAS GRAM-POSITIVAS

2.1. Descrição das plantas do óleo essencial

Para obter o óleo essencial, foram utilizadas 10 espécies de plantas de óleo essencial pertencentes a 2 famílias. 8 espécies pertencem à família *Labiateae (Laminaceae)*, 2 espécies pertencem à família *Apiaceae* (Umbelliferae) [59].

As 8 espécies pertencentes à família *Labiateae (Laminaceae)* são as seguintes:

1) *Menta piperitae* L. 50-80 cm de altura, planta herbácea ramificada, perene e rizomatosa. O caule é ereto e por vezes de cor avermelhada. As folhas estão dispostas face a face no tronco, com caule curto, bisturi alongado, bordos de serrote. A superfície das folhas é verde escura, a superfície inferior é verde clara. Tem muitas glândulas de óleo essencial, quase parece simétrico. As suas flores de cor púrpura estão reunidas em grupos de flores em espiga, as espigas estão instaladas no seio das folhas na ponta do tronco. O cálice é constituído por 5 lóbulos, formando um tubo curto. A coroa é de cor violeta-clara, com 5 pétalas, 2 lábios completamente formados e quase simétricos. O número de estames é de 4. O pistilo encontra-se na parte superior do ovário. O fruto (sementes) é uma avelã castanha-escura. É multiplicado por rizomas. A planta da menta é branca e escura. A hortelã escura contém muitos óleos essenciais, por isso é usada para fazer mentol. Cresce em todas as regiões do Azerbaijão [59, 117, 124, 127].

O óleo essencial foi obtido a partir das partes elevadas.

2) *Ocimum basilicum* L. é uma planta herbácea anual com 20-40 cm de altura. O tronco é ereto, a secção transversal é quadrangular e ramifica-se. As folhas estão dispostas face a face no tronco, em forma de ovo, com um talo longo, de lados inteiros. A flor é um pedúnculo longo, que se instala no seio das folhas. Os cálices têm 2 lábios. A coroa é mais comprida que o cálice. O lábio superior da coroa tem 5 pétalas, mas o lábio superior é inteiro. Os estames são 4 e 2 deles são muito mais compridos. O fruto é seco e, quando cresce, divide-se em 4 avelãs. A planta floresce no verão e dá frutos. Cresce em todas as regiões do Azerbaijão [32, 33, 59].

O óleo essencial foi obtido a partir das flores e das folhas.

3) *A Saturea laxiflora* C. Koch. é uma planta herbácea com 30-35 cm de altura. O tronco está de pé, a secção transversal é quadrangular, ramificada, coberta de pequenos pêlos. As folhas têm um comprimento de 3 cm, com uma linha em forma de bisturi, são de aba larga e estão dispostas face a face no tronco. As flores são pequenas, reunidas numa cabeça composta por 5-6 flores. O cálice é constituído por 5 folhas e tem a forma de um sino. A coroa é de cor violeta ou branca e tem 5 pétalas. Tem dois lábios em cima e um tubular em baixo. O lábio superior é reto, mas o inferior tem 3 pétalas e apresenta pontos vermelhos. Os estames são 4, os 2 estames são mais compridos no exterior. O pistilo forma-se a partir de 2 folhas do fruto, é superior e tem dois ninhos. Quando o fruto cresce, divide-se em 4 avelãs. A planta floresce no verão. Espalha-se amplamente nas montanhas de altitude do Azerbaijão [23, 26, 27, 59].

O óleo essencial foi obtido a partir das partes elevadas da planta.

4) *A Rozmarinus officinalis* L. é uma planta de 1 m de altura, com ramificação forte, tronco reto ou dobrado, meio arbusto. O seu tronco é de cor cinzenta. As folhas são sempre verdes, oblongas, com 4-7 cm de comprimento, 1-2 cm de largura, com linhas, sólidas, brilhantes na parte superior e branco-acinzentadas na parte inferior. As suas flores são de cor azul, de caule curto e reunidas num ramo de 5-10 flores. As folhas do cálice são em forma de ovo. As folhas das pétalas são de cor azul-violeta e um pouco mais compridas do que as folhas do cálice. O lábio superior é profundamente dividido, mas o lábio inferior tem três secções. Existem dois estames, que vão para além da corola. Os seus frutos têm 0,5-2,0 mm de comprimento, são redondos e têm forma de ovo. A planta floresce de

abril até ao fim do outono. No Azerbaijão, o alecrim é plantado em parques e jardins como planta decorativa [59, 176179].

O óleo essencial foi obtido da flor e do rebento jovem da planta;

5) *A Salvia officinalis* L. tem um tronco de 50-80 cm de altura. É um meio arbusto perene ramificado. O tronco tem forma de quatro cantos, a madeira é castanha-acinzentada na parte inferior, mas os rebentos jovens são verdes. No tronco, as folhas são alinhadas, com um caule longo e situadas em

As folhas são oblongas e oblongas em forma de bisturi, com um comprimento de 7 cm. As folhas são oblongas e oblongas em forma de bisturi, com 4-7 cm de comprimento. Os seus lados são denticulados. A superfície superior e os lados da palma das folhas são espessos, com bolhas ásperas. Sobre as bolhas crescem pêlos. Estes pêlos dão à planta uma cor acinzentada e o óleo essencial sai através deles. As flores são reunidas em grupos de espigas na seta da flor. Há 6-12 números de flores azul-violeta em cada espiga. O cálice tem dois lábios. A corola da flor tem a forma de um tubo e o seu interior está dobrado para cima. O lábio superior da corola é dobrado em direção ao inferior, tem forma convexa e é constituído por duas pétalas. Mas o lábio inferior é composto por três pétalas. Tem quatro estames, mas dois deles têm a forma de um rudimento remanescente. O pistilo é formado por 2 folhas frutíferas. Os seus frutos são frutos secos que se dividem em quatro avelãs. Em geral, espalha-se nos terrenos de baixa e média montanha do Azerbaijão [59, 180, 182, 184].

O óleo essencial foi obtido a partir das flores do racemo;

6) *A Zizifora tenior* L. é uma erva anual com 5-15 cm de altura que tem um tronco ramificado. As folhas são lanceoladas, com caule curto. As folhas que se situam no perianto parecem folhas do tronco. As nervuras assentam no seio das folhas, são oblongas e formam inflorescências. O cálice é cilíndrico, com 5-7 mm de altura e coberto de pêlos. As pétalas têm 8-20 mm de comprimento. Espalha-se por toda a região do Azerbaijão.

O óleo essencial é produzido a partir da parte elevada da planta;

7) *A Nepeta cataria* L. é uma planta perene com 30-100 cm de altura. O seu tronco é ereto e ramificado. As folhas são verdes na parte superior, cinzentas na parte inferior e com pêlos, por vezes finas e sem pêlos. As flores formam uma umbela no topo do tronco. O perianto tem uma base alargada e forma de agulha. O cálice tem 5-7 mm de comprimento, de cor cinzento-esverdeada. As pétalas têm 10-12 mm de comprimento, de cor branca turva. Distribui-se desde as zonas de planície até às zonas subalpinas do Azerbaijão [3, 169, 176].

O óleo essencial é feito a partir da sua parte não moída;

8) *O Thymus transcaucasicus* Ronn. é um meio arbusto de 10-30 cm de altura, por vezes ramificado. As folhas estão situadas nos caules, são muito finas, com 7-15 mm de comprimento e 3-10 cm de largura. Os racemos têm forma de cabeça. O pedículo da flor é comprido. O cálice tem 5 mm de comprimento, o lado de baixo é peludo, os lados têm forma de chicote. As pétalas são vermelhas, com pelo macio. Distribui-se na zona média e superior das montanhas do Azerbaijão [4, 101].

Duas espécies de ervas pertencem à família *Apiaceae* (umbelliferae):

1) *Foeniculum vulgare* Mill. é uma erva de cor azul-esverdeada, de tronco ereto, bienal ou perene. As folhas são caules longos situados na base do tronco, as folhas superiores são triplas e laminadas. As flores reúnem uma umbela complexa e a umbela não tem folhas de cobertura. Não há cálice, a corola tem cinco pétalas, cor amarela, o número de estames é cinco. O fruto é nu, com 5,5-7,0 mm de comprimento, 2-4 mm de diâmetro, de cor castanho-esverdeada, coberto de bolhas com duas sementes partilhadas. Floresce no verão, em julho-agosto, e dá frutos em setembro-outubro. Espalha-se nas zonas costeiras do Mar Cáspio, na planície de Kur-Araz e na berma da estrada no Azerbaijão.

O óleo essencial foi obtido a partir da semente da planta.

2) *O Coriandrum sativum* L. é uma planta herbácea anual com 20-24 cm de altura. O tronco é ereto, ramificado por cima e nu. As folhas assentadas abaixo do tronco têm forma de dente, cortadas, caule longo, as folhas superiores são leves como penas. As flores são pequenas, brancas ou cor-de-rosa, reunidas em grupos complexos de umbelas. O cálice tem 5 dentes desiguais, a coroa é

constituída por 5 pétalas adjacentes e vice-versa, em forma de coração. As pétalas exteriores das flores que se encontram no bordo da coroa são muito maiores. O estame é constituído por 5 folhas e o pistilo por 2 folhas frutíferas e o ovário em forma de coroa. O fruto está coberto de sementes. No passado, os coentros eram cultivados como legumes no Azerbaijão. Os coentros também são utilizados na medicina. [59, 40, 41, 43].

Óleo essencial obtido a partir das sementes da planta.

As plantas de óleo essencial foram colhidas principalmente no período de floração em julho, foram secas a uma temperatura de 30-38°C ao ar. O óleo essencial foi obtido a partir da matéria-prima assim seca com o método de hidrodestilação. Este método baseia-se na expulsão do óleo essencial por meio de vapor de água. Para isso, a matéria-prima vegetal é finamente cortada, a água é deitada por cima e aquecida até à ebulição. Nesta altura, o óleo essencial entra no vapor e é expulso em conjunto. O vapor foi arrefecido num refrigerador de água e recolhido num frasco separado. Para separar o óleo essencial da água é necessária uma destilação frequente - cogobação. O óleo essencial foi extraído da água por meio de éter etílico, o óleo essencial foi obtido após vaporização a uma temperatura de 30°C. O óleo essencial obtido foi recolhido em pequenos pratos de vidro volumosos e é mantido no frigorífico [36, 49, 250].

Assim, para a investigação, foram obtidos 10 tipos de óleos essenciais (Menta piperitae, ocimum basilicum, saturea laxiflora, rozmarinus officinales, salvia officinalis, zizifora tenior, thymus transcaucasicus, foeniculum vulgare e coriandrum sativum) da flora do Azerbaijão. Foi utilizada a composição que mistura os óleos essenciais de salvia officinalis e thymes transcaucasicus na proporção de 1:1.

O efeito antimicrobiano de diferentes emulsões dispersivas de óleos essenciais a 0,1% foi estudado contra bactérias grampositivas esporulantes *Bacillus anthracoides* estirpe TU-1 e *Bacillus subtilis* estirpe BDU-4, e bactérias grampositivas não esporulantes *Staphylococcus aureus* estirpe TU-4 (144-150).

2.2. Atividade antimicrobiana do óleo essencial de menta piperatae contra bactérias gram-positivas

Após 5, 10, 20, 30, 40 minutos de impacto da emulsão dispersiva 1:3 do óleo essencial de menta piperatae contra bactérias gram-positivas formadoras de esporos *Bacillus anthracoides* TU-1, o número de células bacterianas vivas diminuiu, respetivamente, 1,1, 1,3; 1,7; 2,6 e 6,0 vezes, em comparação com o controlo. Após 40 minutos de impacto do óleo essencial, 95,4% das células bacterianas foram mortas. A destruição completa das células bacterianas foi observada após 50 minutos de efeito [58].

Após 5, 10, 20, 30, 40 minutos de impacto da emulsão dispersiva 1:4 do óleo essencial de menta piperatae contra bactérias gram-positivas formadoras de esporos *Bacillus anthracoides* TU-1, o número de células bacterianas vivas diminuiu, respetivamente, 1,1, 1,2; 1,6; 2,4 e 5,5 vezes, em comparação com o controlo. Após 40 minutos de impacto do óleo essencial, 95% das células bacterianas foram destruídas. A destruição completa das células bacterianas foi observada após 50 minutos de efeito (Quadro 1).

Após 5, 10, 20, 30, 40 e 50 minutos de impacto da emulsão dispersiva 1:5 do óleo essencial de menta piperatae contra bactérias gram-positivas formadoras de esporos *Bacillus anthracoides* TU-1, o número de células bacterianas vivas diminuiu, respetivamente, 1,1, 1,2; 1,5; 2,0; 3,1 e 7,0 vezes, em comparação com o controlo. Após 50 minutos de impacto do óleo essencial, 96% das células bacterianas foram destruídas. A destruição completa das células bacterianas foi observada após 60 minutos de efeito (Tabela 1).

Após 5, 10, 20, 30, 40, 50 e 60 minutos de impacto da emulsão dispersiva 1:6 de óleo essencial de menta piperatae contra bactérias gram-positivas formadoras de esporos *Bacillus anthracoides* TU-1, o número de células bacterianas vivas diminuiu, respetivamente, 1,1; 1,15; 1,35; 1,7; 2.2, 3,0 e 5,2 vezes, em comparação com o controlo. Após 60 minutos de impacto do óleo essencial, 81% das células bacterianas foram destruídas (Tabela 1).

Após 5, 10, 20, 30, 40, 50 e 60 minutos de impacto da emulsão dispersiva 1:8 do óleo essencial de menta pipeatae contra a bactéria gram-positiva formadora de esporos *Bacillus anthracoides* TU-1, o número de células bacterianas vivas diminuiu, respetivamente, 1,05; 1,1; 1,3; 1,48; 1,5; 1,8 e 2,4 vezes, em comparação com o controlo. Após 60 minutos de impacto do óleo essencial, 59% das células bacterianas foram destruídas (Quadro 1).

Tabela 1. **Efeito antibiótico do óleo essencial de menta piperate na bactéria gram-positiva formadora de esporos *Bacillus anthracoides* TU-1**

The contact duration of bacterial cells with the essential oil, min	Different dispersions of essential oil emulsions											
	1:3		1:4		1:5		1:6		1:7		1:8	
	The amount of bacterial cells, 10^4 CFU/ml (M±m)											
	T	C	T	C	T	C	T	C	T	C	T	C
5	25,6±1,5	28,6±2,1	25,6±2,0	28,4±2,2	26,3±2,1	28,8±2,1	26,3±2,2	28,5±2,3	26,7±2,0	28,5±2,1	26,9±2,1	28,4±1,6
10	22,1±1,8	28,4±1,2	23,0±2,1	28,2±1,9	23,8±2,0	28,7±2,2	24,1±2,1	28,4±2,2	24,8±2,3	28,5±2,2	25,4±1,9	28,4±2,4
20	16,6±1,1	28,1±2,2	17,1±1,1	27,9±2,6	18,9±1,2	28,5±2,1	19,9±1,2	28,3±1,6	21,0±1,9	28,4±2,1	22,3±2,1	28,3±1,8
30	10,7±0,4	27,8±1,6	11,4±0,9	27,6±1,9	14,1±1,0	28,3±1,8	15,4±1,1	28,0±2,4	17,0±1,1	28,3±1,9	19,1±1,1	28,3±1,6
40	4,6±0,2	27,5±2,1	5,0±0,2	27,3±2,4	9,1±0,6	28,1±2,6	11,3±0,9	27,8±2,1	13,1±1,0	28,2±1,8	18,5±1,2	28,2±1,9
50	0,0	27,2±2,2	0,0	27,0±2,2	4,0±0,2	27,8±2,2	6,2±0,2	27,6±2,3	9,3±0,3	28,1±2,4	15,2±1,1	28,1±1,6
60	0,0	26,9±2,3	0,0	26,7±1,8	0,0	27,5±2,3	0,8±0,04	27,4±1,9	5,4±0,2	28,1±2,3	11,5 ±0,8	28,0±2,2

Nota: T- Teste, C - Controlo

Assim, o impacto bactericida total das emulsões dispersivas 1:3 e 1:4 do óleo essencial de menta piperatae contra a bactéria gram-positiva formadora de esporos *Bacillus anthracoides* TU-1 ocorre após 50 minutos, o impacto bactericida total das emulsões dispersivas 1:5 ocorre após 60 minutos.Após 60 minutos de impacto de emulsões dispersivas de óleo essencial 1:6, 1:7, 1:8, embora o número de células bacterianas tenha diminuído significativamente, a sua aniquilação completa não ocorre (2,9-41% permanece intacta).

Deve notar-se que, em todos os casos, após o impacto do óleo essencial, as células bacterianas intactas em meio nutriente sólido dentro de 24-48 horas formaram a colónia, e o número de colónias (não formaram novas colónias) não aumentou na duração da incubação seguinte (5-7 por dia). Isto sugere que o óleo essencial estudado apresenta um efeito bacteriocida nas células bacterianas.

O etanol, que é o solvente do óleo essencial, à medida que a sua dispersão aumenta (ou seja, à medida que a quantidade de etanol diminui numa mistura em comparação com a água), o efeito antimicrobiano do óleo essencial diminui. Por exemplo, após 30 minutos de impacto do óleo essencial, nas versões de dispersão 1:3, o número de células destruídas é, respetivamente, 1,02; 1,2; 1,4; 1,6 e 2,4 vezes superior ao das versões de dispersão 1:4, 1:5, 1:6, 1:7 e 1:8. Um padrão semelhante foi observado na outra duração da influência do óleo essencial [58].

Após 5, 10, 20, 30 minutos de impacto da emulsão dispersiva 1:3 do óleo essencial de menta piperatae contra a bactéria gram-positiva formadora de esporos *Bacillus subtilis* BDU-43, o número de células bacterianas vivas diminuiu, respetivamente, 1,08; 1,4; 2,6 e 11,0 vezes, em comparação com o controlo. Após 30 minutos de impacto do óleo essencial, 91% das células bacterianas foram destruídas. A destruição completa das células bacterianas foi observada após 40 minutos de efeito

(Tabela 2).

Após 5, 10, 20, 30 minutos de impacto da emulsão dispersiva 1:4 do óleo essencial de menta piperata contra a bactéria gram-positiva formadora de esporos *Bacillus subtilis* BDU-43, o número de células bacterianas vivas diminuiu, respetivamente, 1,16; 1,37; 2,3 e 7,8 vezes, em comparação com o controlo. Após 30 minutos de impacto do óleo essencial, 87% das células bacterianas foram destruídas. A destruição completa das células bacterianas foi observada após 40 minutos de ação (Quadro 2).

Após 5, 10, 20, 30 e 40 minutos de impacto de uma emulsão dispersiva 1:5 de óleo essencial de menta piperatae contra a bactéria gram-positiva formadora de esporos *Bacillus subtilis* BDU-43, o número de células bacterianas vivas diminuiu, respetivamente, 1,13; 1,3; 1,9; 3,3 e 18,0 vezes, em comparação com o controlo. Após 40 minutos de impacto do óleo essencial, 94% das células bacterianas foram destruídas. A destruição completa das células bacterianas foi observada após 50 minutos de ação (Tabela 2).

Tabela 2. **Efeito antibiótico do óleo essencial de menta piperate sobre a bactéria gram-positiva Bacillus *subtilis* BDU-43**

The contact duration of bacterial cells with the essential oil, min	Different dispersions of essential oil emulsions											
	1:3		1:4		1:5		1:6		1:7		1:8	
	The amount of bacterial cells, 10^4 CFU/ml (M±m)											
	T	C	T	C	T	C	T	C	T	C	T	C
5	24± 2,1	26± 2,2	22,7± 1,8	26,3± 2,1	23± 2,2	26,1± 2,1	23,6± 2,2	26,3± 1,8	24,1± 1,8	26,4± 2,3	24,2± 2,1	26,2± 1,8
10	18,1± 1,2	25,8± 2,1	19± 1,2	26,1± 2,3	20± 1,6	26± 2,0	20,8± 1,6	26,2± 2,2	21,8± 1,9	26,4± 2,3	22± 2,1	26,2± 2,3
20	9,9± 0,6	25,5± 2,4	11,5± 1,0	25,9± 2,2	13,7± 1,1	25,8± 2,2	15,2± 1,1	26,1± 2,4	17,5± 1,3	26,3± 2,2	17,6± 1,4	26,1± 2,4
30	2,3± 0,1	25,2± 1,8	3,3± 0,1	25,6± 2,1	7,8± 0,3	25,6± 2,1	9,6± 0,4	26± 2,3	13,2± 1,1	26,2± 2,1	13,4± 1,1	26,1± 2,2
40	0,0	24,9± 1,6	0,0	25,3± 2,2	1,4± 0,1	25,3± 1,6	3,9± 0,1	25,9± 2,2	8,6± 0,4	26,1± 1,8	9,7± 0,4	26,1± 2,3
50	0,0	24,6± 2,2	0,0	25± 2,1	0,0	25± 1,8	0,0	25,7± 1,8	3,9± 0,1	26± 1,8	6,8± 0,2	26± 2,3
60	0,0	24,3± 2,3	0,0	24,7± 2,2	0,0	24,7± 2,1	0,0	25,5± 2,2	0,0	25,9± 2,2	3± 0,1	26± 2,1

Nota: T- Teste, C - Controlo

Após 5, 10, 20, 30, 40 e 50 minutos de impacto da emulsão dispersiva 1:6 do óleo essencial de menta piperatae contra a bactéria gram-positiva formadora de esporos *Bacillus subtilis* BDU-43, o número de células bacterianas vivas diminuiu, respetivamente, 1,1; 1,2; 1,5; 2,0; 3,0 e 6,7 vezes, em comparação com o controlo. Após 50 minutos de impacto do óleo essencial, 85% das células bacterianas foram destruídas. A destruição completa das células bacterianas foi observada após 60 minutos de ação (Tabela 2).

Após 5, 10, 20, 30, 40 e 50 minutos de impacto da emulsão dispersiva 1:7 do óleo essencial de menta piperatae contra a bactéria gram-positiva formadora de esporos *Bacillus subtilis* BDU-43, o número de células bacterianas vivas diminuiu, respetivamente, 1,1; 1,2; 1,5; 2,0; 3,0 e 6,7 vezes, em comparação com o controlo. Após 50 minutos de impacto do óleo essencial, 85% das células bacterianas foram destruídas. A destruição completa das células bacterianas foi observada após 60 minutos de ação (Tabela 2).

Após 5, 10, 20, 30, 40, 50 e 60 minutos de impacto da emulsão dispersiva 1:8 do óleo essencial de menta piperatae contra a bactéria gram-positiva formadora de esporos *Bacillus subtilis* BDU-43, o número de células bacterianas vivas diminuiu, respetivamente, 1,1; 1,2; 1,48; 1,9; 2,7 e 8,7 vezes, em comparação com o controlo. Após 60 minutos de impacto do óleo essencial, apenas 88% das células bacterianas foram destruídas. (Tabela 2).

Assim, as emulsões dispersivas 1:3 e 1:4 de óleo essencial de menta piperatae têm um efeito bactericida completo contra a bactéria gram-positiva formadora de esporos *Bacillus subtilis* BDU-43, que ocorre após 40 minutos, as emulsões dispersivas 1:5 e 1:6 - após 50 minutos, a emulsão 1:7 após 60 minutos. Após 60 minutos de impacto da emulsão dispersiva de óleo essencial 1:8, embora o número de células bacterianas tenha diminuído significativamente, 12% delas permanecem intactas [58].

Após a influência do óleo essencial, as células intactas desenvolveram-se e formaram colónias em 48 horas em meio nutritivo sólido, não tendo o número de colónias aumentado durante o período de incubação seguinte até 7 dias.

Após 30 minutos de impacto da emulsão dispersiva 1:3 de óleo essencial, o número de células bacterianas destruídas é, respetivamente, 1,1; 1,3; 1,4; 1,8 e 1,9 vezes mais elevado do que após 30 minutos de impacto da emulsão dispersiva 1:4, 1:5, 1:6, 1:7 e 1:8 de óleo essencial. Resultados semelhantes são também observados noutras durações de influência (Tabela 3).

O efeito antibiótico do óleo essencial de menta piperatae contra a bactéria grampositiva não formadora de esporos *Staphylococcus aureus* TU-4 foi estudado e determinado que, após 5, 10 e 20 minutos de impacto da emulsão dispersiva 1:3 do óleo essencial, o número de células bacterianas vivas diminuiu, respetivamente, 1,3; 1,9 e 21,8 vezes em comparação com o controlo. Após 20 minutos de impacto do óleo essencial, 95% das células bacterianas foram destruídas. A destruição completa das células bacterianas foi observada após 30 minutos de ação (Quadro 3).

Tabela 3. **Efeito antibiótico do óleo essencial de menta piperatae na bactéria gram-positiva não formadora de esporos *Staphylococcus aureus* TU-4**

The contact duration of bacterial cells with the essential oil, min	Different dispersions of essential oil emulsions											
	1:3		1:4		1:5		1:6		1:7		1:8	
	The amount of bacterial cells, 10^4 CFU/ml (M±m)											
	T	C	T	C	T	C	T	C	T	C	T	C
5	20,3±1,8	26,6±2,1	20,8±1,6	26,4±2,1	21,3±1,8	26,3±1,9	21,7±1,6	26,3±2,3	22,2±1,8	26,5±2,2	24,3±2,2	26,4±2,2
10	13,8±1,1	26,4±1,2	15,2±1,1	26,2±2,3	16,1±1,4	26,2±2,2	16,8±1,5	26,2±2,1	17,9±1,3	26,5±2,4	20,3±1,6	26,4±2,3
20	1,2±0,05	26,1±2,4	3,6±0,1	25,9±2,1	5,7±0,3	26,0±2,2	7,5±0,4	26±2,3	9,3±0,5	26,4±2,4	12±1,0	26,4±2,3
30	0,0	25,8±2,2	0,0	25,6±2,1	0,0	25,8±2,1	0,0	25,8±2,4	1,1±0,04	26,3±2,0	4,1±0,2	26,3±2,4
40	0,0	25,5±2,0	0,0	25,3±2,2	0,0	25,6±0,9	0,0	25,5±1,6	0,0	26,2±2,4	0,0	26,3±2,1
50	0,0	25,2±2,4	0,0	25,0±2,4	0,0	25,0±1,8	0,0	25,2±1,7	0,0	26,1±2,1	0,0	26,3±1,8
60	0,0	24,9±2,1	0,0	24,7±2,0	0,0	25,2±2,3	0,0	25±2,2	0,0	26±1,7	0,0	26,2±1,6

Nota: T - Ensaio, C - Controlo

Após 5, 10, 20 minutos de impacto da emulsão dispersiva 1:4 do óleo essencial de menta piperatae contra a bactéria gram-positiva *Staphylococcus aureus* TU-4, o número de células bacterianas vivas diminuiu, respetivamente, 1,3; 1,7 e 7,2 vezes, em comparação com o controlo. Após 20 minutos de impacto do óleo essencial, 86% das células bacterianas foram destruídas. A destruição completa das células bacterianas foi observada após 30 minutos de efeito.

Após 5, 10 e 20 minutos de impacto da emulsão dispersiva 1:5 do óleo essencial de menta piperatae contra a bactéria gram-positiva *Staphylococcus aureus* TU-4, o número de células bacterianas vivas diminuiu, respetivamente, 1,23; 1,63 e 4,6 vezes, em comparação com o controlo. Após 20 minutos de impacto do óleo essencial, 78% das células bacterianas foram destruídas. A destruição completa das células bacterianas foi observada após 30 minutos de ação (Quadro 3).

O efeito da emulsão dispersiva 1:6 de óleo essencial de menta piperatae contra *Staphylococcus aureus* TU-4 foi semelhante ao efeito da emulsão dispersiva 1:5 de óleo essencial. Assim, após 5, 10 e 20 minutos de impacto, o número de células bacterianas vivas diminuiu, respetivamente, 1,21; 1,6 e 3,5 vezes, em comparação com o controlo. Após 20 minutos de impacto do óleo essencial, 71% das células bacterianas foram destruídas e a sua destruição completa foi observada após 30 minutos de efeito [58].

Após 5, 10, 20 e 30 minutos de impacto da emulsão dispersiva 1:7 de óleo essencial, o número de células bacterianas vivas diminuiu, respetivamente, 1,2; 1,5; 3,0 e 24 vezes, em comparação com o controlo. Após 30 minutos de impacto do óleo essencial, 96% das células bacterianas foram destruídas. A destruição completa das células bacterianas foi observada após 40 minutos de ação (Quadro 3).

Após 5, 10, 20 e 30 minutos de impacto da emulsão dispersiva 1:8 de óleo essencial, o número de células bacterianas vivas diminuiu, respetivamente, 1,1; 1,3; 2,2 e 6,4 vezes, em comparação com o controlo. Após 30 minutos de impacto do óleo essencial, 84% das células bacterianas foram destruídas. A destruição completa das células bacterianas foi observada após 40 minutos de ação (Tabela 3).

Assim, a destruição completa das células bacterianas gram-positivas não formadoras de esporos de *Staphylococcus aureus* TU-4 ocorre após 30 minutos de impacto de emulsões dispersivas 1:3; 1:4 e 1:5 e após 40 minutos de impacto de emulsões dispersivas 1:7 e 1:8 de óleo essencial. Vinte minutos mais tarde, a quantidade de células mortas, na versão 1:3 da emulsão dispersiva, em comparação com as emulsões dispersivas 1:4, 1:5, 1:6, 1:7 e 1:8, foi, respetivamente, 1,1; 1,2; 1,4; 1,5 e 1,7 vezes superior [58].

2.3. Atividade antimicrobiana do óleo essencial de feniculum vulgare contra bactérias gram-positivas

Após 5, 10 e 20 minutos de impacto da emulsão dispersiva 1:3 do óleo essencial de foeniculum vulgare contra a bactéria gram-pozítica *Bachillus antracoides* TU-1, a quantidade de células bacterianas vivas diminui respetivamente 1,3; 1,8; 4,8 vezes em comparação com o controlo. Após 20 minutos, o efeito do óleo essencial fez perecer 82% das células bacterianas e a sua morte completa foi observada em 30 minutos. [152].

Após 5, 10, 20 e 30 minutos de impacto da emulsão dispersiva 1:4 de óleo essencial de foeniculum vulgare contra *Bacillus anthracoides* TU1, o número de células vivas diminui, respetivamente, 1,3; 1,6; 3,2; e 20 vezes em comparação com o controlo. Após 30 minutos de efeito do óleo essencial, 95% das células bacterianas foram destruídas. A destruição total das células bacterianas ocorreu após 40 minutos (Tabela 4).

Tabela 4. **Efeito antibiótico do óleo essencial de feniculum vulgare na bactéria gram-positiva formadora de esporos *Bacillus anthracoides* TU-1**

The contact duration of bacterial cells with the essential oil, min	Different dispersions of essential oil emulsions											
	1:3		1:4		1:5		1:6		1:7		1:8	
	The amount of bacterial cells, 10^4 CFU/ml (M±m)											
	T	C	T	C	T	C	T	C	T	C	T	C
5	20,3±1,6	26,4±2,1	21,0±1,6	26,8±2,3	21,0±1,4	26,1±2,5	29,1±1,9	26,0±2,4	22,6±1,8	26,4±2,3	24,8±2,2	26,3±2,3
10	14,8±1,2	26,2±2,3	16,6±1,4	26,6±2,4	16,8±1,4	26,0±2,3	19,0±1,6	25,9±2,3	19,7±1,6	26,4±2,4	22,6±2,1	26,3±2,4
20	5,4±0,3	25,9±2,2	8,2±0,4	26,3±9,4	9,2±0,6	25,8±2,2	12,7±1,1	25,7±2,4	13,8±1,0	26,3±1,7	19,0±1,4	26,2±1,8
30	0,	25,6±2,3	1,3±0,1	26±2,2	3,7±0,2	25,6±2,2	6,8±0,5	25,5±2,4	8,8±0,4	26,2±2,4	15,3±1,1	26,2±2,2
40	0,0	25,3±2,2	0,0	25,7±2,4	0,0	25,4±2,1	1,3±0,05	25,3±1,9	4,0±0,3	26,1±2,2	11,6±1,0	26,1±2,4
50	0,0	25±1,8	0,0	25,4±2,2	0,0	25,1±2,2	0,0	25,1±1,8	0,1±0,03	26±2,3	7,8±0,6	26,0±2,3
60	0,0	24,7±2,2	0,0	25,1±2,0	0,0	24,8±2,3	0,0	24,9±2,3	0,0	25,9±2,4	3,7±0,2	26±1,9

Nota: T - Ensaio, C - Controlo

Após 5, 10, 20 e 30 minutos de impacto da emulsão dispersiva 1:5 do óleo essencial de e contra *Bacillus anthracoides* TU1, a quantidade de células vivas diminui, respetivamente, 1,24; 1,5; 2,8; 6,9 vezes em comparação com o controlo. Após 30 minutos de efeito do óleo essencial, 86% das células bacterianas foram destruídas e a destruição total ocorreu após 40 minutos (Tabela 4).

Após 5, 10, 20, 30 e 40 minutos de impacto da emulsão dispersiva 1:6 de óleo essencial contra *Bacillus anthracoides* TU-1, o número de células vivas, respetivamente, diminui 1,2; 1,4; 2,0; 3,8; 19,5 vezes. Após 40 minutos do efeito do óleo essencial, 95% das células foram destruídas e a destruição total das células da bactéria ocorreu após 50 minutos (Tabela 4).

Após 5, 10, 20, 30, 40 e 50 minutos de impacto da emulsão dispersiva 1:7 de óleo essencial contra *Bacillus anthracoides* TU1, a quantidade de células vivas, respetivamente, diminui 1,2; 1,3; 1,9; 2,9; 6,5 e 260 vezes em comparação com o controlo. Após 50 minutos de efeito, 99,6% das células bacterianas foram destruídas e a destruição total das células bacterianas ocorreu após 60 minutos (Tabela 4).

Após 5, 10, 20, 30, 40, 50 e 60 minutos de impacto da emulsão dispersiva 1:8 de óleo essencial contra *Bacillus anthracoides* TU1, o número de células vivas, respetivamente, diminui 1,1; 1,2; 1,3; 1,7; 2,3; 3,3 e 7,0 vezes em comparação com o controlo. Após 60 minutos de efeito do óleo essencial, 86% das células bacterianas foram eliminadas (Tabela 4).

Assim, o efeito bacteriano absoluto da emulsão dispersiva 1:3 do óleo essencial de foeniculum vulgare contra a bactéria *Bacillus anthracoides* TU-1 foi observado após 30 minutos, o efeito bactericida total das emulsões dispersivas 1:4 e 1:5 foi observado após 40 minutos, o efeito bactericida total das emulsões dispersivas 1:6 e 1:7 foi observado após 50 e 60 minutos, respetivamente. Após 60 minutos, o efeito do número de células bacterianas diminui, mas não desaparece completamente [152].

Após 30 minutos de efeito da emulsão dispersiva 1:3 do óleo essencial de foeniculum vulgare, as células bacterianas destruídas foram muito mais, respetivamente, 1,1; 1,2; 1,4; 1,5 e 2,4 vezes, em comparação com a emulsão dispersiva 1:4; 1:5; 1:6; 1:7 e 1:8. Razões semelhantes foram obtidas durante 5, 10, 20 minutos de efeito do óleo essencial (Tabela 4).

Após 5, 10 e 20 minutos de efeito da emulsão dispersiva 1:3 de óleo essencial de foeniculum vulgare contra *Bachillus subtilis* BDU-43, o número de células vivas diminui 1,5; 2,5; 255 vezes, respetivamente, em comparação com o controlo. Após 20 minutos de efeito do óleo essencial, 99,6% das células bacterianas foram eliminadas e após 30 minutos de efeito não se registaram quaisquer células vivas (Quadro 5).

Após 5, 10 e 20 minutos de impacto da emulsão dispersiva 1:4 de óleo essencial contra *Bacillus subtilis* BDU-43, o número de células vivas diminui 1,3; 1,8; e 5,3 vezes, respetivamente. Após 20 minutos, 81% das células bacterianas foram destruídas e, após 30 minutos, não se registaram quaisquer células vivas (Tabela 5)

Após 5, 10 e 20 minutos de impacto da emulsão dispersiva 1:5 de óleo essencial contra *Bacillus subtilis* BDU-43, o número de células bacterianas diminui, respetivamente, 1,3; 1,7; e 4,1 vezes, em comparação com o controlo. Após 20 minutos de efeito, 75% das células bacterianas foram destruídas e, após 30 minutos de efeito, todas as células foram destruídas (Tabela 5).

Após 5, 10, 20 e 30 minutos de impacto da emulsão dispersiva 1:6 de óleo essencial contra *Bacillus subtilis* BDU-43, o número de células vivas diminui, respetivamente, 1,2; 1,4; 2,1 e 5,1 vezes em comparação com o controlo. Após 30 minutos de efeito do óleo essencial, 80% das células bacterianas foram perdidas e a destruição total das mesmas ocorreu após 40 minutos (Tabela 5).

Tabela 5. **Efeito antibiótico do óleo essencial de feniculum vulgare na bactéria gram-positiva formadora de esporos *Bacillus subtilis* BDU-43**

The contact duration of bacterial cells with the essential oil, min	Different dispersions of essential oil emulsions											
	1:3		1:4		1:5		1:6		1:7		1:8	
	The amount of bacterial cells, 10^4 CFU/ml (M±m)											
	T	C	T	C	T	C	T	C	T	C	T	C
5	17,7± 1,4	25,8± 2,2	20,1± 1,4	25,7± 2,2	20,4± 1,8	26± 2,4	22,2± 2,1	25,8± 2,4	23,6± 2,2	25,8± 2,4	24,6± 2,2	26,1± 2,4
10	10,2± 1,0	25,6± 2,0	14,6± 1,1	25,5± 2,2	15,6± 1,4	25,9± 2,1	18,6± 1,6	25,7± 2,2	20,7± 1,8	25,8± 2,4	22,8± 2,1	26,1± 2,3
20	0,1± 0,01	25,3± 2,4	4,8± 0,3	25,2± 2,4	6,3± 0,4	25,7± 2,2	11,8± 1,1	25,6± 2,2	16,3± 1,4	25,7± 2,3	19,4± 1,6	26± 2,2
30	0,0	25± 2,2	0,0	24,9± 2,3	0,0	25,4± 2,3	5,0± 0,4	25,5± 2,3	11,2± 1,1	25,6± 2,4	16,0± 1,4	26± 2,3
40	0,0	24,7± 2,3	0,0	24,6± 2,2	0,0	25,3± 2,1	0,0	25,4± 2,2	6,4± 0,3	25,5± 2,1	12,8± 1,1	25,9± 2,4
50	0,0	24,4± 2,1	0,0	24,3± 2,0	0,0	25± 2,4	0,0	25,2± 2,1	2,1± 0,1	25,4± 2,0	9,4± 0,6	25,9± 2,2
60	0,0	24,1± 1,8	0,0	24,0± 1,8	0,0	24,7± 2,2	0,0	25± 2,0	0,0	25,3± 1,9	6,3± 0,3	25,8± 2,1

Nota: T - Ensaio, C - Controlo

Após 5, 10, 20, 30, 40 e 50 minutos de efeito da emulsão dispersiva 1:7 contra *Bacillus subtilis* BDU-43, o número de células vivas diminui, respetivamente, 1,1; 1,2; 1,6; 2,3; 4,0 e 12 vezes. Após 50 minutos de efeito do óleo essencial, 92% das células da bactéria foram destruídas e a destruição total ocorreu após 60 minutos de efeito (Tabela 5).

Após 5, 10, 20, 30, 40, 50 e 60 minutos de efeito da emulsão dispersiva 1:8 de óleos essenciais contra *Bacillus subtilis* BDU-43, o número de células vivas diminui 1,1; 1,14; 1,3; 1,6; 2,0; 2,8 e 4,1 vezes. Após 60 minutos de efeito, 76% das células bacterianas foram eliminadas (Tabela 5).

Assim, o efeito bacteriosidial absoluto da emulsão dispersiva de óleos essenciais 1:3, 1:4 e 1:5 contra *Bacillus subtilis* BDU-43 foi observado após 30 minutos de incubação, e a emulsão dispersiva de óleo essencial 1:6 e 1:7 foi observada após 40 e 60 minutos, respetivamente [152].

O número de células bacterianas destruídas pela emulsão dispersiva de óleo essencial 1:3 após 20 minutos de incubação em comparação com as versões 1:4, 1:5, 1:6, 1:7 e 1:8, respetivamente, 1,2; 1,3; 1,8; 2,1; e 4,0 vezes foi maior. Os resultados semelhantes foram observados durante o outro tempo de efeito (Tabela 5)

Após 5 e 10 minutos de efeito da emulsão dispersiva 1:3 de óleos essenciais de feniculum vulgare contra a bactéria grampositiva *Staphylococcus aureus* TU-4, a quantidade de células vivas diminuiu 2 e 18 vezes, devido ao efeito da emulsão dispersiva 1:4 - 1,6 e 3,8 vezes, emulsão dispersiva 1:5 - 1,4 e 2,4 vezes, respetivamente. Após 10 minutos de efeito da emulsão dispersiva 1:3, 1:4, 1:5 do óleo essencial, 94%, 74%, 60% das células bacterianas foram destruídas e a destruição total ocorreu após 20 minutos de efeito (Tabela 6).

Após 5, 10 e 20 minutos de efeito da emulsão dispersa 1:6 contra a bactéria *Staphylococcus aureus* TU-4, o número de células vivas diminui, respetivamente, 1,2; 1,5 e 3,3 vezes. Após 20 minutos de efeito do óleo essencial, 70% das células bacterianas foram destruídas e a destruição total das mesmas ocorreu após 30 minutos de efeito (Tabela 6).

Após 5,10, 20, 30 minutos de efeito da emulsão dispersiva 1:7 de óleo essencial contra a bactéria *Staphylococcus aureus* TU-4, o número de células vivas, respetivamente, diminui 1,2; 1,4; 3,0 e 11,0 vezes. Após 30 minutos de efeito do óleo essencial, 91% das células bacterianas foram destruídas e a destruição total das mesmas ocorreu após 40 minutos de efeito (Tabela 6).

Após 5, 10, 20, 30, 40 e 50 minutos de efeito da emulsão dispersiva 1:8 de óleo essencial contra a bactéria *Staphylococcus aureus* TU-4, o número de células vivas diminui, respetivamente, 1,1; 1,2; 1,6; 2,3; 4,0 e 15 vezes. Após 50 minutos de efeito do óleo essencial, 93% das células bacterianas foram destruídas e a destruição total ocorreu após 60 minutos de efeito (Tabela 6).

Tabela 6. **Efeito antibiótico do óleo essencial de feniculum vulgare na bactéria gram-positiva não formadora de esporos *Staphylococcus aureus* TU-4**

The contact duration of bacterial cells with the essential oil, min	Different dispersions of essential oil emulsions											
	1:3		1:4		1:5		1:6		1:7		1:8	
	The amount of bacterial cells, 10^4 CFU/ml (M±m)											
	T	C	T	C	T	C	T	C	T	C	T	C
5	12,6± 1,0	24,8± 2,1	15,2± 1,1	24,7± 2,3	17,3± 1,4	25± 2,2	20± 1,8	24,9± 2,2	21± 1,9	25,1± 2,4	22,7± 1,8	24,8± 2,3
10	1,4± 0,1	24,6± 2,2	6,3± 0,4	24,5± 2,2	10± 0,8	24,9± 2,3	16,1± 1,4	24,8± 2,3	17,4± 1,3	25,1± 2,1	20,5± 1,9	24,8± 2,4
20	0,0	24,3± 2,1	0,0	24,2± 2,4	0,0	24,7± 2,2	7,4± 0,5	24,7± 2,2	9,6± 0,6	25± 2,4	15,7± 1,1	24,8± 2,2
30	0,0	24± 2,2	0,0	23,9± 1,9	0,0	24,5± 2,1	0,0	24,5± 2,0	2,3± 0,1	24,9± 2,2	10,8± 0,8	24,7± 2,1
40	0,0	23,7± 2,1	0,0	23,6± 2,3	0,0	24,3± 2,2	0,0	23,3± 2,1	0,0	24,8± 2,4	6,04± 0,3	24,7± 2,3
50	0,0	23,4± 2,2	0,0	23,3± 2,2	0,0	24,1± 2,2	0,0	23,1± 1,9	0,0	24,7± 2,2	1,6± 0,06	24,7± 2,1
60	0,0	23,1± 2,0	0,0	23± 2,1	0,0	23,9± 2,0	0,0	22,9± 1,8	0,0	24,6± 2,1	0,0	24,6± 2,3

Nota: T - Ensaio, C - Controlo

Assim, o impacto de emulsões dispersivas 1:3, 1:4, 1:5 de óleo essencial contra *Staphylococcus aureus* TU-4 gram-positivo não formador de esporos foi observado após 30 minutos, no caso de emulsão dispersiva 1:6, e 1:7 após 30 e 40 minutos, no caso de emulsão dispersiva 1:8 - após 60 minutos [152].

O número de células destruídas na emulsão dispersiva 1:3 de óleo essencial após 10 minutos de efeito é muito maior do que o número de células destruídas no caso das emulsões dispersivas 1:4, 1:5, 1:6, 1:7 e 1:8, respetivamente 1,3; 1,6; 2,7; 3,1; e 5,5 vezes. O efeito semelhante é seguido no efeito de 5 minutos de emulsões dispersivas de óleo essencial (Tabela 6).

2.4. Atividade antimicrobiana do óleo essencial de ocimum basilicum contra bactérias gram-positivas

Após 5, 10, 20, 30, 40, 50 e 60 minutos de efeito da emulsão dispersiva 1:3 do óleo essencial de ocimum basilicum contra a bactéria grampositiva *Bacillus anthracoides* TU-1, o número de células vivas diminuiu respetivamente 1,1; 1,2; 1,3; 1,6; 2,0; 2,4 e 3,0 vezes em comparação com o controlo. Após 30 minutos de efeito do óleo essencial, 67% das células bacterianas foram eliminadas [146].

Após 5, 10, 20, 30, 40, 50 e 60 minutos de impacto de uma emulsão dispersiva 1:4 de óleo essencial contra a bactéria *Bacillus anthracoides* TU-1, o número de células vivas diminuiu, respetivamente, 1,1; 1,15; 1,27; 1,5; 1,8; 2,2 e 2,8 vezes. Após 60 minutos de efeito do óleo essencial, 65% das células bacterianas foram eliminadas (Tabela 7).

Tabela 7. **Efeito antibiótico do óleo essencial de ocimum basilicum na bactéria gram-positiva formadora de esporos *Bacillus anthracoides* TU-1**

The contact duration of bacterial cells with the essential oil, min	Different dispersions of essential oil emulsions											
	1:3		1:4		1:5		1:6		1:7		1:8	
	The amount of bacterial cells, 10^4 CFU/ml (M±m)											
	T	C	T	C	T	C	T	C	T	C	T	C
5	28,6±1,2	31,2±2,6	28,5±2,2	31,6±2,8	26,7±2,4	29,4±2,1	28,4±2,1	30,3±2,6	29±2,2	30,8±2,4	28,5±2,4	29,1±2,2
10	26,1±2,2	29,8±2,7	27,2±2,1	31,4±2,8	26±2,3	29,3±2,2	27,5±2,4	30,2±2,8	28,1±1,6	30,7±2,8	28,1±2,2	29,1±2,4
20	22,8±1,9	29,5±2,6	24,4±2,2	31,1±3,0	24±2,2	29,1±2,3	26,4±2,2	30±2,6	27±2,1	30,7±2,1	27,2±2,5	29±2,4
30	18,2±1,4	29,2±2,7	20,3±1,8	30,8±2,6	21,2±1,4	28,9±2,4	24,6±2,2	29,8±2,7	25,7±2,2	30,6±2,8	26±2,4	29±2,5
40	14,6±1,2	28,9±2,1	17,1±1,6	30,5±1,6	18,1±1,1	28,6±2,4	22,3±1,8	29,6±2,3	24,3±2,4	30,5±2,4	24,3±2,2	28,9±2,4
50	12±1,1	28,6±2,1	14±1,2	30,2±2,4	13,8±0,9	28,3±2,1	18,4±1,4	28,2±2,5	20,6±1,8	30,4±2,8	20,8±1,4	28,8±2,4
60	9,4±0,5	28,3±2,4	10,6±1,0	29,2±2,2	10±0,6	28±2,2	12,2±1,1	29,2±2,1	14,8±1,1	30,3±2,2	15,1±1,4	28,8±2,8

Nota: T - Ensaio, C - Controlo

Após 5, 10, 20, 30, 40, 50 e 60 minutos de impacto da emulsão dispersiva 1:5 de óleo essencial contra a bactéria *Bacillus anthracoides* TU-1, o número de células vivas diminuiu, respetivamente, 1,1; 1,13; 1,2; 1,4; 1,6; 2,1 e 2,8 vezes. Após 60 minutos de efeito, 64% das células bacterianas foram destruídas (Tabela 7).

Após 5, 10, 20, 30, 40, 50 e 60 minutos de impacto da emulsão dispersiva 1:6 de óleo essencial contra a bactéria *Bacillus anthracoides* TU-1, o número de células vivas diminuiu, respetivamente, 1,07; 1,1; 1,14; 1,2; 1,3; 1,6 e 2,8 vezes. Após 60 minutos de efeito, 58% das células bacterianas foram destruídas (Tabela 7).

Após 5, 10, 20, 30, 40, 50 e 60 minutos de impacto da emulsão dispersiva 1:7 de óleo essencial contra a bactéria *Bacillus anthracoides* TU-1, o número de células vivas diminuiu, respetivamente, 1,06; 1,09; 1,13; 1,2; 1,3; 1,5 e 2,1 vezes. Após 60 minutos de efeito do óleo essencial, 51% das células bacterianas foram eliminadas (Tabela 7).

Após 5, 10, 20, 30, 40, 50 e 60 minutos de impacto da emulsão dispersiva 1:8 de óleo essencial contra a bactéria *Bacillus anthracoides* TU-1, o número de células vivas diminuiu, gradualmente, 1,02; 1,04; 1,07; 1,12; 1,2; 1,54 e 2,0 vezes. Após 60 minutos de efeito do óleo essencial, 60% das células bacterianas foram eliminadas (Tabela 7).

É evidente a partir dos resultados acima referidos que as células da bactéria gram-positiva formadora de esporos *Bacillus anthracoides* TU-1 apresentam uma estabilidade relativa face ao óleo essencial de ocimum basilicum. Assim, embora após 60 minutos de efeito da emulsão dispersiva 1:3 de óleo essencial o número de células vivas diminua (67%), mas não ocorre uma destruição total. Quando a dispersão do óleo essencial em álcool etílico diminui, o seu efeito antibacteriano também diminui [146].

Após 5, 10, 20, 30, 40, 50 e 60 minutos de efeito da emulsão dispersiva 1:3 de óleo essencial contra a bactéria grampositiva *Bacillus subtilis BDU-73*, o número de células vivas diminui, respetivamente, 1,2; 1,4; 1,9; 2,9; 5,7; 1,7 e 67 vezes (Tabela 8).

Após 5, 10, 20, 30, 40, 50 e 60 minutos de emulsão dispersiva 1:4 de óleo essencial contra a bactéria gram-positiva formadora de esporos *Bacillus subtilis* BDU-73, o número de células vivas, respetivamente, diminui 1,1; 1,2; 1,4; 1,9; 2,5; 3,8 e 12,0 vezes, em comparação com o controlo. Após 60 minutos de efeito do óleo essencial, 91,4% das células bacterianas foram eliminadas (Quadro 8).

Após 5, 10, 20, 30, 40, 50 e 60 minutos de efeito da emulsão dispersiva 1:5 de óleo essencial contra a bactéria gram-positiva formadora de esporos *Bacillus subtilis* BDU-73, o número de células vivas diminui, respetivamente, 1,03; 1,1; 1,3; 1,6; 2,0; 2,9 e 6,2 vezes em comparação com o controlo. Após 60 minutos de efeito, 84% das células bacterianas foram destruídas (Tabela 8).

Após 5, 10, 20, 30, 40, 50 e 60 minutos de impacto da emulsão dispersiva 1:6 de óleos essenciais contra a bactéria gram-positiva formadora de esporos *Bacillus subtilis* BDU-73, o número de células vivas diminui respetivamente 1,02; 1,08; 1,2; 1,3; 1,7; 2,5 e 4,0 vezes. Após 60 minutos de efeito do óleo essencial, 76% das células bacterianas foram eliminadas (Tabela 8).

Tabela 8. **Efeito antibiótico do óleo essencial de ocimum basilicum na bactéria gram-positiva formadora de esporos *Bacillus subtilis* BDU-43**

The contact duration of bacterial cells with the essential oil, min	Different dispersioneds of essential oil emulsions											
	1:3		1:4		1:5		1:6		1:7		1:8	
	The amount of bacterial cells, 10^4 CFU/ml (M±m)											
	T	C	T	C	T	C	T	C	T	C	T	C
5	24,2± 2,1	28,4± 2,6	25,8± 2,2	27,3± 2,1	26,8± 2,2	27,8± 2,5	27,8± 2,5	28,6± 2,2	27,7± 2,2	28,3± 2,5	27± 2,2	27,7± 2,5
10	19,8± 1,6	28,2± 2,1	22,8± 2,1	27,1± 2,5	24,4± 2,1	27,7± 2,4	26,3± 2,1	28,5± 2,6	26,5± 2,4	28,3± 2,6	26,3± 2,4	27,7± 2,6
20	14,6± 1,1	27,9± 2,4	19± 1,6	26,8± 2,5	20,8± 1,8	27,5± 2,2	24,2± 2,2	28,4± 2,4	24,4± 2,0	28,2± 2,6	24,5± 2,4	27,7± 2,6
30	9,5± 0,8	27,6± 2,5	14,8± 1,3	26,5± 2,4	16,3± 1,4	27,3± 2,5	20,3± 1,8	28,3± 2,4	21,8± 2,0	28,1± 2,6	22,2± 1,8	27,6± 2,4
40	4,8± 0,2	27,3± 2,2	9,6± 0,5	26,2± 2,2	12,8± 1,1	27± 2,5	16,2± 1,2	28,1± 2,5	17,4± 1,5	28± 2,4	17,8± 1,6	27,6± 2,1
50	1,6± 0,1	27± 2,4	5,8± 0,4	25,9± 2,3	8,8± 0,4	26,7± 2,4	11± 1,0	27,9± 2,5	12,3± 1,1	27,9± 2,1	13,4± 1,1	27,5± 2,5
60	0,9± 0,05	26,7± 2,3	2,2± 1,8	25,6± 2,4	4,1± 0,5	26,4± 2,5	6,7± 0,5	27,7± 2,2	8,8± 0,4	27,8± 2,1	9,5± 0,6	27,5± 2,4

Nota: T - Ensaio, C - Controlo

Após 5, 10, 20, 30, 40, 50 e 60 minutos de impacto da emulsão dispersiva 1:7 de óleo essencial contra a bactéria *Bacillus subtilis* BDU-73, o número de células vivas diminui 1,02; 1,06; 1,15; 1,31; 1,6; 2,2 e 3,0 vezes, respetivamente. Após 60 minutos de efeito do óleo essencial, 68% das células bacterianas foram eliminadas (Tabela 8).

Após 5, 10, 20, 30, 40, 50 e 60 minutos de impacto da emulsão dispersiva 1:8 de óleo essencial contra a bactéria *Bacillus subtilis* BDU-73, o número de células vivas diminui, respetivamente, 1,02;

1,05; 1,13; 1,2; 1,5; 1,9 e 2,8 vezes. Após 60 minutos de efeito do óleo essencial, 65% das células bacterianas foram eliminadas (Tabela 8).

Os resultados obtidos mostram que as células da bactéria *Bacillus subtilis* BDU-43 também apresentam uma elevada resistência ao impacto do óleo essencial de ocimum basilicum e, após 60 minutos de efeito, não se observa a morte total das células.

Após 5, 10, 20, 30 e 40 minutos de impacto da emulsão dispersiva 1:3 de óleo essencial contra a bactéria gram-positiva não formadora de esporos *Staphylococcus aureus TU-4*, o número de células vivas diminui, respetivamente, 1,4; 1,6; 2,3; 4,0 e 3,8 vezes em comparação com o controlo. Após 40 minutos de efeito do óleo essencial, 90% das células bacterianas foram destruídas e a destruição total das mesmas ocorreu após 40 minutos (Tabela 9).

Após 5, 10, 20, 30, 40 e 50 minutos de impacto da emulsão dispersiva 1:4 de óleo essencial contra a bactéria *Staphylococcus aureus* TU-4, o número de células vivas diminui, respetivamente, 1,3; 1,5; 2,4; 2,7; 4,7 e 15 vezes. Após 50 minutos de efeito do óleo essencial, 93% das células da bactéria foram destruídas e a destruição completa das mesmas foi observada em 60 minutos (Tabela 9).

Após 5, 10, 20, 30, 40, 50 e 60 minutos de impacto da emulsão dispersiva 1:5 de óleo essencial contra a bactéria *Staphylococcus aureus* TU-4, o número de células vivas diminui, respetivamente, 1,2; 1,3; 1,6; 2,0; 2,7; 4,7 e 15 vezes. Após 60 minutos de efeito do óleo essencial, 92% das células bacterianas foram destruídas e a destruição completa das mesmas não aconteceu (Tabela 9).

Após 5, 10, 20, 30, 40, 50 e 60 minutos de efeito da emulsão dispersiva 1:6 de óleo essencial contra a bactéria *Staphylococcus aureus* TU-4, o número de células vivas diminui, respetivamente, 1,1; 1,2; 1,4; 1,6; 2,4; 3,8 e 8,6 vezes. Após 60 minutos de efeito do óleo essencial, 89% das células bacterianas foram destruídas e a destruição completa das mesmas não aconteceu (Tabela 9).

Após 5, 10, 20, 30, 40, 50 e 60 minutos de efeito da emulsão dispersiva 1:7 de óleo essencial contra a bactéria *Staphylococcus aureus* TU-4, o número de células vivas diminui, respetivamente, 1,06; 1,25; 1,3; 1,5; 2,0; 3,8 e 6,8 vezes. Após 60 minutos de efeito do óleo essencial, 85% das células bacterianas foram eliminadas (Tabela 9).

Após 5, 10, 20, 30, 40, 50 e 60 minutos de impacto da emulsão dispersiva 1:8 de óleo essencial contra a bactéria *Staphylococcus aureus* TU-4, o número de células vivas diminui, respetivamente, 1,03; 1,1; 1,2; 1,4; 1,8;
2.4 e 4,2 vezes. Após 60 minutos de efeito do óleo essencial, 77% das células bacterianas foram eliminadas (Tabela 9).

Deve-se notar que as células da bactéria gram-positiva não formadora de esporos *Staphylococcus aureus* TU-4, embora mostrem um efeito bactericida de alta estabilidade do óleo essencial de ocimum basilicum, a destruição delas aconteceu na emulsão dispersiva 1:3 em 50 minutos, na emulsão dispersiva 1:4 em 60 minutos. Assim, embora a maior parte das células bacterianas vivas tenha diminuído nas emulsões dispersivas 1:5 e 1:7, a sua destruição completa não aconteceu [146].

Tabela 9. **Efeito antibiótico do óleo essencial de ocimum basilicum na bactéria gram-positiva não formadora de esporos *Staphylococcus aureus* TU-4**

The contact duration of bacterial cells with the essential oil, min	Different dispersioneds of essential oil emulsions											
	1:3		1:4		1:5		1:6		1:7		1:8	
	The amount of bacterial cells, 10^4CFU/ml (M±m)											
	T	C	T	C	T	C	T	C	T	C	T	C
5	17,8± 1,5	24,5± 2,1	21,1± 1,8	25,2± 2,4	22,1± 1,8	25,8± 2,4	24± 2,2	26± 2,3	22,4± 1,8	23,8± 2,3	27,1± 2,5	20,1± 2,6
10	13,4± 1,1	22,3± 2,1	17,4± 1,5	25± 2,2	18,6± 1,4	25,7± 2,4	20,6± 1,8	25,9± 2,4	20,5± 1,6	23,6± 2,0	25± 2,2	28,1± 2,4
20	9,6± 0,5	22± 2,0	13,4± 1,1	24,7± 2,2	15± 1,2	25,5± 2,2	17,1± 1,5	25,8± 2,1	17,6± 1,5	23,7± 2,2	22,6± 2,1	28,1± 2,4
30	5,4± 0,4	21,7± 1,9	9,05± 05	24,4± 2,4	12,3± 1,1	25,3± 2,2	14,9± 1,1	25,6± 2,1	14,7± 1,1	23,6± 2,1	18,4± 1,6	28± 2,4
40	2,1± 0,2	21,7± 1,9	5,1± 0,2	24,1± 2,1	8,8± 0,4	25,1± 2,2	10,2± 1,0	25,4± 2,0	11,4± 1,0	23,5± 2,1	15,4± 1,1	28± 2,2
50	0,0	21,2± 1,2	1,6± 0,1	23,8± 2,2	5,2± 0,3	24,9± 2,1	6,4± 0,3	25,2± 1,8	7,6± 0,5	22,4± 1,6	11,3± 1,0	27,9± 2,2
60	0,0	20,8± 1,8	0,0	23,5± 2,0	2,0± 0,1	24,7± 2,0	2,8± 0,1	25± 1,6	3,3± 2,1	22,3± 2,1	6,5± 0,4	27,9± 2,1

Nota: T - Ensaio, C - Controlo

Assim, o óleo essencial de ocimum basilicum afecta fortemente o *Staphylococcus aureus* grampositivo TU-4, tem um efeito fraco sobre o *Bacillus anthracoides* TU-1 e um efeito muito fraco sobre o Bacillius subtilis BDU 43. Após 50 minutos de impacto da emulsão dispersiva 1:3 de óleo essencial, o efeito bactericida contra St.aureus TU-4 foi 1,1 e 1,7 vezes mais do que o efeito bactericida contra *Bacillus anthracoides* TU-1 e B.subtilis BDU 43.

Quando a emulsão dispersiva de óleo essencial diminui em álcool etílico, o seu efeito bactericida também diminui.

2.4. Atividade antimicrobiana do óleo essencial de coriandrum sativum contra bactérias gram-positivas

Afetar 5, 10, 20, 30, 40, 50 e 60 minutos de impacto de emulsões dispersivas 1:3 de óleo essencial de coriandrum satirum contra a bactéria grampositiva formadora de esporos *Bacillus anthracoides* TU-1 o número de células vivas, respetivamente, 1,07; 1,1; 1,2; 1,5; 1,8; 2,5 e 3,8 vezes diminuiu em comparação com o controlo. Após 60 minutos de impacto do óleo essencial, 26% das células bacterianas sobreviveram [145].

Após 5, 10, 20, 30, 40, 50 e 60 minutos de impacto da emulsão dispersiva 1:4 de óleo essencial contra *Bacillus anthracoides* TU-1, o número de células bacterianas vivas diminuiu, respetivamente, 1,06; 1,1;1,2; 1,4; 1,7,2,3 e 3,4 vezes em comparação com o controlo. Após 60 minutos de impacto do óleo essencial, 29% das células bacterianas sobreviveram (Tabela 10).

Após 5, 10, 20, 30, 40, 50 e 60 minutos de impacto da emulsão dispersiva 1:5 de óleo essencial contra *Bacillus anthracoides* TU-1, o número de células bacterianas vivas diminuiu, respetivamente, 1,06; 1,1; 1,2; 1,4; 1,7; 2,1 e 3,0 vezes em comparação com o controlo. Após 60 minutos de impacto do óleo essencial, 33% das células bacterianas sobreviveram (Tabela 10).

Após 5, 10, 20, 30, 40, 50 e 60 minutos de impacto da emulsão dispersiva 1:6 de óleo essencial contra *Bacillus anthracoides* TU-1, o número de células bacterianas vivas diminuiu, respetivamente, 1,03; 1,07; 1,13; 1,3; 1,5; 1,8 e 2,5 vezes em comparação com o controlo. Após 60 minutos de impacto do óleo essencial, 40% das células bacterianas sobreviveram (Tabela 10).

Tabela 10. **Efeito antibiótico do óleo essencial de coentros selvagens em**

bactérias gram-positivas formadoras de esporos *Bacillus anthracoides* TU-1

The contact duration of bacterial cells with the essential oil, min	Different dispersioneds of essential oil emulsions											
	1:3		1:4		1:5		1:6		1:7		1:8	
	The amount of bacterial cells, 10^3CFU/ml (M±m)											
	T	C	T	C	T	C	T	C	T	C	T	C
5	25,5±2,1	27,4±2,2	26,5±2,2	28,1±2,4	25,9±2,2	27,6±2,6	26,6±2,4	27,5±2,3	27,3±2,2	28±2,5	27,2±2,5	27,6±2,2
10	24,8±2,2	27,2±2,5	25±1,8	27,9±2,4	25±2,1	27,5±2,3	25,5±2,2	27,4±2,5	26,5±2,4	28±2,4	26,7±2,1	27,6±2,3
20	22,6±1,8	26,9±2,4	23,4±2,2	27,6±2,5	23,7±2,0	27,3±2,4	24±2,1	27,2±2,2	25,2±1,8	27,9±2,6	25,3±2,2	27,5±2,5
30	18,4±1,6	26,6±2,3	19,6±1,6	27,3±2,1	20±1,6	27,1±2,5	21,2±1,8	27±2,4	22,4±1,9	27,8±2,5	22,8±2,1	27,5±2,4
40	14,8±1,1	26,3±2,2	15,6±1,4	27±2,5	16,6±1,1	27,8±2,6	18±1,4	26,8±2,3	19,6±1,6	27,7±2,5	20±1,6	27,4±2,3
50	10,4±1,0	26±2,3	11,7±1,1	26,7±2,2	12,8±1,1	27,5±2,4	14,6±1,2	26,6±2,3	16,6±1,4	27,6±2,2	17,1±1,5	27,3±2,6
60	6,8±0,4	25,7±2,1	7,4±0,5	26,4±2,4	9,0±0,5	27,2±2,3	10,5±1,0	26,4±2,1	13,7±1,1	27,5±2,4	14,8±1,1	27,3±2,1

Nota: T - Ensaio, C - Controlo

Após 5, 10, 20, 30, 40, 50 e 60 minutos de impacto da emulsão dispersiva 1:7 de óleo essencial contra *Bacillus anthracoides* TU-1, o número de células bacterianas vivas diminuiu, respetivamente, 1,02; 1,05; 1,1; 1,2; 1,4; 1,7 e 2,0 vezes em comparação com o controlo. Após 60 minutos de impacto do óleo essencial, 50% das células bacterianas sobreviveram (Tabela 10).

Após 5, 10, 20, 30, 40, 50 e 60 minutos de impacto da emulsão dispersiva 1:8 de óleo essencial contra *Bacillus anthracoides* TU-1, o número de células bacterianas vivas diminuiu, respetivamente, 1,0; 1,03; 1,2; 1,4; 1,6 e 1,08 vezes em comparação com o controlo. Após 60 minutos de impacto do óleo essencial, 54% das células bacterianas sobreviveram (Tabela 10).

Assim, as células da bactéria gram-positiva formadora de esporos *Bacillus subtilis* TU-1 são menos sensíveis ao óleo essencial de coriandrum sativum e quando a emulsão dispersiva de óleo essencial diminui em álcool etílico, o seu efeito bactericida também diminui.

Após 5, 10, 20, 30, 40, 50 e 60 minutos de impacto da emulsão dispersiva 1:3 de óleo essencial contra a bactéria gram-positiva formadora de esporos *Bacillus subtilis* BDU-43, o número de células vivas, respetivamente, diminuiu 1,07; 1,1; 1,2; 1,5; 1,9; 2,6 e 4,8 vezes, em comparação com o controlo. Após 60 minutos do impacto do óleo essencial, 21% das células permaneceram intactas (Tabela 11).

Após 5, 10, 20, 30, 40, 50 e 60 minutos de efeito da emulsão dispersiva 1:4 de óleo essencial contra a bactéria *Bacillus subtilis* BDU-43, o número de células vivas, respetivamente, diminuiu 1,05; 1,1; 1,2; 1,4; 1,8;

2.5 e 3,9 vezes, em comparação com o controlo. Após 60 minutos do impacto do óleo essencial, 26% das células bacterianas pereceram (Tabela 11).

Após 5, 10, 20, 30, 40, 50 e 60 minutos de efeito da emulsão dispersiva 1:5 de óleo essencial contra a bactéria *Bacillus subtilis* BDU-43, o número de células vivas, respetivamente, diminuiu 1,05; 1,1; 1,2; 1,3; 1,6; 2,1 e 3,1 vezes, em comparação com o controlo. Após 60 minutos de impacto do óleo essencial, 32% das células bacterianas permaneceram intactas (Tabela 11).

Tabela 11. **Efeito antibiótico do óleo essencial de Coriandrum sativum na bactéria gram-positiva formadora de esporos Bacillus *subtilis* BDU-43**

The contact duration of bacterial cells with the essential oil, min	Different dispersioneds of essential oil emulsions											
	1:3		1:4		1:5		1:6		1:7		1:8	
	The amount of bacterial cells, 10^3CFU/ml (M±m)											
	T	C	T	C	T	C	T	C	T	C	T	C
5	24,7± 1,9	26,5± 2,4	24,6± 2,2	26± 2,3	24,8± 2,2	26,2± 2,3	25,4± 2,3	26,2± 2,1	25,7± 1,9	26,4± 2,3	26,3± 2,2	26,5± 2,4
10	23,7± 2,1	26,3± 2,2	23,2± 2,1	25,8± 2,4	24± 1,9	26,1± 2,1	24,6± 2,2	26,1± 1,8	24,9± 2,2	26,4± 2,3	25,8± 2,3	26,5± 2,2
20	21,6± 1,8	26± 2,4	21,4± 1,9	25,5± 2,2	22,2± 1,8	25,9± 2,1	23± 2,0	26± 2,2	23,6± 1,9	26,3± 2,2	24,4± 2,1	26,5± 2,2
30	17,7± 1,4	25,7± 2,2	17,5± 1,6	25,2± 2,4	19,4± 1,4	25,7± 2,2	20,1± 1,9	25,9± 2,1	20,7± 1,8	26,2± 2,3	22,6± 1,8	26,4± 2,2
40	13,2± 1,1	25,4± 2,2	13,4± 1,1	24,9± 2,2	15,8± 1,1	25,4± 2,2	17,3± 1,5	25,7± 2,2	17,2± 1,4	26,1± 2,2	20± 1,6	26,4± 2,1
50	9,6± 0,5	25,1± 2,3	9,8± 0,6	24,6± 2,2	11,9± 1,0	25,1± 2,2	13,4± 1,1	25,5± 2,1	14,4± 1,1	26± 2,2	17,6± 1,4	26,3± 2,2
60	5,2± 0,3	24,8± 2,2	6,3± 0,3	24,3± 2,1	8± 0,6	24,8± 2,2	9,5± 0,6	25,3± 2,2	11,6± 1,0	25,9± 2,3	14,8± 1,1	26,3± 2,3

Nota: T - Teste, C - Controlo

Após 5, 10, 20, 30, 40, 50 e 60 minutos de impacto da emulsão dispersiva 1:6 de óleo essencial contra a bactéria *Bacillus subtilis* BDU-43, o número de células vivas, respetivamente, diminuiu 1,03; 1,06; 1,1; 1,3; 1,5; 1,9 e 2,7 vezes. Após 60 minutos de impacto do óleo essencial, 38% das células permaneceram intactas (Tabela 11).

Após 5, 10, 20, 30, 40, 50 e 60 minutos de impacto da emulsão dispersiva 1:7 de óleo essencial contra a bactéria *Bacillus subtilis* BDU-43, o número de células vivas, respetivamente, diminuiu 1,02; 1,06; 1,1; 1,3; 1,5; 1,8 e 2,2 vezes. Após 60 minutos de impacto do óleo essencial, 45% das células bacterianas permaneceram intactas (Tabela 11).

Após 5, 10, 20, 30, 40, 50 e 60 minutos de efeito da emulsão dispersiva 1:8 de óleo essencial contra a bactéria *Bacillus subtilis* BDU-43, o número de células vivas, respetivamente, diminuiu 1,0; 1,03; 1,1; 1,2; 1,3;

1.5 e 1,8 vezes em comparação com o controlo. Após 60 minutos de impacto do óleo essencial, 56% das células bacterianas permaneceram intactas (Tabela 11).

Assim, o óleo essencial de coriandrum sativum teve um efeito bactericida suficiente contra a bactéria gram-positiva formadora de esporos Bacillus subfilis BDU-43, mas durante um período de 60 minutos não foi capaz de os destruir. Após 5, 10, 20, 30, 40 e 50 minutos de efeito da emulsão dispersiva 1:3 de óleo essencial contra a bactéria gram-positiva TU-4 *Staphylococcus aureus*, o número de células vivas, respetivamente, diminuiu 1,1; 1,3; 1,6; 2,2; 3,5 e 8,3 vezes em comparação com o controlo. Após 50 minutos dos efeitos do óleo essencial, 88% das bactérias foram mortas e a destruição completa das células ocorreu após 60 minutos (Tabela 12).

Após 5, 10, 20, 30, 40 e 50 minutos de impacto da emulsão dispersiva 1:4 de óleo essencial contra a bactéria não formadora de esporos *Staphylococcus aureus* TU-4, o número de bactérias vivas, respetivamente, diminuiu 1,1; 1,3; 1,6; 2,0; 3,1 e 6,2 vezes, em comparação com o controlo. Após 60 minutos de efeito do óleo essencial, o número de células vivas diminuiu 120 vezes, pelo que 99,2% foram eliminadas (Quadro 12).

Após 5, 10, 20, 30, 40, 50 e 60 minutos de efeito do óleo essencial da emulsão dispersiva 1:6 contra *Staphylococcus aureus* TU-4, o número de bactérias vivas, respetivamente, diminuiu 1,1; 1,2; 1,4; 1,7; 2,2; 3,0 e 5 vezes, em comparação com o controlo. Após 60 minutos de impacto do óleo essencial, 80% das células vivas foram consumidas (Tabela 12).

Após 5, 10, 20, 30, 40, 50 e 60 minutos de impacto da emulsão dispersiva 1:7 de óleo essencial contra *Staphylococcus aureusa* TU-4 não formadora de esporos, o número de células bacterianas vivas, respetivamente, 1,04; 1,1; 1,2; 1,4; 1,8; 2,4 e 3,2 vezes diminuiu em comparação com o controlo. Após 60 minutos, o impacto do óleo essencial foi consumido por 69% das células vivas (Tabela 12).

Após 5, 10, 20, 30, 40, 50 e 60 minutos de efeito da emulsão dispersiva 1:8 de óleo essencial contra *Staphylococcus aureus* TU-4 não formador de esporos, o número de células vivas, respetivamente, 1,03; 1,1; 1,2; 1,3; 1,5; 1,9; 2,4 e 2,5 vezes diminuiu em comparação com o controlo. Após 60 minutos de impacto, o óleo essencial mata 59% das células bacterianas [17].

Tabela 12. **Efeito antibiótico do óleo essencial de Coriandrum sativum na bactéria gram-positiva não formadora de esporos *Staphylococcus aureusTU-4***

The contact duration of bacterial cells with the essential oil, min	Different dispersioneds of essential oil emulsions											
	1:3		1:4		1:5		1:6		1:7		1:8	
	The amount of bacterial cells, 10^4 CFU/ml (M±m)											
	T	C	T	C	T	C	T	C	T	C	T	C
5	22,4± 2,1	24,6± 1,9	22,8± 1,8	24,5± 2,2	22,8± 2,0	24,5± 2,3	22,9± 1,8	24,3± 2,0	23,1± 2,0	24,2± 2,2	24± 1,6	24,7± 2,2
10	18,6± 1,6	24,4± 1,8	19± 1,4	24,3± 2,1	20± 1,9	24,4± 2,2	20,4± 1,8	24,2± 2,2	21,6± 1,9	24,2± 2,1	22± 1,7	24,7± 2,3
20	14,7± 1,2	24,1± 2,2	15,4± 1,2	24± 2,2	16,6± 1,4	24,2± 2,3	16,8± 1,3	24± 2,2	19,4± 1,5	24,1± 2,2	20± 1,6	24,7± 2,3
30	10,6± 1,0	23,8± 2,1	11,6± 1,1	23,7± 2,1	12,8± 1,0	24± 2,2	13,8± 1,1	23,8± 2,1	16,8± 1,4	24,1± 2,0	18,1± 1,7	24,6± 2,4
40	6,7± 0,5	23,5± 2,0	7,8± 0,3	24,4± 2,2	8,9± 0,4	23,8± 2,1	10,6± 1,0	23,6± 2,0	13,6± 1,1	24± 1,8	16,7± 1,5	24,5± 2,3
50	2,8± 0,1	23,2± 1,9	3,9± 0,1	24,1± 2,1	5± 0,2	23,6± 2,2	7,7± 0,4	23,4± 2,1	10± 0,8	23,9± 1,6	13± 1,2	24,5± 2,1
60	0,0	22,9± 2,1	0,2± 0,01	23,8± 2,2	1,6± 0,01	23,4± 2,0	4,6± 0,2	23,2± 2,2	7,4± 0,3	23,8± 1,4	10± 0,8	24,5± 2,2

Nota: T - Ensaio, C - Controlo

Consequentemente, o óleo essencial de Coriandrum sativum tem um efeito bacteriocida significativo contra a bactéria gram-positiva não formadora de esporos *Staphylococcus aureus* TU-4 e o efeito bacteriocida é alterado consoante a dispersividade do óleo essencial. Assim, após 60 minutos do efeito 1:3 dispersivo da emulsão de óleo essencial, o número de células bacterianas destruídas é muito maior do que nas emulsões dispersivas de 1:4, 1:5, 1:6, 1:7 e em 1:8 e o número de células mortas, foi mais, respetivamente, 1,04; 1,1; 1,2; 1,5; 2,6 vezes. Resultados semelhantes foram obtidos nos outros efeitos da duração do óleo essencial (Tabela 12).

Assim, o estudo do efeito do óleo essencial de cariandrum sativum mostrou que as células da bactéria gram-positiva não formadora de esporos *Staphylococcus aureus* TU-4 são mais sensíveis aos efeitos do óleo essencial em comparação com as bactérias gram-positivas formadoras de esporos *Bacillus anthracoides* TU-1 e *Bacillus subtilis* BDU-43. Assim, após 60 minutos de efeito, seguido de emulsão dispersiva 1:3, o efeito antibacteriano contra a primeira bactéria é muito maior do que contra a segunda e terceira bactérias, respetivamente, 1,4 e 1,3 vezes, em 1:5, emulsão dispersiva - 1,4 e 1,36 vezes, em 1:7 emulsão dispersiva - 1,4 e 1,30 vezes [145].

Foi observado um impacto de 100% do óleo essencial contra a bactéria *Staphylococcus aureus* TU-4 após 60 minutos de exposição numa emulsão dispersiva 1:3.

2.6. Atividade antimicrobiana do óleo essencial de saturea laxiflora contra bactérias gram-positivas

Após 5, 10, 20, 30 e 40 minutos de impacto da emulsão dispersiva 1:3 do óleo essencial de saturea laxiflora contra a bactéria gram-positiva formadora de esporos *Bacillus anthracoides* TU-1, o número de células bacterianas vivas, respetivamente, diminuiu 1,3; 1,8; 3,0 e 10 vezes em comparação com o controlo. Após 40 minutos do efeito do óleo essencial, 90% das células foram destruídas e a destruição total das mesmas ocorreu após 50 minutos [151].

Após 5, 10, 20, 30 e 40 minutos de impacto da emulsão dispersiva 1:4 de óleo essencial contra a bactéria *Bacillus anthracoides* TU-1, o número de células bacterianas vivas diminuiu, respetivamente, 1,3; 1,8; 2,8 e 8,4 vezes em comparação com o controlo. Após 40 minutos de efeito do óleo essencial, 88% das células bacterianas foram destruídas e a destruição das mesmas foi observada após 50 minutos de impacto (Tabela 13).

Após 5, 10, 20, 30, 40 e 50 minutos de impacto da emulsão dispersiva 1:5 de óleo essencial contra a bactéria *Bacillus anthracoides* TU-1, o número de células vivas diminuiu, respetivamente, 1,2; 1,6; 2,2; 3,9 e 16 vezes em comparação com o controlo. Após 50 minutos do efeito do óleo essencial, 94% das células da bactéria foram destruídas e a destruição das mesmas ocorreu após 60 minutos (Tabela 13).

Após 5, 10, 20, 30, 40 e 50 minutos de impacto de emulsões dispersivas 1:6 de óleo essencial contra a bactéria *Bacillus anthracoides* TU-1, o número de células vivas, respetivamente, diminuiu 1,2; 1,5; 1,9; 2,8 e 6,3 vezes em comparação com o controlo. Após 50 minutos de efeito do óleo essencial, 75% das células da bactéria foram destruídas e a destruição total ocorreu após 60 minutos de efeito (Tabela 13).

Tabela 13. **Efeito antibiótico do óleo essencial de saturea laxiflora na bactéria gram-positiva formadora de esporos *Bacillus anthracoides* TU-1**

The contact duration of bacterial cells with the essential oil, min	Different dispersioneds of essential oil emulsions											
	1:3		1:4		1:5		1:6		1:7		1:8	
	The amount of bacterial cells, 10^3CFU/ml (M±m)											
	T	C	T	C	T	C	T	C	T	C	T	C
5	23,3±2,1	26,4±2,4	23,5±1,8	26,3±2,4	24±2,1	26,5±2,4	24,2±2,2	26,3±2,1	24,7±2,2	26,6±2,5	24,2±1,8	26,5±2,4
10	20,4±1,9	26,2±2,2	20,7±1,8	26,1±2,2	21,5±1,8	26,4±2,3	22±1,9	26,2±2,4	22,8±2,1	26,6±2,4	23,4±2,2	26,5±2,1
20	14,3±1,1	25,9±2,2	14,8±1,2	25,8±2,1	16,6±1,4	26,2±2,2	17,7±1,6	25,9±2,3	19±1,6	26,5±2,5	20,3±1,8	26,4±2,2
30	8,4±0,6	25,6±2,4	9,1±0,7	25,5±2,3	11,8±1,1	26±2,4	13,2±1,1	25,7±2,1	15±1,4	26,4±2,4	17±1,6	26,3±2,4
40	2,5±0,1	25,4±2,0	3,0±0,2	25,2±2,4	6,7±0,5	25,8±2,2	9,1±0,6	25,5±2,4	11,1±1,0	26,3±2,2	14,4±1,2	26,2±2,3
50	0,0	25±2,3	0,0	24,9±2,5	1,6±0,1	25,5±2,3	4±0,3	25,3±2,2	7,3±0,6	26,2±2,4	11,1±1,0	26,1±2,4
60	0,0	24,7±2,2	0,0	24,6±2,0	0,0	25,2±2,4	0,0	25,1±2,4	3,2±0,1	26,1±2,5	7,5±0,6	26,1±2,3

Nota: T - Ensaio, C - Controlo

Após 5, 10, 20, 30, 40, 50 e 60 minutos de efeito da emulsão dispersiva 1:7 de óleo essencial contra a bactéria *Bacillus anthracoides* TU-1, o número de células vivas diminuiu, respetivamente, 1,2; 1,4; 1,8; 2,4 e 8,8 vezes em comparação com o controlo. Após 50 minutos de efeito do óleo essencial 88% das células da bactéria foram destruídas e a destruição total das mesmas ocorreu após 60 minutos de efeito (Tabela 13).

Após 5, 10, 20, 30, 40, 50 e 60 minutos de efeito da emulsão dispersiva 1:8 de óleo essencial contra *Bacillus anthracoides* TU-1, o número de células bacterianas vivas diminuiu, respetivamente, 1,1;1,13; 1,3; 1,5; 1,8; 2,4 e 3,5 vezes em comparação com o controlo. Após 60 minutos do efeito do óleo essencial, 71% das células bacterianas foram destruídas, mas não foi observada uma destruição total (Quadro 13).

Assim, a bactéria *Bacillus anthracoides* TU-1 é sensível a emulsões dispersivas 1:3-1:6 de óleo essencial de saturea laxiflora quando a dispersão do óleo essencial diminui em álcool etílico, o seu efeito antibacteriano também diminui.

Após 5, 10, 20 e 30 minutos de impacto da emulsão dispersiva 1:3 de óleo essencial contra a bactéria *Bacillus subtilis* BDU-43, o número de células vivas, respetivamente, diminuiu 1,2; 1,4; 2,6 e 11,4 vezes em comparação com o controlo. Após 30 minutos de efeito do óleo essencial, 91% das células da bactéria foram destruídas e a destruição total foi observada após 40 minutos de efeito (Tabela 14).

Tabela 14. **Efeito antibiótico do óleo essencial de saturea laxiflora na bactéria gram-positiva formadora de esporos *Bacillus subtilis* BDU-43**

The contact duration of bacterial cells with the essential oil, min	Different dispersioneds of essential oil emulsions											
	1:3		1:4		1:5		1:6		1:7		1:8	
	The amount of bacterial cells, 10^4CFU/ml (M±m)											
	T	C	T	C	T	C	T	C	T	C	T	C
5	21,8±2,0	25,9±2,4	22,6±1,8	26,3±2,4	22,8±1,9	26±2,3	23,6±2,1	26,4±2,3	23,4±2,2	25,8±2,2	24,2±2,2	26,3±2,4
10	17,8±1,5	25,7±2,2	18,9±1,4	26,1±2,5	19,8±1,4	25,9±2,2	20,8±1,8	26,3±2,5	20,2±1,6	25,8±2,2	22±2,1	26,3±2,3
20	9,9±0,6	25,4±2,3	11,6±0,3	25,8±2,2	13,4±1,1	25,7±2,2	15,3±1,4	26,2±2,3	16,8±1,4	25,7±2,3	17,7±1,4	26,2±2,5
30	2,2±0,1	25,1±2,1	3,1±0,1	25,5±2,3	7,6±0,4	25,5±2,2	9,7±0,6	26,1±2,4	12,5±1,1	25,6±2,4	13,5±1,2	26,2±2,4
040	0,0	24,8±2,2	0,0	25,2±2,4	1,3±0,1	25,2±2,3	4±0,2	26±2,2	7,9±0,5	25,5±2,3	9,6±0,6	26,2±2,2
50	0,0	24,5±2,1	0,0	24,9±2,2	0,0	24,9±2,1	0,0	25,8±2,4	3,3±0,1	25,4±2,1	4,8±0,3	26,1±2,4
60	0,0	24,2±2,0	0,0	24,6±2,1	0,0	24,6±2,2	0,0	25,6±2,4	0,0	25,4±2,3	1,8±0,03	26,1±0,25

Nota: T - Ensaio, C - Controlo

Após 5, 10, 20 e 30 minutos de impacto da emulsão dispersiva 1:4 de óleo essencial contra a bactéria *Bacillus subtilis* BDU-43, o número de células vivas diminuiu, respetivamente, 1,2; 1,4; 2,2 e 8,2 vezes, em comparação com o controlo. Após 30 minutos de exposição ao óleo essencial, 88% das células bacterianas foram mortas e a sua morte total ocorreu em 40 minutos (Tabela 14).

Após 5, 10, 20, 30 e 40 minutos de impacto da emulsão dispersiva 1:5 de óleo essencial contra *Bacillus subtilis* BDU-43, o número de células vivas diminuiu, respetivamente, 1,14; 1,3; 1,9; 3,4 e 19,4 vezes em comparação com o controlo. Após 40 minutos de impacto do óleo essencial, 95% das células bacterianas foram mortas e a sua destruição completa foi observada em 50 minutos (Tabela 14).

Após 5, 10, 20, 30 e 40 minutos de impacto da emulsão dispersiva 1:6 de óleo essencial contra *Bacillus subtilis* BDU-43, o número de células vivas diminuiu, respetivamente, 1,1; 1,3; 1,7; 2,7 e 6,5 vezes em comparação com o controlo. Após 40 minutos do impacto do óleo essencial, 85% das células bacterianas foram mortas e a morte total foi observada em 50 minutos (Tabela 14).

Após 5, 10, 20, 30, 40 e 50 minutos de impacto da emulsão dispersiva 1:7 de óleo essencial contra a bactéria *Bacillus subtilis* BDU-43, o número de células vivas diminuiu, respetivamente, 1,1; 1,3; 1,5; 2,0; 3,2 e 7,7 vezes em comparação com o controlo. Após 50 minutos dos efeitos do óleo essencial, 87% das células bacterianas foram mortas e a sua destruição completa ocorreu em 60 minutos (Tabela 14).

Após 5, 10, 20, 30, 40, 50 e 60 minutos de impacto da emulsão dispersiva 1:8 de óleo essencial contra a bactéria *Bacillus subtilis* BDU-42, o número de células vivas, respetivamente, 1,1; 1,2; 1,5; 1,9; 2,7; 5,4 e 33 vezes diminuiu em comparação com o controlo. Após 60 minutos de impacto do óleo essencial, 97% das células bacterianas foram mortas, mas não houve a sua destruição completa (Tabela 14).

Assim, a bactéria *Bacillus subtilis* BDU-43 mostra sensibilidade contra o efeito do óleo essencial de Saturea laxiflora. Após 5 e 10 minutos de impacto da emulsão dispersiva 1:3 do óleo essencial contra a bactéria gram-positiva não formadora de esporos *Staphylococcus aureus* TU-4, o número de células vivas, respetivamente, diminuiu 1,4 e 1,2 vezes. Após 10 minutos de exposição ao óleo essencial, 51% das células bacterianas foram mortas e o seu impacto total na mortalidade foi observado em 20 minutos (Tabela 15).

Após 5, 10 e 20 minutos de impacto da emulsão dispersiva 1:4 de óleo essencial contra a bactéria *Staphylococcus aureus* TU-4, o número de células vivas, respetivamente, diminuiu 1,3; 1,9 e 15,9 vezes em comparação com o controlo. Após 20 minutos de impacto do óleo essencial, 94% das células bacterianas foram mortas e a destruição total das mesmas ocorreu após 30 minutos de efeito (Tabela 15).

Após 5, 10 e 20 minutos de impacto da emulsão dispersiva 1:5 de óleo essencial contra as células TU-4 da bactéria *Staphylococcus aureus*, o número de células vivas, respetivamente, diminuiu 1,3; 1,7 e 6,94 vezes em comparação com o controlo. Após 20 minutos de efeito do óleo essencial 84% das células bacterianas foram mortas e a sua destruição completa foi observada em 30 minutos de impacto (Tabela 15).

Tabela 15. **Efeito antibiótico do óleo essencial de Saturea laxiflora na bactéria gram-positiva não formadora de esporos *Staphylococcus aureus* TU-4**

The contact duration of bacterial cells with the essential oil, min	Different dispersioneds of essential oil emulsions											
	1:3		1:4		1:5		1:6		1:7		1:8	
	The amount of bacterial cells, 10^3 CFU/ml (M±m)											
	T	C	T	C	T	C	T	C	T	C	T	C
5	18,2±1,4	24,6±2,1	18,6±1,5	24,3±2,2	19,4±1,5	24,5±2,2	19,9±1,6	24,6±2,0	20,1±1,7	24,5±2,1	22,4±2,1	24,6±2,2
10	11,7±1,0	24,4±2,0	13±1,1	24,1±2,0	14,2±1,2	24,4±2,1	15,1±1,3	24,5±2,3	15,8±1,1	24,5±2,3	18,3±1,6	24,6±2,0
20	0,0	24,1±2,2	1,5 ± 0,1	23,8±2,2	3,8±0,2	24,2±2,3	5,8±0,2	24,3±2,1	7,2±0,4	24,4±2,2	10±0,6	24,6±2,1
30	0,0	+	0,0	23,5±2,0	0,0	24,0±2,2	0,0	24,1±2,2	0,0	24,3±2,2	2,1±0,1	24,5±2,2
40	0,0	+	0,0	+	0,0	+	0,0	+	0,0	+	0,0	24,4±2,3
50	0,0	+	0,0	+	0,0	+	0,0	+	0,0	+	0,0	+
60	0,0	+	0,0	+	0,0	+	0,0	+	0,0	+	0,0	+

Nota: T - Ensaio, C - Controlo

Após 5, 10 e 20 minutos de impacto da emulsão dispersiva 1:6 de óleo essencial contra *Staphylococcus aureus* TU-4, o número de células vivas, respetivamente, diminuiu 1,2; 1,6 e 4,2 vezes, em comparação com o controlo. Após 20 minutos de impacto do óleo essencial, 76% das células bacterianas foram mortas e a sua destruição total ocorreu após 30 minutos de impacto (Tabela 15).

Após 5, 10 e 20 minutos de impacto da emulsão dispersiva 1:7 de óleo essencial contra a bactéria *Staphylococcus aureus* TU-4, o número de células vivas, respetivamente, diminuiu 1,2; 1,5 e 3,4 vezes em comparação com o controlo. Após 20 minutos de efeito do óleo essencial, 70% das células bacterianas foram mortas e a sua destruição total ocorreu após 30 minutos de efeito (Tabela 15).

Após 5, 10, 20 e 30 minutos de impacto da emulsão dispersiva 1:8 de óleo essencial contra a bactéria *Staphylococcus aureus* TU-4, o número de células vivas, respetivamente, diminuiu 1,1; 1,3; 2,5 e 11,7 vezes em comparação com o controlo. Após 20 minutos de impacto do óleo essencial, 91% das células bacterianas foram mortas e a sua destruição total ocorreu após 30 minutos (Tabela 15).

Assim, como resultado de estudos sobre os efeitos do óleo essencial de satura laxiflora contra bactérias gram-positivas, foi estabelecido que *Staphylococcus aureus* TU-4 grampositivo não formador de esporos é muito sensível aos efeitos do óleo essencial. A bactéria formadora de esporos, *Bacillus subtilis* BDU-43, mostra mais sensibilidade ao óleo essencial em comparação com a bactéria *Bacillus anthracoides* TU-1. Assim, em 20 minutos de efeito da emulsão dispersiva 1:3 de óleo essencial, a sensibilidade de *Staphylococus aureus* TU-1, em comparação com *Bacillus anthracoides* TU-1 e *Bacillus subtilis* BDU-43 foi maior, respetivamente, 1,6 e 2,2 vezes, efeito da emulsão dispersiva 1:5 de óleo essencial - 1,8 e 2,3 vezes. 100% de efeito bactericida da emulsão 1:3 dispersiva de óleo essencial em *Staphylococcus aureus* TU-4 oceurs após 20 minutos, em *Bacillus subtilis* BDU-43 - após 40 min, em *Bacillus anthracoides* BDU-43 após 50 minutos. Consequentemente, as bactérias formadoras de esporos são resistentes em comparação com as bactérias não formadoras de esporos [151].

2.7. Atividade antimicrobiana do óleo essencial de Rosmarinus officinalis contra bactérias gram-positivas

Após 5, 10, 20, 30, 40, 50 e 60 minutos de impacto da emulsão dispersiva 1:3 do óleo essencial de Rosmarinus oficinalis contra a bactéria gram-positiva formadora de esporos *Bacillus anthracoides* TU-1, o número de células bacterianas vivas diminuiu, respetivamente, 1,04; 1,11; 1,2; 1,3; 1,5; 1,6 e 1,8 vezes em comparação com o controlo. Após 60 minutos de impacto do óleo essencial, 46% das células bacterianas foram eliminadas [57].

Após 5, 10, 20, 30, 40, 50 e 60 minutos de impacto da emulsão dispersiva 1:4 de óleo essencial contra a bactéria *Bacillus anthracoides* TU-1 o número de células bacterianas vivas, respetivamente, 1,04; 1,1; 1,2; 1,3; 1,4;

1.6 e 1,8 vezes menor em comparação com o controlo. Após 60 minutos, o impacto do óleo essencial destruiu 44% das células bacterianas (Quadro 16).

Tabela 16. **Efeito antibiótico do óleo essencial de Rosmarinus officinalis na bactéria gram-positiva formadora de esporos *Bacillus anthracoides* TU-1**

The contact duration of bacterial cells with the essential oil, min	Different dispersioneds of essential oil emulsions											
	1:3		1:4		1:5		1:6		1:7		1:8	
	The amount of bacterial cells, 10^3 CFU/ml (M±m)											
	T	C	T	C	T	C	T	C	T	C	T	C
5	26,2±2,1	27,4±2,5	26±2,3	27,1±2,1	26±2,4	26,9±2,2	26,4±2,2	27±2,5	26,3±2,5	27,3±2,4	27,1±2,5	27,2±2,0
10	25±2,2	27,2±2,4	25±2,4	26,9±2,5	25±2,3	26,8±2,4	25,8±2,3	26,9±2,2	26,5±2,3	27,3±2,4	27±2,6	27,2±2,7
20	21,5±1,9	26,3±2,5	22,3±2,1	26,6±2,3	23,1±2,1	26,6±2,4	24,6±2,0	26,7±2,4	25,7±2,2	27,1±2,5	26,7±2,4	27,1±2,5
30	20,3±1,8	26,6±2,2	20,7±1,8	26,3±2,4	21,1±1,6	26,4±2,2	22,4±2,1	26,5±2,4	24,3±2,1	27±2,5	26,4±2,3	26,9±2,4
40	18±1,6	26,3±2,3	18,5±1,6	26±2,2	19,1±1,8	26,2±2,4	21,3±1,9	26,3±2,3	24,1±2,2	26,9±2,6	26,1±2,5	26,9±2,4
50	16,1±1,4	26±2,4	16,3±1,5	25,7±2,4	17±1,4	25,3±2,4	20,1±1,6	26,1±2,4	23,3±2,1	26,8±2,4	25,8±2,2	26,8±2,4
60	14±1,2	25,7±2,2	14,2±1,2	25,4±2,2	15,1±1,3	25,6±2,2	18,8±1,7	25,9±2,4	22,6±2,1	26,7±2,4	20,5±2,1	26,8±2,5

Nota: T - Ensaio, C - Controlo

Após 5, 10, 20, 30, 40, 50 e 60 minutos de impacto da emulsão dispersiva 1:5 de óleo essencial contra a bactéria *Bacillus anthracoides*, o número de células vivas diminuiu, respetivamente, 1,03; 1,07; 1,15; 1,25; 1,37; 1,5 e 1,7 vezes em comparação com o controlo. Após 60 minutos do impacto do óleo essencial, apenas 1% das células bacterianas foram destruídas (Tabela 16).

Após 5, 10, 20, 30, 40, 50 e 60 minutos de impacto da emulsão dispersiva 1:6 de óleo essencial contra a bactéria *Bacillus anthracoides* TU-1, o número de células vivas diminuiu, respetivamente, 1,02; 1,04; 1,10; 1,23; 1,3 e 1,4 vezes em comparação com o controlo. Após 60 minutos, o impacto do óleo essencial destruiu 38% das células bacterianas (Tabela 16).

Após 5, 10, 20, 30, 40, 50 e 60 minutos de impacto da emulsão dispersiva 1:7 de óleo essencial contra a bactéria *Bacillus anthracoides* TU-1, o número de células vivas diminuiu, respetivamente, 1,01; 1,03; 1,05; 1,08; 1,12; 1,15 e 1,18 vezes. Após 60 minutos do impacto do óleo essencial, apenas 14% das células bacterianas foram destruídas (Tabela 16).

Após 5, 10, 20, 30, 40, 50 e 60 minutos de impacto da emulsão dispersiva 1:8 de óleo essencial contra *Bacillus anthracoides* TU-1, o número de células vivas diminuiu, respetivamente, 1,0; 1,01; 1,02; 1,03; 1,04 e 1,05 vezes. Após 60 minutos do impacto do óleo essencial, 4% das células bacterianas foram destruídas (Tabela 16).

Assim, a bactéria *Bacillus anthracoides* tem muito pouca sensibilidade ao impacto do óleo essencial de Rosmarinus officinalis [57].

Após 5, 10, 20, 30, 40, 50 e 60 minutos de impacto da emulsão dispersiva 1:3 de óleos essenciais contra *Bacillus subtilis* BDU 43, formador de esporos gram-positivos, o número de células bacterianas vivas diminuiu, respetivamente, 1,04; 1,1; 1,2; 1,3; 1,4; 1,5 e 1,7 vezes em comparação com o controlo. Após 60 minutos do impacto do óleo essencial, 43% das células bacterianas foram destruídas (Quadro 17).

Após 5, 10, 20, 30, 40, 50 e 60 minutos de impacto da emulsão dispersiva 1:4 de óleo essencial contra a bactéria *Bacillus subtilis* BDU-43, o número de células bacterianas vivas diminuiu, respetivamente, 1,04; 1,07; 1,15; 1,2; 1,4; 1,5 e 1,7 vezes. Após 60 minutos de impacto do óleo essencial, apenas 41% das células bacterianas foram destruídas (Tabela 17).

Após 5, 10, 20, 30, 40, 50 e 60 minutos de impacto da emulsão dispersiva 1:5 da bactéria *Bacillus subtilis* BDU-43, o número de células bacterianas vivas diminuiu, respetivamente, 1,03; 1,06; 1,12; 1,2; 1,3; 1,4 e 1,54 vezes. Após 60 minutos do impacto do óleo essencial, apenas 37% das células bacterianas foram destruídas (Tabela 17).

Após 5, 10, 20, 30, 40, 50 e 60 minutos de impacto da emulsão dispersiva 1:6 de óleo essencial contra a bactéria *Bacillus subtilis* BDU-43, o número de células bacterianas vivas diminuiu, respetivamente, 1,02; 1,05; 1,1; 1,24; 1,3 e 1,4 vezes. Após 60 minutos de impacto do óleo essencial, apenas 31% das células bacterianas morreram (Tabela 17).

Tabela 17. **Efeito antibiótico do óleo essencial de Rosmarinus officinalis na bactéria gram-positiva *Bacillus subtilis* BDU-43**

The contact duration of bacterial cells with the essential oil, min	Different dispersioneds of essential oil emulsions											
	1:3		1:4		1:5		1:6		1:7		1:8	
	The amount of bacterial cells, 10^4 CFU/ml (M±m)											
	T	C	T	C	T	C	T	C	T	C	T	C
5	27,3± 2,1	28,4± 2,2	27± 2,4	28,1± 2,4	27,2± 2,5	28± 2,4	27,6± 2,5	28,3± 2,5	27,8± 2,2	28,4± 2,6	27,7± 2,2	28,2± 2,6
10	26,2± 2,2	28,2± 2,1	26± 2,8	27,9± 2,3	26,3± 2,3	27,9± 2,3	26,9± 2,2	28,2± 2,2	27,2± 2,3	28,4± 2,3	27,2± 2,5	28,2± 2,4
20	24± 1,8	27,9± 2,5	24± 2,1	27,6± 2,6	24,7± 2,2	27,7± 2,5	25,5± 2,3	28,1± 2,1	26± 1,4	28,3± 2,4	16,1± 2,2	28,2± 2,4
30	21,9± 1,6	27,6± 2,6	22± 1,8	27,3± 2,2	23± 2,1	27,5± 2,4	24,1± 2,2	28± 2,5	24,8± 2,2	28,2± 2,1	25,1± 2,1	28,1± 2,6
40	19,8± 1,8	27,3± 2,4	19,9± 1,8	27± 2,6	21± 1,9	27,2± 2,5	22,5± 1,8	27,9± 2,2	23,6± 1,8	28,1± 2,4	24,0± 2,2	28,1± 2,2
50	17,6± 1,6	27± 2,2	17,8± 1,6	26,7± 2,4	19,1± 1,4	26,9± 2,2	20,8± 1,6	27,7± 2,5	21,4± 1,6	28± 2,5	22,8± 1,3	28± 2,1
60	15,3± 1,1	26,7± 2,1	15,6± 1,4	26,4± 2,4	17,2± 1,3	26,6± 2,4	19± 1,4	27,5± 2,3	20,1± 1,6	27,9± 2,6	21± 1,6	28± 1,9

Nota: T - Ensaio, C - Controlo

Após 5, 10, 20, 30, 40, 50 e 60 minutos de impacto da emulsão dispersiva 1:7 de óleo essencial contra a bactéria *Bacillus subtilis* BDU-43, o número de células bacterianas vivas diminuiu, respetivamente, 1,02; 1,04; 1,08; 1,13; 1,19; 1,430 e 1,38 vezes. Após 60 minutos de impacto do óleo essencial, apenas 27% das células bacterianas foram destruídas (Tabela 17).

Após 5, 10, 20, 30, 40, 50 e 60 minutos de impacto da emulsão dispersiva 1:8 de óleo essencial contra a bactéria *Bacillus subtilis* BDU-43, o número de células bacterianas vivas diminuiu, respetivamente, 1,01; 1,03; 1,08; 1,11; 1,17; 1,23 e 1,33 vezes. Após 60 minutos de efeito do óleo essencial, 23% das células bacterianas foram destruídas (Tabela 17).

Assim, a bactéria *Bacillus subtilis* BDU-43 apresenta uma elevada estabilidade ao efeito do óleo essencial de Rosmarinus officinalis.

Após 5, 10, 20, 30, 40 e 50 minutos de impacto da emulsão dispersiva 1:3 de óleo essencial contra a bactéria gram-positiva não formadora de esporos *Staphylococcus aureus* TU-4, o número de células vivas, respetivamente, 1,1; 1,2; 1,6; 2,3; 4,2 e 23 vezes diminuiu em comparação com o controlo. Após 50 minutos de efeito do óleo essencial, 96% das células bacterianas foram mortas e a sua destruição completa foi observada em 60 minutos (Tabela 18).

Tabela 18. **Efeito antibiótico do óleo essencial de Rosmarinus officinalis na bactéria gram-positiva não formadora de esporos *Staphylococcus aureus* TU-4**

The contact duration of bacterial cells with the essential oil, min	Different dispersioneds of essential oil emulsions											
	1:3		1:4		1:5		1:6		1:7		1:8	
	The amount of bacterial cells, 10^4 CFU/ml (M±m)											
	T	C	T	C	T	C	T	C	T	C	T	C
5	26,6± 2,3	29,5± 2,6	26,2± 2,4	29,1± 2,7	26,4± 2,2	29± 2,7	27,2± 2,5	29,4± 2,6	27,7± 2,4	29,5± 2,3	28,2± 2,6	29,5± 2,4
10	23,8± 2,1	29,3± 2,4	23,5± 2,1	28,9± 2,6	24± 2,2	28,9± 2,6	25,1± 2,2	29,3± 2,3	25,9± 2,1	29,5± 2,4	27,0± 2,5	29,5± 2,6
20	18,2± 1,6	29± 2,4	18,3± 1,7	28,6± 2,2	19± 1,6	28,7± 2,4	21± 1,6	29,1± 2,8	22,3± 1,8	29,4± 2,2	24,6± 2,3	29,4± 2,4
30	12,4± 1,1	28,7± 2,6	12,8± 1,1	28,3± 2,1	14,1± 1,2	28,5± 2,4	17,1± 1,5	28,9± 2,4	19,1± 1,6	29,3± 2,8	22,1± 1,6	29,4± 2,7
40	6,7± 0,4	28,4± 2,6	7,4± 0,5	28± 2,2	9± 0,6	28,3± 2,6	12,9± 1,0	28,7± 2,2	15,6± 1,4	29,2± 2,7	19,7± 1,8	29,3± 2,7
50	1,2± 0,1	28,1± 2,7	2± 0,1	27,7± 2,5	3,8± 3,1	28,1± 2,2	8,5± 0,4	28,5± 2,2	12,1± 1,1	29,1± 2,6	17,2± 1,4	29,3± 2,6
60	0,0	27,8± 2,6	0,0	27,7± 2,4	0,0	27,9± 2,3	4,2± 0,2	28,3± 2,4	8,2± 0,4	29± 2,3	14,7± 1,2	29,3± 2,7

Nota: T - Ensaio, C - Controlo

Após 5, 10, 20, 30, 40 e 50 minutos de impacto da emulsão dispersiva 1:4 de óleo essencial contra a bactéria *Staphylococcus aureus* TU-4, o número de células vivas diminuiu, respetivamente, 1,1; 1,2; 1,6; 2,2; 3,8 e 14 vezes. Após 50 minutos de efeito do óleo essencial, 93% das células bacterianas foram mortas e a sua destruição ocorreu após 60 minutos de efeito (Tabela 18).

Após 5, 10, 20, 30, 40 e 50 minutos de impacto da emulsão dispersiva 1:5 de óleo essencial contra a bactéria *Staphylococcus aureus*, o número de células vivas, respetivamente, diminuiu 1,09; 1,2; 1,5; 2,0; 3,1 e 7,4 vezes. Após 50 minutos de efeito do óleo essencial, 87% das células bacterianas foram mortas e o seu impacto total na mortalidade foi observado em 60 minutos (Tabela 18).

Após 5, 10, 20, 30, 40, 50 e 60 minutos de impacto da emulsão dispersiva 1:6 de óleo essencial contra a bactéria *Staphylococcus aureus* TU-4, o número de células vivas, respetivamente, 1,08; 1,2; 1,4; 1,7; 2,2; 3,4 e
6.7 vezes diminuiu. Após 60 minutos de impacto do óleo essencial, apenas 85% das células bacterianas foram destruídas (Tabela 18).

Após 5, 10, 20, 30, 40, 50 e 60 minutos de impacto da emulsão dispersiva 1:7 de óleo essencial contra a bactéria *Staphylococcus aureus* TU-4, o número de células vivas, respetivamente, diminuiu 1,06; 1,13; 1,3; 1,5; 1,9; 2,4 e 3,5 vezes. Após 60 minutos do impacto do óleo essencial, apenas 72% das células bacterianas foram destruídas (Tabela 18).

Após 5, 10, 20, 30, 40, 50 e 60 minutos de impacto da emulsão dispersiva 1:8 de óleo essencial contra a bactéria *Staphylococcus aureus* TU-4, o número de células vivas, respetivamente, diminuiu 1,06; 1,09; 1,2; 1,3; 1,5; 1,5; 1,7 e 2,0 vezes. Após 60 minutos de efeito do óleo essencial, 50% das células bacterianas foram destruídas (Tabela 18).

Assim, como resultado do estudo do impacto antibiótico do óleo essencial de Rosmarinus officinalis, verificou-se que a bactéria grampositiva não formadora de esporos *Staphylococcus aureus* TU-4 apresenta maior sensibilidade aos efeitos do óleo essencial. O efeito antimicrobiano do óleo essencial nas bactérias gram-positivas formadoras de esporos *Bacillus anthracoides* TU-1 e *Bacillus subtilis* BDU-43 foi semelhante. Assim, após 60 minutos de efeito da emulsão dispersiva 1:3 de óleo essencial, os efeitos antibióticos da primeira bactéria em comparação com a segunda e terceira bactérias, respetivamente, 2,2 e 2,3 vezes, o efeito da emulsão dispersiva 1:5 - 2,4 e 2,7 vezes e o efeito da emulsão dispersiva 1:7 - 4,8 e 2,7 vezes foram mais elevados. Consequentemente, as bactérias não formadoras de esporos são mais sensíveis ao efeito do óleo essencial de Rosmarinus officinalis do que as bactérias formadoras de esporos [57].

2.8. Atividade antimicrobiana do óleo essencial de Salvia officinalis contra bactérias gram-positivas

Após 5, 10, 20, 30, 40 minutos de impacto de emulsão dispersiva 1:3 de óleo essencial de Salvia officinalis contra *Bacillus anthracoides* TU-1 gram-positivo formador de esporos, o número de células vivas diminuiu, correspondendo a 1,2; 1,4; 2,4; 4 e 13 vezes. Após 40 minutos, 92% das células bacterianas morreram, mas ao fim de 50 minutos todas as células estavam mortas (Quadro 19).

Tabela 19. **Efeito antibiótico do óleo essencial de Saliva officinalis contra bactérias gram-positivas formadoras de esporos *Bacillus anthracoides* TU-1**

The contact duration of bacterial cells with the essential oil, min	Different dispersioneds of essential oil emulsions											
	1:3		1:4		1:5		1:6		1:7		1:8	
	The amount of bacterial cells, 10^4 CFU/ml (M±m)											
	T	C	T	C	T	C	T	C	T	C	T	C
5	23± 2,2	26,9± 2,5	25,1± 2,4	28,7± 24	25± 2,2	28± 2,7	26,3± 2,1	28,8± 24	26,3± 2,2	28,4± 23	27,2± 25	28,8± 2,4
10	19,6± 1,6	26,7± 2,2	21,6± 1,8	28,5± 23	22,4± 2	27,9± 2,6	24,5± 2,2	28,7± 25	24,9± 2,1	28,4± 26	25,7± 22	28,8± 2,6
20	13,4± 1,1	26,4± 2,5	15,4± 1,2	28,2± 22	17,6± 1,5	27,7± 2,4	19,8± 1,6	28,5± 24	20,8± 1,6	28,3± 26	22,2± 16	28,7± 2,4
30	7,8± 0,4	26,1± 2,5	9,3± 0,5	27,9± 23	11,8± 0,9	27,5± 2,1	14,9± 1,2	28,3± 23	16,8± 1,4	28,2± 26	19,1± 15	28,7± 2,6
40	2± 0,1	25,8± 2,2	3,4± 0,2	27,6± 25	5,9± 03	27,3± 2,2	10± 0,8	28,1± 24	12,6± 1,1	28,1± 25	15,9± 14	28,6± 2,2
50	0,0	25,5± 2,3	0,0	27,3± 21	1,2± 0,1	27± 2,1	5,2± 0,3	27,9± 25	8,7± 0,4	28± 2,4	12,8± 11	28,6± 2,3
60	0,0	25,2± 2,1	0,0	27± 2,5	0,0	26,7± 2,2	0,4± 0,02	27,7± 26	4,6± 0,2	27,9± 23	9,6± 0,5	28,5± 2,5

Nota: T - Ensaio, C - Controlo

Após a aplicação de uma emulsão dispersiva 1:4 de óleo essencial de Salvia officinalis contra *Bacillus anthracoides* TU-1 ao fim de 10, 20, 30 e 40 minutos, em comparação com o controlo, o número de células vivas diminuiu, correspondendo a 1,14; 1,3; 1,8; 3 e 8,1 vezes. Após 40 minutos, 88% das células bacterianas morreram, mas no final de 50 minutos todas as células foram erradicadas (Quadro 19).

Depois de afetar a emulsão dispersiva 1:5 de óleo essencial de Salvia officinalis contra *Bacillus anthracoides* TU-1 no final de 10, 20, 30, 40 minutos em comparação com o controlo, o número de células vivas diminuiu, correspondentemente 1,12; 1,24; 1,6; 2,3; 5 e 23 vezes. Após 50 minutos, 96% das células bacterianas morreram, mas no final de 60 minutos todas as células foram erradicadas (Quadro 19).

Depois de afetar a emulsão dispersiva 1:6 de óleo essencial de Salvia officinalis contra *Bacillus anthracoides* TU-1 no final de 10, 20, 30, 40, 50, 60 minutos, em comparação com o controlo, o número de células vivas diminuiu, correspondentemente, 1,2; 1,5; 2; 3; 5,3 e 69 vezes. Após 60 minutos, 98,6% das células bacterianas morreram (Quadro 19).

Depois de afetar a emulsão dispersiva 1:7 do óleo essencial de Salvia officinalis contra a bactéria

Bacillus anthracoides TU-1 no final de 10, 20, 30, 40, 50, 60 minutos, em comparação com o controlo, o número de células vivas diminuiu, correspondentemente, 1,13;1,14; 1,4; 1,7; 2,2; 3,2 e 6 vezes. Após 60 minutos, 84% das células bacterianas morreram (Tabela 19).

Após 5, 10, 20, 30, 40, 50 e 60 minutos de impacto da emulsão dispersiva 1:8 do óleo essencial de Salvia officinalis contra a bactéria *Bacillus anthracoides* TU-1, o número de células vivas diminuiu, respetivamente, 1,05; 1,12; 1,3; 1,5; 1,8; 2,2 e 2,9 vezes, em comparação com o controlo. Após 60 minutos, 66% das células bacterianas morreram (Tabela 19).

Assim, o impacto das emulsões dispersivas 1:3 e 1:4 do óleo essencial de Salvia officinalis contra o *Bacillus anthracoides* TU-1 foi improtante e após 50 minutos as células bacterianas morreram completamente. Quando a dispersividade do óleo essencial em álcool etílico diminui, o seu efeito bacteriocida também diminui [147].

Após 5, 10, 20, 30, 40 minutos de efeito da emulsão dispersiva 1:3 do óleo essencial de Salvia officinalis contra a bactéria gram-positiva formadora de esporos *Bacillus subtilis* BDU-43, o número de células vivas diminuiu, correspondentemente, 1,2; 1,7; 2,4; 4,3 e 24 vezes. Após 40 minutos de impacto, 96% das células bacterianas morreram, mas ao fim de 50 minutos todas as células foram erradicadas (Tabela 20).

Depois de afetar a emulsão dispersiva 1:4 de óleo essencial contra *Bacillus subtilis* BDU-43 no final de 10, 20, 30, 40 minutos em comparação com o número de controlo de células vivas diminuiu, correspondentemente, 1,14; 1,3; 1,9; 3,1 e 8,6 vezes. Após 40 minutos, 88% das células bacterianas morreram, mas no final de 50 minutos todas as células foram erradicadas (Quadro 20).

Depois de afetar a emulsão dispersiva 1:5 de óleo essencial contra *Bacillus subtilis* BDU-43 no final de 10, 20, 30, 40, 50, 60 minutos, o número de células vivas diminuiu, correspondentemente, 1,1; 1,2; 1,4; 1,7; 2,4; 3,5 e 7,1 vezes. Após 60 minutos de impacto, apenas 87% das células bacterianas morreram (Tabela 20).

Depois de afetar a emulsão dispersiva 1:6 de óleo essencial contra *Bacillus subtilis* BDU-43 no final de 10, 20, 30, 40, 50, 60 minutos, o número de células vivas diminuiu, correspondentemente, 1,15; 1,3; 1,6; 2,1; 3,1 e 6,9 vezes. Após 60 minutos de efeito, apenas 84% das células bacterianas morreram (Tabela 20).

Tabela 20. **Efeito antibiótico do óleo essencial de Salvia officinalis contra a bactéria gram-positiva formadora de esporos *Bacillus subtilis* BDU-43**

The contact duration of bacterial cells with the essential oil, min	Different dispersioneds of essential oil emulsions											
	1:3		1:4		1:5		1:6		1:7		1:8	
	The amount of bacterial cells, 10^4 CFU/ml (M±m)											
	T	C	T	C	T	C	T	C	T	C	T	C
5	24,2±1,6	30,1±2,8	27,6±2,2	31,4±8	27,1±2,2	29,6±2,4	28,5±2,5	30,6±24	28,7±2,6	30,2±28	28,9±24	30,2±2,6
10	18,1±1,4	29,9±2,7	23,7±2,1	31,2±22	24,6±2,3	29,5±2,5	26,4±2,2	30,5±28	26,6±2,3	30,2±24	26,9±24	30,2±2,8
20	12,4±1,0	29,6±2,6	15,4±1,4	29,9±26	20,1±1,8	29,3±2,4	22,5±1,8	30,4±26	22,9±2,1	30,1±26	23,4±22	30,1±2,6
30	6,8±0,3	29,3±2,7	9,3±0,7	29,6±27	16,7±1,4	29,1±2,6	18,4±1,6	30,3±29	19,4±1,6	30±2,6	20,3±18	30,1±2,8
40	1,2±0,1	29±2,3	3,4±0,2	29,3±21	18,8±1,1	28,8±2,4	14,3±1,2	30,2±22	15,2±1,4	29,9±25	16,4±14	30±2,7
50	0,0	28,7±2,2	0,0	29±2,6	8,1±0,4	28,5±2,6	9,8±0,5	30±2,8	11,1±0,8	29,8±26	12,2±11	30±2,6
60	0,0	28,4±2,1	0,0	28,7±27	3,8±0,1	28,2±2,4	4,7±0,1	29,9±27	7±0,3	29,7±24	8,4±0,5	29,9±2,7

Nota: T - Ensaio, C - Controlo

Depois de afetar a emulsão dispersiva 1:7 de óleo essencial contra *Bacillus subtilis* BDU-43 no final de 10, 20, 30, 40, 50, 60 minutos, o número de células vivas diminuiu, correspondentemente, 1,05; 1,13; 1,5; 1,9; 2,7 e 4,2 vezes. Após 60 minutos de impacto, apenas 76% das células bacterianas morreram (Tabela 20).

Depois de afetar a emulsão dispersiva 1:8 de óleo essencial contra *Bacillus subtilis* BDU-43 no final de 10, 20, 30, 40, 50, 60 minutos, o número de células vivas diminuiu, correspondentemente, 1,04; 1,12; 1,3; 1,8; 2,4 e 3,5 vezes. Após 60 minutos de efeito, apenas 72% das células bacterianas morreram (Tabela 20).

Assim, o impacto das emulsões dispersivas 1:3 e 1:4 do óleo essencial de Salvia officinalis contra a bactéria *Bacillus subtilis* BDU-43 foi significativo e após 50 minutos as células bacterianas morreram completamente.

Depois de afetar a emulsão dispersiva 1:3 do óleo essencial de sálvia officinalis contra a bactéria gram-positiva não formadora de esporos *Staphylococcus aureus* TU-4 ao fim de 5, 10 minutos, em comparação com o controlo, o número de células vivas diminuiu, correspondentemente, 1,7 e 5,0 vezes. Após 10 minutos de impacto, 80% das células bacterianas morreram, mas ao fim de 20 minutos todas as células foram erradicadas (Tabela 21).

Depois de afetar a emulsão dispersiva 1:4 do óleo essencial contra *Staphylococcus aureus* TU-4 gram-positivo não formador de esporos, ao fim de 5, 10 e 20 minutos o número de células vivas diminuiu, correspondentemente, 1,6; 14 e 21 vezes. Após 20 minutos, 95% das células bacterianas morreram, mas no final de 30 minutos todas as células foram erradicadas (Tabela 21).

Tabela 21. **Efeito antibiótico do óleo essencial de Salvia officinalis contra a bactéria gram-positiva não formadora de esporos *Staphylococcus aureusTU-4***

The contact duration of bacterial cells with the essential oil, min	Different dispersioneds of essential oil emulsions											
	1:3		1:4		1:5		1:6		1:7		1:8	
	The amount of bacterial cells, 10^4 CFU/ml (M±m)											
	T	C	T	C	T	C	T	C	T	C	T	C
5	13,1± 1,1	22,4± 1,8	14,4± 1,2	22,6± 2,1	17,2± 1,1	23± 2,2	21,6± 1,6	23,4± 21	22,1± 2,1	23,8± 2,2	23± 2,2	24± 2,2
10	4,4± 0,3	22,2± 2,1	7,6± 0,3	22,4± 2,0	12,3± 1,1	22,9± 2,1	18,4± 1,7	23,2± 22	19,2± 1,8	23,8± 2,1	20,2± 1,8	24± 2,3
20	0,0	21,9± 1,9	1,04± 0,1	22,1± 2,1	8,2± 0,4	23,7± 2,1	13,3± 1,2	22,7± 20	16,4± 1,5	23,7± 2,1	18,6± 1,6	24± 2,2
30	0,0	21,6± 2,0	0,0	21,8± 1,8	1,4± 0,4	23,5± 2,2	8,8± 0,4	22,5± 21	14,8± 1,2	23,6± 2,2	16± 1,4	23,9± 2,2
40	0,0	21,3± 1,7	0,0	21,5± 1,6	1,3± 0,1	23,3± 2,1	4,2± 0,2	22± 2,0	11,2± 1,0	23,5± 2,2	12,8± 1,1	23,9± 2,1
50	0,0	21± 2,0	0,0	21,2± 1,4	0,0	23,1± 2,2	0,14± 0,01	21,7± 17	7,4± 0,4	23,4± 2,1	9,1± 0,5	23,8± 1,2
60	0,0	20,7± 1,8	0,0	20,8± 1,8	0,0	22,9± 2,1	0,0	20,8± 16	3,8± 0,1	23,3± 2,2	6,6± 0,3	23,8± 2,1

Nota: T - Ensaio, C - Controlo

Depois de afetar a emulsão dispersiva 1:5 de óleo essencial contra a bactéria *Staphylococcus aureus* TU-4 no final de 5, 10, 20, 30, 40 minutos, o número de células vivas diminuiu, correspondentemente, 1,3; 1,9; 2,9; 5,3 e 18 vezes. Após 40 minutos de efeito, 94% das células bacterianas morreram, mas ao fim de 50 minutos todas as células foram erradicadas (Tabela 21).

Depois de afetar a emulsão dispersiva 1:6 de óleo essencial contra a bactéria *Staphylococcus aureus* TU-4 no final de 5, 10, 20, 30, 40, 50 minutos, o número de células vivas diminuiu, correspondentemente, 1,1; 1,7; 2,6; 5,2 e 155 vezes. Após 50 minutos de impacto, 99,4% das células bacterianas morreram, mas ao fim de 60 minutos todas as células foram erradicadas (Tabela 21).

Depois de afetar a emulsão dispersiva 1:7 de óleo essencial contra a bactéria *Staphylococcus aureus* TU-4 no final de 5, 10, 20, 30, 40, 50, 60 minutos o número de células vivas diminuiu, correspondentemente, 1,07; 1,2; 1,4; 1,6; 2,1; 3,2 e 6,1 vezes. Após 60 minutos, apenas 84% das células bacterianas morreram (Tabela 21).

Depois de afetar a emulsão dispersiva 1:8 de óleo essencial contra a bactéria *Staphylococcus aureus* TU-4 no final de 5, 10, 20, 30, 40, 50, 60 minutos o número de células vivas diminuiu, correspondentemente, 1,04; 1,2; 1,4; 1,5; 1,8; 2,6 e 3,6 vezes. Após 60 minutos, apenas 72% das células bacterianas morreram (Tabela 21).

Consequentemente, a bactéria gram-positiva não formadora de esporos *Staphylococcus aureus* TU-4 mostra uma elevada sensibilidade contra o óleo essencial de Salvia officinalis. Assim, em emulsões dispersivas de óleo essencial 1:3, 1:4, 1:5, 1:6, as células morrem ao fim de 20, 30, 50 e 60 minutos.

Assim, a investigação do óleo essencial de Salvia officinalis que afecta as bactérias gram-positivas mostrou que a bactéria não formadora de esporos *Staphylococcus aureus* TU-4 é mais sensível em comparação com as bactérias formadoras de esporos, contra o óleo essencial. Assim, após 20 minutos, o efeito bacteriocida da emulsão dispersiva 1:3 do óleo essencial contra a bactéria gram-positiva não formadora de esporos *Staphylococcus aureus* TU-4 foi superior ao das bactérias *Bacillus anthracoides* TU-1 e *Bacillus subtilis* BDU-43, correspondentemente, 2.0 e 2,4 vezes, na emulsão dispersiva 1:5 - 1,8 e 2,1 vezes, na emulsão dispersiva 1:7 - 1,2 e 1,3 vezes. Foi observado um efeito bacteriocida de 100% após 20 minutos contra *Staphylococcus aureus* TU-4, mas contra *Bacillus anthracoides* TU-1 e *Bacillus subtilis* BDU-43 foi observado após 50 minutos. Isto significa que as bactérias gram-positivas formadoras de esporos mostraram mais resistência do que as bactérias não formadoras de esporos contra o óleo essencial de Salvia officinales. Entre as bactérias formadoras de esporos, *Bacillus subtilis* BDU-43 mostra 1,2-2,0 vezes mais sensibilidade do que *Bacillus anthracoides* TU-1 [147].

2.9. Atividade antimicrobiana do óleo essencial de Zizifora tenior contra bactérias gram-positivas

Depois de afetar a emulsão dispersiva 1:3 do óleo essencial de zizifora tenior contra a bactéria gram-positiva formadora de esporos *Bacillus anthracoides* TU-1 no final de 5, 10, 20, 30, 40 minutos, em comparação com o controlo, o número de células vivas diminuiu, correspondentemente, para 1,13; 1,3; 1,8; 2,9 e 8,7 vezes. Após 40 minutos, 88% das células bacterianas morreram, mas ao fim de 50 minutos todas as células foram erradicadas [22].

Depois de afetar a emulsão dispersiva 1:4 de óleo essencial contra a bactéria *Bacillus anthracoides* TU-1, ao fim de 5, 10, 20, 30, 40 minutos o número de células vivas diminuiu, correspondentemente, 1,11; 1,3; 1,7; 2,6 e 6,5 vezes. Após 40 minutos, 85% das células bacterianas morreram, mas no final de 50 minutos todas as células foram erradicadas (Tabela 22).

Depois de afetar a emulsão dispersiva 1:5 do óleo essencial contra a bactéria *Bacillus anthracoides* TU-1 no final de 5, 10, 20, 30, 40, 50 minutos, o número de células vivas diminuiu, correspondentemente, 1,1; 1,24; 1,6; 2,3; 3,9 e 15 vezes. Após 50 minutos, 93% das células bacterianas morreram, mas no final de 60 minutos todas as células foram erradicadas (Tabela 22).

Depois de afetar a emulsão dispersiva 1:6 de óleo essencial contra a bactéria *Bacillus anthracoides* TU-1 no final de 5, 10, 20, 30, 40, 50 minutos, o número de células vivas diminuiu, correspondentemente, 1,1; 1,22; 1,5; 2,1; 3,3 e 7,4 vezes. Após 50 minutos, 87% das células bacterianas morreram, mas ao fim de 60 minutos todas as células foram erradicadas (Tabela 22).

Depois de afetar a emulsão dispersiva 1:7 do óleo essencial contra a bactéria *Bacillus anthracoides* TU-1, ao fim de 5, 10, 20, 30, 40, 50 e 60 minutos, o número de células vivas diminuiu, correspondentemente, 1,07; 1,16; 1,4; 1,7; 2,2; 3,3 e 6,4 vezes. Após 60 minutos, apenas 84% das células bacterianas morreram (Tabela 22).

Tabela 22. **Efeito antibiótico do óleo essencial de Zizifora tenior em bactérias gram-positivas formadoras de esporos *Bacillus anthracoidesTU-1***

The contact duration of bacterial cells with the essential oil, min	Different dispersioneds of essential oil emulsions											
	1:3		1:4		1:5		1:6		1:7		1:8	
	The amount of bacterial cells, 10^4 CFU/ml (M±m)											
	T	C	T	C	T	C	T	C	T	C	T	C
5	24,1±2,2	27,2±2,5	24,8±2,2	27,6±23	24,8±2,2	27,3±2,5	25±2,2	27,3±25	25,6±2,4	27,5±25	25,6±21	27,2±2,2
10	21,4±2,0	27,0±2,5	21,9±1,6	27,4±25	21,9±1,8	27,2±2,6	22,2±2,1	27,2±24	23,7±2,1	27,5±26	24,1±20	27,2±2,5
20	15,2±1,4	26,7±2,4	15,8±1,4	27,1±25	16,8±1,4	27±2,5	18±1,6	27,1±25	20±1,8	27,4±24	21,2±18	27,2±2,5
30	9,1±0,6	26,4±2,5	10,4±0,8	26,8±24	11,6±1,0	26,8±2,4	12,7±1,1	27±2,4	16,1±1,4	27,3±25	18,3±16	27,1±2,4
40	3,0±0,1	26,1±2,4	4,1±0,2	26,5±24	6,8±0,4	26,6±2,3	8,2±0,4	26,8±25	12,2±1,1	27,2±26	15,2±14	27,1±2,6
50	0,0	25,8±2,2	0,0	26,2±24	1,8±0,1	26,3±2,4	3,6±0,2	26,7±24	8,1±0,5	27,1±24	12,2±11	27±2,3
60	0,0	25,5±2,3	0,0	25,9±23	0,0	26±2,3	0,0	26,5±23	4,2±0,2	27±2,5	8,1±0,4	26±2,4

Nota: T - Ensaio, C - Controlo

Depois de afetar a emulsão dispersiva 1:8 do óleo essencial contra a bactéria *Bacillus anthracoides* TU-1 ao fim de 5, 10, 20, 30, 40, 50, 60 minutos, o número de células vivas diminuiu, correspondentemente, 1,06; 1,12; 1,3; 1,5; 1,8; 2,2 e 3,3 vezes. Após 60 minutos, 70% das células bacterianas morreram (Tabela 22).

Consequentemente, a bactéria gram-positiva formadora de esporos *Bacillus anthracoides* TU-1 mostra sensibilidade contra o óleo essencial de Zizifora tenior e em emulsões dispersivas 1:3 e 1:4 de óleo essencial após 50 minutos todas as células da bactéria foram erradicadas.

Depois de afetar a emulsão dispersiva 1:3 do óleo essencial de zizifora tebior contra a bactéria gram-positiva formadora de esporos *Bacillus subtilis* BDU-43, ao fim de 5, 10, 20, 30, 40 minutos, em comparação com o controlo, o número de células vivas diminuiu, correspondentemente, 1,13; 1,3; 1,7; 2,7 e 6,4 vezes. Após 40 minutos, 84% das células bacterianas morreram, mas ao fim de 50 minutos todas as células foram erradicadas (Quadro 23).

Depois de afetar a emulsão dispersiva 1:4 de óleo essencial contra a bactéria *Bacillus subtilis* BDU-43 no final de 5, 10, 20, 30, 40 minutos, o número de células vivas diminuiu, correspondentemente, 1,12; 1,3; 1,7; 2,6 e 6,0 vezes. Após 40 minutos, 83% das células bacterianas morreram, mas no final de 50 minutos todas as células foram erradicadas (Tabela 23).

Depois de afetar a emulsão dispersiva 1:5 de óleo essencial contra a bactéria *Bacillus subtilis* BDU-43 no final de 5, 10, 20, 30, 40, 50 minutos, o número de células vivas diminuiu, correspondentemente, 1,1;1,23; 1,6; 2,2; 3,8 e 11,7 vezes. Após 50 minutos, 94% das células bacterianas morreram, mas ao fim de 60 minutos todas as células foram erradicadas (Tabela 23).

Tabela 23. **Efeito antibiótico do óleo essencial de zizfora tenior na bactéria gram-positiva formadora de esporos *Bacillus subtilis* TU-1**

The contact duration of bacterial cells with the essential oil, min	Different dispersioneds of essential oil emulsions											
	1:3		1:4		1:5		1:6		1:7		1:8	
	The amount of bacterial cells, 10^4 CFU/ml (M±m)											
	T	C	T	C	T	C	T	C	T	C	T	C
5	24,7± 2,2	27,8± 2,5	24,8± 2,1	27,7± 2,6	25,4± 2,2	27,9± 2,5	25,4± 2,2	27,7± 2,2	25,8± 2,2	27,7± 2,4	26,2± 2,4	27,8± 2,5
10	22± 1,8	27,6± 2,4	22± 2,0	27,5± 2,5	22,5± 2,1	27,8± 2,4	22,6± 1,8	27,6± 2,5	23,9± 2,1	27,7± 2,5	24,7± 2,2	27,8± 2,3
20	16,4± 1,4	27,3± 2,5	16± 1,4	27,2± 2,3	17,6± 1,6	27,6± 2,5	18,4± 1,6	27,5± 2,3	20,2± 1,8	27,6± 2,4	21,3± 1,9	27,7± 2,6
30	10,1± 0,8	27± 2,4	10,2± 1,0	26,9± 2,4	12,3± 1,1	27,4± 2,6	13,2± 1,1	27,4± 2,2	16,3± 1,4	27,5± 2,3	18,5± 1,7	27,7± 2,6
40	4,2± 0,2	26,7± 2,2	4,4± 0,3	26,6± 2,3	7,2± 05	27,2± 2,4	8,7± 0,5	26,3± 2,5	12,4± 1,1	27,4± 2,5	15,4± 1,4	27,6± 2,3
50	0,0	26,4± 2,4	0,0	26,3± 2,3	2,3± 0,1	27± 2,4	4,1± 0,2	26,1± 2,4	8,3± 0,4	27,3± 2,4	12,3± 1,1	27,6± 2,5
60	0,0	26,1± 2,3	0,0	26± 2,4	0,0	26,7± 2,5	0,0	25,9± 2,3	4,4± 0,2	27,2± 2,5	8,3± 0,5	27,6± 2,4

Nota: T - Ensaio, C - Controlo

Depois de afetar a emulsão dispersiva 1:6 de óleo essencial contra a bactéria *Bacillus subtilis* BDU-43 no final de 5, 10, 20, 30, 40 e 50 minutos, o número de células vivas diminuiu, correspondentemente, 1,09; 1,22; 1,5; 2,1; 3,0 e 6,4 vezes. Após 50 minutos, 84% das células bacterianas morreram, mas ao fim de 60 minutos todas as células foram erradicadas (Quadro 23).

Depois de afetar a emulsão dispersiva 1:7 de óleo essencial contra a bactéria *Bacillus subtilis* BDU-43 no final de 5, 10, 20, 30, 40,50 e 60 minutos, o número de células vivas diminuiu, correspondentemente, 1,07; 1,16; 1,36; 1,7; 2,2; 3,3 e 6,2 vezes. Após 60 minutos, apenas 84% das células bacterianas morreram (Tabela 23).

Depois de afetar a emulsão dispersiva 1:8 de óleo essencial contra a bactéria *Bacillus subtilis* BDU-43 no final de 5, 10, 20, 30, 40, 50, 60 minutos, o número de células vivas diminuiu, correspondentemente, 1,06; 1,12; 1,3; 1,5; 1,8; 2,2 e 3,3 vezes. Após 60 minutos, apenas 70% das células bacterianas morreram (Tabela 23).

Consequentemente, a bactéria gram-positiva formadora de esporos *Bacillus anthracoides* BDU-43 mostra sensibilidade contra o óleo essencial de Zizifora tenior. Assim, nos casos de emulsões dispersivas 1:3 e 1:4 de óleo essencial, após 50 minutos, as células bacterianas morreram completamente.

Depois de afetar a emulsão dispersiva 1:3 do óleo essencial de Zizifora tenior contra a bactéria gram-pozítica não formadora de esporos *Staphylococcus aureus* TU-4 ao fim de 5, 10, 20, 30 minutos, em comparação com o controlo, o número de células vivas diminuiu, correspondentemente, para 1,2; 1,44; 2,6 e 12 vezes. Após 30 minutos, 92% das células bacterianas morreram, mas no final de 40 minutos todas as células foram erradicadas (Tabela 24).

Depois de afetar a emulsão dispersiva 1:4 de óleo essencial contra a bactéria *Staphylococcus aureus* TU-4 no final de 5, 10, 20, 30 minutos, o número de células vivas diminuiu, correspondentemente, 1,2; 1,4; 2,2 e 6,0 vezes. Após 30 minutos, 83% das células bacterianas morreram, mas no final de 40 minutos todas as células foram erradicadas (Tabela 24).

Depois de afetar a emulsão dispersiva 1:5 de óleo essencial contra a bactéria *Staphylococcus aureus* TU-4 no final de 5, 10, 20, 30 minutos, o número de células vivas diminuiu, correspondentemente, 1,2; 1,4; 2,0 e 4,1 vezes. Após 30 minutos, 76% das células bacterianas morreram, mas no final de 40 minutos todas as células foram erradicadas (Tabela 24).

Depois de afetar a emulsão dispersiva 1:6 de óleo essencial contra a bactéria *Staphylococcus aureus* TU-4 ao fim de 5, 10, 20, 30, 40 minutos o número de células vivas diminuiu, correspondentemente, 1,14; 1,3; 1,8; 3,0 e 10,4 vezes. Após 50 minutos, observou-se que todas as células bacterianas tinham sido erradicadas (Tabela 24).

Depois de afetar a emulsão dispersiva 1:7 de óleo essencial contra a bactéria *Staphylococcus aureus* TU-4 no final de 5, 10, 20, 30, 40 minutos, o número de células vivas diminuiu, correspondentemente, 1,12; 1,3; 1,8; 2,7 e 8,1 vezes. Após 50 minutos, 88% das células bacterianas morreram, mas no final de 50 minutos todas as células foram erradicadas (Tabela 24).

Tabela 24. **Efeito antibiótico do óleo essencial de zizifora tenior na bactéria gram-positiva não formadora de esporos *Staphylococcusaureus* TU-4**

The contact duration of bacterial cells with the essential oil, min	Different dispersioneds of essential oil emulsions											
	1:3		1:4		1:5		1:6		1:7		1:8	
	The amount of bacterial cells, 10^4 CFU/ml (M±m)											
	T	C	T	C	T	C	T	C	T	C	T	C
5	22,6±1,9	26,8±2,3	23±2,1	27±2,5	23±2,1	27,1±2,5	23,5±2,2	26,8±2,4	23,8±2,2	26,8±2,4	24,9±2,2	26,9±2,3
10	18,4±1,6	26,6±2,3	19,4±1,7	26,8±2,3	19,6±1,7	27±2,2	20,5±1,8	26,7±2,3	20,91,8	26,8±2,4	22,8±2,1	26,9±2,3
20	10,2±0,9	26,5±2,4	12,3±1,1	26,5±2,4	13,4±1,1	26,8±2,4	14,6±1,2	26,5±2,2	15,2±1,1	26,7±2,3	17,4±1,5	26,9±2,4
30	2,1±0,1	25,2±2,2	4,4±0,6	26,2±2,2	6,5±0,4	26,5±2,4	8,7±0,4	26,3±2,5	9,5±0,6	26,4±2,4	12±1,1	26,8±2,3
40	0,0	24,9±2,1	0,0	25,9±2,3	0,0	26,4±2,2	2,5±0,2	26,1±2,4	3,2±0,3	26,3±2,2	6,4±0,3	26,8±2,2
50	0,0	24,6±2,3	0,0	25,6±2,2	0,0	26,2±2,5	0,0	25,9±2,3	0,0	26,2±2,4	0,2±0,01	26,8±2,3
60	0,0	24,3±2,2	0,0	25,3±2,4	0,0	26±2,4	0,0	25,7±2,4	0,0	26,1±2,4	0,0	26,7±2,4

Nota: T - Teste, C - Controlo

Depois de afetar a emulsão dispersiva 1:8 de óleo essencial contra a bactéria *Staphylococcus aureus* TU-4 no final de 5, 10, 20, 30, 40, 50 minutos o número de células vivas diminuiu, correspondentemente, 1,08; 1,5; 2,2; 4,2 e 134 vezes. Após 50 minutos, 99,3% das células bacterianas morreram, mas ao fim de 60 minutos todas as células foram erradicadas (Tabela 24).

Consequentemente, a bactéria gram-positiva não formadora de esporos *Staphylococcus aureus* TU-4 foi muito sensível a todas as emulsões dispersivas do óleo essencial de Zizifora tenior e, após 50 minutos, as células bacterianas morreram completamente.

Assim, a investigação do efeito do óleo essencial de Zizifora tenior em bactérias grampositivas mostrou que *Staphylococcus aureus* TU-4 não formadora de esporos é mais sensível do que as bactérias formadoras de esporos, contra o óleo essencial. Assim, após 40 minutos, o efeito bacteriocida na emulsão dispersiva 1:3 do óleo essencial contra a bactéria *Staphylococcus aureus* TU-4 foi 6-9 vezes mais do que a bactéria *Bacillus anthracoides* TU-1, e *Bacillus subtilis* BDU-43, na emulsão dispersiva 1:5 - 4 vezes, na emulsão dispersiva 1:7 - 2 vezes. Foi observado um efeito bacteriocida de 100% após 40 minutos contra *Staphylococcus aureus* TU-4, mas contra *Bacillus anthracoides* TU-1, *Bacillus subtilis* BDU-43 foi observado após 50 minutos. As duas últimas bactérias mostram quase a mesma sensibilidade [150].

2.10. Atividade antimicrobiana do óleo essencial de Nepeta cataria contra bactérias gram-positivas

Depois de afetar a emulsão dispersiva 1:3 de óleo essencial de Nepeta cataria contra a bactéria gram-positiva formadora de esporos *Bacillus anthracoides* TU-1 no final de 5, 10, 20, 30, 40, 50, 60 minutos, em comparação com o controlo, o número de células vivas diminuiu, correspondentemente, 1,1; 1,2; 1,4; 1,8; 2,3; 3,5 e 7,8 vezes. Após 40 minutos, 88% das células bacterianas morreram, mas a morte de todas elas não aconteceu [148].

Depois de afetar a emulsão dispersiva 1:4 de óleo essencial contra a bactéria *Bacillus anthracoides* TU-1 no final de 5, 10, 20, 30, 40, 50, 60 minutos, o número de células vivas diminuiu, correspondentemente, 1,0; 1,13; 1,3; 1,6; 2,1; 3,0 e 5,2 vezes. Após 60 minutos, apenas 81% das células bacterianas morreram (Tabela 25).

Depois de afetar a emulsão dispersiva 1:5 de óleo essencial contra a bactéria *Bacillus anthracoides* TU-1 no final de 5,10, 20, 30, 40, 50, 60 minutos, o número de células vivas diminuiu, correspondentemente, 1,05; 1,1; 1,2; 1,5; 1,7; 2 e 3,2 vezes. Após 60 minutos, apenas 69% das células bacterianas morreram (Tabela 25).

Depois de afetar a emulsão dispersiva 1:6 de óleo essencial contra a bactéria *Bacillus anthracoides* TU-1 no final de 5,10, 20, 30, 40, 50, 60 minutos, o número de células vivas diminuiu, correspondentemente, 1,04; 1,1; 1,2; 1,3; 1,5; 1,8 e 2,2 vezes. Após 60 minutos, apenas 55% das células bacterianas morreram (Tabela 25).

Tabela 25. **Efeito antibiótico do óleo essencial de Nepeta cataria na bactéria gram-positiva formadora de esporos *Bacillus anthracoides* TU-4**

The contact duration of bacterial cells with the essential oil, min	Different dispersioneds of essential oil emulsions											
	1:3		1:4		1:5		1:6		1:7		1:8	
	The amount of bacterial cells, 10⁴ CFU/ml (M±m)											
	T	C	T	C	T	C	T	C	T	C	T	C
5	25,3±2,4	27,6±2,5	25,7±2,2	27,5±24	26,1±2,4	27,5±2,3	26,5±2,3	27,8±2,4	26,6±2,5	27,6±2,3	26,8±2,4	27,6±2,6
10	23±2,1	27,4±2,6	24±2,1	27,3±25	24,6±2,2	27,4±2,5	25,2±2,3	27,7±2,4	25,7±2,4	27,6±2,2	26,1±2,4	27,6±2,3
20	19,1±1,8	27,1±2,5	20,2±1,8	27±2,6	21,8±1,9	27,2±2,4	23,3±2,2	27,5±2,5	23,7±2,1	27,5±2,4	24,4±2,2	27,5±2,5
30	15,2±1,4	26,8±2,4	16,4±1,4	26,7±24	18,6±1,4	27±2,5	20,6±1,8	27,3±2,6	21,8±2,0	27,4±2,5	22,6±2,1	27,5±2,6
40	11,3±1,0	26,5±2,2	12,6±1,1	26,4±23	15,7±1,4	26,8±2,3	17,8±1,4	27,1±2,5	19,8±1,6	27,3±2,4	21±1,9	27,4±2,5
50	7,4±0,4	26,2±2,1	8,8±0,5	26,1±24	12,8±1,1	26,5±2,3	14,8±1,3	26,9±2,2	17,9±1,5	27,2±2,5	19,4±1,8	27,3±2,3
60	3,3±0,2	25,9±2,3	4,9±0,2	25,8±23	8,2±0,4	26,2±2,4	11,9±1,0	26,7±2,4	15,9±1,4	27,1±2,4	17,5±1,6	27,3±2,5

Nota: T - Ensaio, C - Controlo

Depois de afetar a emulsão dispersiva 1:7 de óleo essencial contra a bactéria *Bacillus anthracoides* TU-1 no final de 5,10, 20, 30, 40, 50, 60 minutos, o número de células vivas diminuiu, correspondentemente, 1,03; 1,1; 1,2; 1,3; 1,4; 1,5 e 1,7 vezes. Após 60 minutos, apenas 41% das células bacterianas morreram (Tabela 25).

Depois de afetar a emulsão dispersiva 1:8 de óleo essencial contra a bactéria *Bacillus anthracoides* TU-1 ao fim de 5, 10, 20, 30, 40, 50, 60 minutos, o número de células vivas diminuiu, correspondentemente, 1,02; 1,05; 1,13; 1,21; 1,4 e 1,5 vezes. Após 60 minutos, apenas 36% das células bacterianas morreram (Tabela 25). Consequentemente, *o Bacillus anthracoides* TU-1 mostra pouca sensibilidade ao efeito do óleo essencial de Nepeta cataria e quando a dispersão do óleo essencial diminui, o seu efeito antibacteriano também diminui.

Depois de afetar a emulsão dispersiva 1:3 do óleo essencial de Nepeta cataria contra a bactéria gram-positiva formadora de esporos *Bacillus subtilis* BDU-43 ao fim de 5,10, 20, 30, 40, 50, 60 minutos, em comparação com o controlo, o número de células vivas diminuiu, correspondentemente, 1,1; 1,13; 1,3; 1,6; 2,0; 2,7 e 4,5 vezes. Após 60 minutos, apenas 78% das células bacterianas morreram (Tabela 26).

Depois de afetar a emulsão dispersiva 1:4 de óleo essencial contra a bactéria *Bacillus subtilis* BDU-43 no final de 5,10, 20, 30, 40, 50, 60 minutos, o número de células vivas diminuiu, correspondentemente, 1,1; 1,2; 1,3; 1,5; 1,8; 2,2 e 3,0 vezes. Após 60 minutos, apenas 67% das células bacterianas morreram (Tabela 26).

Tabela 26. **Efeito antibiótico do óleo essencial de Nepeta cataria na bactéria gram-positiva formadora de esporos *Bacillus subtilis* BDU-43**

The contact duration of bacterial cells with the essential oil, min	Different dispersioneds of essential oil emulsions											
	1:3		1:4		1:5		1:6		1:7		1:8	
	The amount of bacterial cells, 10^3CFU/ml (M±m)											
	T	C	T	C	T	C	T	C	T	C	T	C
5	26,2± 2,2	28± 2,6	26,3± 2,2	27,9± 2,5	26,7± 2,1	28,1± 2,6	26,7± 2,4	28± 2,4	27,2± 2,6	28,2± 2,3	27,2± 2,3	28± 2,5
10	24,5± 2,3	27,8± 2,5	24,7± 2,3	27,7± 2,2	25,4± 2,4	28± 2,4	25,4± 2,2	27,9± 2,5	26,2± 2,1	28,2± 2,5	26,4± 2,5	28± 2,6
20	21± 1,9	27,5± 2,2	21,5± 1,9	27,4± 2,3	22,8± 2,1	27,8± 2,6	23,2± 2,1	27,8± 2,2	24,3± 2,2	28,1± 2,4	24,8± 2,2	28± 2,4
30	17,4± 1,6	27,2± 2,5	18,4± 1,6	27,1± 2,2	20,1± 1,9	27,6± 2,6	21± 1,8	27,7± 2,5	22,4± 2,1	28± 2,2	23,2± 2,1	27,9± 2,4
40	13,6± 1,1	26,9± 2,3	15,3± 1,4	26,8± 2,3	17,4± 1,4	27,3± 2,5	18,3± 1,6	27,6± 2,4	20,4± 1,6	27,9± 2,3	21,7± 1,9	27,9± 2,6
50	9,8± 0,5	26,6± 2,4	12,1± 1,1	26,5± 2,4	14,7± 1,3	27,1± 2,4	15,8± 1,4	27,4± 2,4	18,5± 1,7	27,8± 2,5	20,2± 1,7	27,8± 2,2
60	5,9± 0,4	26,3± 2,3	8,7± 0,4	26,2± 2,5	11,6± 1,1	26,8± 2,2	13,2± 1,1	27,2± 2,3	16,6± 1,4	27,7± 2,5	18,8± 1,3	27,8± 2,4

Nota: T - Ensaio, C - Controlo

Depois de afetar a emulsão dispersiva 1:5 de óleo essencial contra a bactéria *Bacillus subtilis* BDU-43 no final de 5,10, 20, 30, 40, 50, 60 minutos, o número de células vivas diminuiu, correspondentemente, 1,05; 1,1; 1,21; 1,4; 1,6; 1,8 e 2,3 vezes. Após 60 minutos, apenas 57% das células bacterianas morreram (Tabela 26).

Depois de afetar a emulsão dispersiva 1:6 de óleo essencial contra a bactéria *Bacillus subtilis* BDU-43 no final de 5, 10, 20, 30, 40, 50, 60 minutos, o número de células vivas diminuiu, correspondentemente, 1,04; 1,09; 1,2; 1,3; 1,5; 1,7 e 2,1 vezes. Após 60 minutos, apenas 61% das células bacterianas morreram (Tabela 26).

Depois de afetar a emulsão dispersiva 1:7 do óleo essencial contra a bactéria *Bacillus subtilis* BDU-43 no final de 5,10, 20, 30, 40, 50, 60 minutos, o número de células vivas diminuiu, correspondentemente, 1,03; 1,07; 1,2; 1,4; 1,5; 1,7 vezes. Após 60 minutos, apenas 40% das células bacterianas morreram (Tabela 26).

Depois de afetar a emulsão dispersiva 1:8 de óleo essencial contra a bactéria *Bacillus subtilis* BDU-43 no final de 5,10, 20, 30, 40, 50, 60 minutos, o número de células vivas diminuiu correspondentemente, 1,02; 1,06; 1,12; 1,3; 1,4; 1,7 e 1,5 vezes. Após 60 minutos, apenas 32% das células bacterianas morreram (Tabela 26). Assim, a bactéria *Bacillus subtilis* BDU-43 mostra muito pouca sensibilidade ao óleo essencial do que a bactéria *Bacillus anthracoides* TU-1.

Depois de afetar a emulsão dispersiva 1:3 do óleo essencial de Nepeta cataria contra a bactéria gram-positiva não formadora de esporos *Staphylococcus aureus* TU-4 no final de 5, 10, 20, 30, 40, 50 minutos, em comparação com o controlo, o número de células vivas diminuiu, correspondentemente, 1,1; 1,2; 1,5; 2,1; 3,4 e 8,7 vezes. Após 50 minutos, apenas 89% das células bacterianas morreram, mas ao fim de 60 minutos todas as células foram erradicadas (Tabela 27).

Depois de afetar a emulsão dispersiva 1:4 de óleo essencial contra a bactéria *Staphylococcus aureus* TU-4 no final de 5,10, 20, 30, 40 e 50 minutos, o número de células vivas diminuiu, correspondentemente, 1,11; 1,2; 1,5; 2,0; 3,2 e 7,7 vezes. Após 50 minutos, apenas 87% das células bacterianas morreram, mas ao fim de 60 minutos todas as células foram erradicadas (Tabela 27).

Depois de afetar a emulsão dispersiva 1:5 do óleo essencial contra a bactéria *Staphylococcus aureus* TU-4 no final de 5,10, 20, 30, 40, 50 minutos, o número de células vivas diminuiu, correspondentemente, 1,08; 1,18; 1,4; 1,8; 2,6; 4,5 e 14,7 vezes. Após 50 minutos, 92% das células bacterianas morreram, mas ao fim de 60 minutos todas as células desapareceram (Tabela 27).

Depois de afetar a emulsão dispersiva 1:6 de óleo essencial contra a bactéria *Staphylococcus aureus* TU-4 no final de 5, 10, 20, 30, 40, 50 minutos, o número de células vivas diminuiu, correspondentemente, 1,08; 1,17; 1,38; 1,75; 2,4; 3,6 e 9,4 vezes. Após 50 minutos, 89% das células bacterianas morreram, mas ao fim de 60 minutos todas as células foram erradicadas (Tabela 27).

Tabela 27. **Efeito antibiótico do óleo essencial de Nepeta cataria na bactéria gram-positiva não formadora de esporos *Staphylococcus aureus* TU-4**

The contact duration of bacterial cells with the essential oil, min	Different dispersioneds of essential oil emulsions											
	1:3		1:4		1:5		1:6		1:7		1:8	
	The amount of bacterial cells, 10^4 CFU/ml (M±m)											
	T	C	T	C	T	C	T	C	T	C	T	C
5	25,1±2,2	27,6±2,6	25,3±2,1	27,8±2,2	25,4±2,1	27,6±2,4	25,4±2,2	27,5±2,4	25,6±2,2	27,6±2,4	26±2,3	27,7±2,5
10	22,6±2,1	27,4±2,1	22,9±2,0	27,6±2,5	23,3±2,0	27,5±2,6	23,3±2,1	27,4±2,5	23,6±2,1	27,6±2,5	24,3±2,2	27,7±2,4
20	17,7±1,5	27,1±2,5	18±1,6	27,3±2,4	19,2±1,7	27,3±2,4	19,6±1,8	27,3±2,4	19,8±1,1	27,5±2,1	21,1±1,8	27,7±2,5
30	12,8±1,1	26,8±2,4	13,2±2,1	27±2,5	14,8±1,1	27,1±2,5	15,4±1,2	27,1±2,6	15,9±1,4	27,4±2,2	16,9±1,4	27,6±2,3
40	7,9±0,5	26,5±2,2	8,3±0,5	26,7±2,4	10,4±0,8	26,9±2,4	11,3±0,6	26,9±2,2	12±1,1	27,3±2,5	13±1,1	27,6±2,4
50	3±0,2	26,2±2,4	3,4±0,2	26,4±2,5	6,0±0,3	26,7±2,4	7,2±0,5	26,7±2,4	8±0,6	27,2±2,2	9,3±07	27,5±2,6
60	0,0	25,9±2,3	0,0	26,1±2,2	1,8±0,1	26,5±2,2	2,8±0,1	26,5±2,3	4±0,1	27,1±2,4	5,2±0,3	27,5±2,3

Nota: T - Ensaio, C - Controlo

Depois de afetar a emulsão dispersiva 1:7 de óleo essencial contra a bactéria *Staphylococcus aureus* TU-4 no final de 5,10, 20, 30, 40 e 50 minutos, o número de células vivas diminuiu, correspondentemente, 1,1; 1,16; 1,38; 1,72; 2,2; 3,4 e 6,7 vezes. Após 60 minutos, apenas 85% das células bacterianas morreram (Tabela 27).

Depois de afetar a emulsão dispersiva 1:8 de óleo essencial contra a bactéria *Staphylococcus aureus* TU-4 no final de 5,10, 20, 30, 40, 50 minutos, o número de células vivas diminuiu, correspondentemente, 1,06; 1,14; 1,31; 1,63; 2,1; 3,0 e 5,2 vezes. Após 60 minutos, apenas 61% das células bacterianas morreram (Tabela 27). Assim, a bactéria *Staphylococcus aureus* TU-4 mostrou-se sensível ao óleo essencial de Nepeta cataria e nas emulsões dispersivas 1:3 e 1:4 as células morrem em 60 minutos.

Assim, o óleo essencial de Nepeta cataria que afecta as bactérias gram-positivas mostrou que a bactéria não formadora de esporos *Staphylococcus aureus* TU-4 é mais sensível do que as bactérias formadoras de esporos contra o óleo essencial. Assim, após 20 minutos, o efeito bacteriocida da emulsão dispersiva 1:3 de óleo essencial contra a bactéria gram-positiva não formadora de esporos *Staphylococcus aureus* TU-4 foi maior do que o das bactérias formadoras de esporos *Bacillus anthracoides* TU-1 e *Bacillus subtilis* BDU-43, correspondentemente, 8.0 e 5,0 vezes, na emulsão dispersiva 1:5 - 1,8 e 2,1 vezes, na emulsão dispersiva 1:7 - 1,2 e 1,3 vezes. Embora após 60 minutos todas as células da bactéria *Staphylococcus aureus* TU-4 tenham morrido, mas as células *Bacillus anthracoides* TU-1 e *Bacillus subtilis* BDU-43 morreram, correspondentemente, 87 e 78% [148].

2.11. Atividade antimicrobiana do óleo essencial de thymus transcaucasicus contra bactérias gram-positivas

Após 5, 10 e 20 minutos de impacto da emulsão dispersiva 1:3 do óleo essencial de thymus transcaucasicus contra a bactéria gram-positiva formadora de esporos *Bacillus anthracoides* TU-1, o número de células vivas diminuiu, respetivamente, 1,4; 1,9 e 4,4 vezes, em comparação com o controlo. Após 20 minutos de impacto do óleo essencial, 77% das células bacterianas foram mortas e após 30 minutos foi observado um impacto na sua mortalidade total [149].

Após 5, 10, 20 e 30 minutos de impacto da emulsão dispersiva 1:4 de óleo essencial na bactéria *Bacillus anthracoides* TU-1, o número de células vivas diminuiu, respetivamente, 1,3; 1,6 e 3,5 e 24,3 vezes. Após 30 minutos de impacto do óleo essencial, 96% das células bacterianas foram destruídas e a sua morte total ocorreu após 40 minutos (Tabela 28).

Após 5, 10, 20 e 30 minutos de impacto da emulsão dispersiva 1:5 de óleo essencial na bactéria *Bacillus anthracoides* TU-1, o número de células vivas diminuiu, respetivamente, 1,2; 1,4; 3,0 e 9,0 vezes. Após 30 minutos de impacto do óleo essencial 89% das células bacterianas são destruídas, e a sua morte total foi observada após 40 minutos de impacto (Tabela 28).

Após 5, 10, 20 e 30 minutos de impacto da emulsão dispersiva 1:6 de óleo essencial na bactéria *Bacillus anthracoides* TU-1, o número de células vivas diminuiu, respetivamente, 1,2; 1,3; 2,1; 3,6 e 14,2 vezes. Após 30 minutos de impacto do óleo essencial 93% das células bacterianas são destruídas, e a sua morte total foi observada após 50 minutos de impacto (Tabela 28).

Tabela 28. **Efeito antibiótico do óleo essencial de thymus transcaucasing contra a bactéria gram-positiva formadora de esporos *Bacillus anthracoides* TU-1**

The contact duration of bacterial cells with the essential oil, min	Different dispersions of essential oil emulsions											
	1:3		1:4		1:5		1:6		1:7		1:8	
	The amount of bacterial cells, 10^4 CFU/ml (M±m)											
	T	C	T	C	T	C	T	C	T	C	T	C
5	22,3± 2,1	30,4± 2,8	23,1± 1,8	30± 2,8	24,3± 2,2	30,2± 2,8	25,9± 2,4	30,6± 2,9	27,2± 2,6	29,8± 2,8	28,6± 2,7	30,1± 2,9
10	16,2± 1,4	30,2± 2,9	18,6± 1,4	29,8± 2,6	21,4± 1,8	30,1± 2,9	23,3± 2,1	30,5± 2,8	25,6± 2,4	29,8± 2,7	27,2± 2,6	30,1± 2,8
20	6,8± 0,3	29,9± 2,7	8,4± 0,6	29,5± 2,5	10± 0,8	29,9± 2,8	14,4± 1,3	30,3± 2,9	21,9± 1,8	29,7± 2,8	24,3± 2,2	30± 2,6
30	0,0	29,6± 2,6	1,2± 0,1	29,2± 2,4	3,4± 0,2	29,7± 2,6	8,3± 0,6	30,1± 2,8	16,6± 1,5	29,6± 2,7	20,6± 1,8	30± 2,7
40	0,0	29,3± 2,3	0,0	28,9± 2,6	0,0	29,5± 2,5	2,1± 0,1	29,9± 2,6	9,8± 0,7	29,5± 2,8	14,8± 1,3	29,9± 2,8
50	0,0	29± 2,2	0,0	28,6± 2,7	0,0	28,2± 2,6	0,0	29,7± 2,5	3,3± 0,2	29,4± 2,6	8,8± 0,7	29,2± 2,7
60	0,0	29,7± 2,7	0,0	28,3± 2,6	0,0	27,9± 2,5	0,0	29,5± 2,6	0,0	29,3± 2,7	3,2± 0,1	29,8± 2,8

Nota: T - Ensaio, C - Controlo

Após 5, 10, 20, 30, 40 e 50 minutos de impacto da emulsão dispersiva 1:7 de óleo essencial na bactéria *Bacillus anthracoides* TU-1, o número de células vivas diminuiu, respetivamente, 1,1; 1,2; 1,4; 1,8; 3 e 8,9 vezes. Após 30 minutos de impacto do óleo essencial 89% das células bacterianas são destruídas, e a sua morte total foi observada após 60 minutos de impacto (Tabela 28).

Após 5, 10, 20, 30, 40, 50 e 60 minutos de impacto da emulsão dispersiva 1:8 de óleo essencial na bactéria *Bacillus anthracoides* TU-1, o número de células vivas diminuiu, respetivamente, 1,05; 1,1; 1,2; 1,5; 2,0; 3,3 e 9,0 vezes. Após 60 minutos de impacto do óleo essencial 89% das células bacterianas são destruídas, e a sua morte completa não foi observada (Tabela 28).

Por outro lado, a bactéria *Bacillus anthracoides* TU-1 é mais sensível ao efeito bactericida do óleo essencial de Thymes transcaucasicus. Assim, na emulsão dispersiva 1:3 a morte completa das células ocorre após 30 minutos, nas emulsões dispersivas 1:4 e 1:5 a morte completa das células ocorre após 40 minutos.

Após 5 e 10 minutos de impacto da emulsão dispersiva 1:3 do óleo essencial de thymus transcaucasicus na bactéria *Bacillus subtilis* BDU-43, o número de células vivas diminuiu, respetivamente, 1,6 e 3,4 vezes, em comparação com o controlo. Após 10 minutos de impacto do óleo essencial, 71% das células bacterianas são destruídas, e a sua morte total foi observada após 20 minutos de impacto (Tabela 29).

Após 10 minutos de impacto de emulsões dispersivas 1:4 e 1:5 de óleo essencial na bactéria *Bacillus subtilis* BDU-43, o número de células vivas diminuiu, respetivamente, 1,3 e 2,4 vezes. Após 10 minutos de impacto do óleo essencial, 58% das células bacterianas são destruídas e a sua morte total foi observada após 20 minutos de impacto (Tabela 29).

Tabela 29. **Efeito antibiótico do óleo essencial de thymus transcaucasicus contra a bactéria gram-positiva formadora de esporos *Bacillus subtilis* BDU-43**

The contact duration of bacterial cells with the essential oil, min	Different dispersions of essential oil emulsions											
	1:3		1:4		1:5		1:6		1:7		1:8	
	The amount of bacterial cells, 10^4 CFU/ml (M±m)											
	T	C	T	C	T	C	T	C	T	C	T	C
5	16,1± 1,4	25,4± 2,2	18,6± 1,7	25± 2,2	21,2± 1,8	26,1± 2,4	22,6± 2,1	26,3± 2,4	22,8± 2,1	22,8± 2,1	24± 2,3	26± 2,3
10	7,4± 0,6	25,2± 2,4	10,3± 0,8	24,8± 2,1	14± 1,2	26± 2,2	16± 1,4	26,2± 2,3	18,1± 1,7	18,1± 1,7	21,6± 1,8	26± 2,4
20	0,0	24,9± 2,2	0,0	24,5± 2,2	3,2± 0,2	25,8± 2,3	6,4± 0,3	26± 2,2	12,4± 1,1	12,4± 1,1	14,3± 1,1	26± 2,2
30	0,0	24,6± 2,1	0,0	24,2± 2,1	0,0	25,6± 2,4	0,0	25,8± 2,4	5,4± 0,4	5,4± 0,4	8,8± 0,4	25,9± 2,3
40	0,0	24,3± 2,0	0,0	23,9± 2,2	0,0	25,4± 2,2	0,0	25,6± 2,4	0,0	0,0	3,4± 0,2	25,9± 2,3
50	0,0	24± 2,2	0,0	23,6± 2,1	0,0	25,1± 2,4	0,0	25,4± 2,2	0,0	0,0	0,0	25,8± 2,4
60	0,0	23,7± 2,1	0,0	23,3± 2,0	0,0	24,9± 2,3	0,0	25,2± 2,3	0,0	0,0	0,0	25,8± 2,5

Nota: T - Ensaio, C - Controlo

Após 5, 10 e 20 minutos de impacto da emulsão dispersiva 1:5 de óleo essencial na bactéria *Bacillus subtilis* BDU-43, o número de células vivas diminuiu, respetivamente, 1,2; 1,8 e 8,0 vezes. Após 20 minutos de impacto do óleo essencial, 88% das células bacterianas são destruídas, e a sua morte total foi observada após 30 minutos de impacto (Tabela 29).

Após 5, 10 e 20 minutos de impacto da emulsão dispersiva 1:6 de óleo essencial contra a bactéria *Bacillus subtilis* BDU-43, o número de células vivas diminuiu, respetivamente, 1,16; 1,6 e 4,1 vezes. Após 20 minutos de impacto do óleo essencial, 75% das células bacterianas são destruídas e a sua morte total foi observada em 30 minutos (Tabela 29).

Após 5, 10, 20 e 30 minutos de impacto da emulsão dispersiva 1:7 de óleo essencial contra a bactéria *Bacillus subtilis* BDU-43, o número de células vivas diminuiu, respetivamente, 1,13; 1,4; 2,4 e 8,1 vezes. Após 30 minutos de impacto do óleo essencial, 79% das células bacterianas são destruídas, e a sua morte total foi observada após 40 minutos de impacto (Tabela 29).

Após 5, 10, 20, 30 e 40 minutos de impacto da emulsão dispersiva 1:8 de óleo essencial na bactéria *Bacillus subtilis* BDU-43, o número de células vivas diminuiu, respetivamente, 1,08; 1,2; 1,8; 2,9 e 7,3 vezes. Após 40 minutos de impacto do óleo essencial, 87% das células bacterianas são destruídas, e a sua morte total foi observada após 50 minutos de impacto (Tabela 29).

Assim, a bactéria *Bacillus subtilis* BDU-43 apresenta uma elevada sensibilidade ao efeito bactericida do óleo essencial de Thymus transcaucasicus. Tal como nas emulsões dispersivas 1:3 e 1:4, a morte completa das células bacterianas ocorre após 20 minutos, nas emulsões dispersivas 1:5 e 1:6 ocorre após 30 minutos.

Após 5 minutos de impacto da emulsão dispersiva 1:3 do óleo essencial de thymus transcaucasicus contra a bactéria *Staphylococcus aureus* TU-4, o número de células vivas diminuiu, respetivamente, 2,1 vezes, em comparação com o controlo. Após 5 minutos de impacto, 51% das células bacterianas são destruídas, e a sua morte total foi observada após 10 minutos de impacto (Tabela 30).

Após 5 e 10 minutos de impacto da emulsão dispersiva 1:4 de óleo essencial na bactéria *Staphylococcus aureus* TU-4, o número de células vivas diminuiu, respetivamente, 1,6 e 4,0 vezes. Após 10 minutos de impacto do óleo essencial, 75% das células bacterianas são destruídas, e a sua morte total foi observada após 20 minutos de impacto (Tabela 30).

Após 5 e 10 minutos de impacto da emulsão dispersiva 1:5 de óleo essencial na bactéria *Staphylococcus aureus* TU-4, o número de células vivas diminuiu, respetivamente, 1,5 e 3,0 vezes. Após 10 minutos de impacto do óleo essencial, 67% das células bacterianas são destruídas, e a sua morte total foi observada após 20 minutos de impacto (Tabela 30).

Tabela 30. **Efeito antibiótico do óleo essencial de thymus transcaucasicus contra a bactéria gram-positiva não formadora de esporos *Staphylococcus aureus* TU-4**

The contact duration of bacterial cells with the essential oil, min	Different dispersions of essential oil emulsions											
	1:3		1:4		1:5		1:6		1:7		1:8	
	The amount of bacterial cells, 10^4 CFU/ml (M±m)											
	T	C	T	C	T	C	T	C	T	C	T	C
5	11,4±1,0	23,4±2,1	14,2±1,3	23±2,2	15,4±1,3	22,9±2,1	17,6±1,5	22,6±2,1	18,6±1,4	23,3±2,1	21±2,0	23,1±2,2
10	0,0	23,2±2,2	5,8±0,4	22,8±2,1	7,6±0,4	22,8±2,1	12,6±1,1	22,5±2,1	13,6±1,2	23,3±2,2	18,6±1,7	23,1±2,1
20	0,0	22,9±1,8	0,0	22,5±1,6	0,0	22,6±1,8	3,1±0,1	22,4±1,8	3,8±0,2	23,2±2,1	13,2±1,1	23,1±2,2
30	0,0	22,6±1,9	0,0	22,2±2,1	0,0	22,4±2,2	0,0	22,2±2,1	0,0	23,1±2,1	7,6±0,5	22±1,8
40	0,0	22,3±1,6	0,0	21,5±1,9	0,0	22,2±1,9	0,0	22±1,8	0,0	23±1,9	2,8±0,1	22±1,6
50	0,0	22,0±2,1	0,0	21,7±2,0	0,0	22,0±1,6	0,0	21,8±2,0	0,0	22,9±2,1	0,0	22±1,4
60	0,0	21,7±2,0	0,0	21,4±1,8	0,0	21,8±1,7	0,0	21,6±1,8	0,0	22,8±1,6	0,0	21,9±1,8

Nota: T - Ensaio, C - Controlo

Após 5, 10 e 20 minutos de impacto da emulsão dispersiva 1:6 de óleo essencial contra a bactéria *Staphylococcus aureus* TU-4, o número de células vivas diminuiu, respetivamente, 1,3; 1,8 e 7,1 vezes. Após 20 minutos de impacto do óleo essencial, 86% das células bacterianas são destruídas, e a sua morte total foi observada após 30 minutos de impacto (Tabela 30).

Após 5, 10 e 20 minutos de impacto da emulsão dispersiva 1:7 de óleo essencial contra a bactéria *Staphylococcus aureus* TU-4, o número de células vivas diminuiu, respetivamente, 1,25; 1,7 e 6,1 vezes. Após 20 minutos de impacto do óleo essencial, 84% das células bacterianas são destruídas, e a sua morte total foi observada após 30 minutos de impacto (Tabela 30).

Após 5, 10, 20, 30 e 40 minutos de impacto da emulsão dispersiva 1:8 de óleo essencial contra a bactéria *Staphylococcus aureus* TU-4, o número de células vivas diminuiu, respetivamente, 1,1; 1,2; 1,7; 3,0 e 8,0. Após 40 minutos de impacto do óleo essencial 87% das células bacterianas são destruídas, e a sua morte total foi observada após 50 minutos de impacto (Tabela 30).

Assim, a bactéria *Staphylococcus aureus* TU-4 mostra uma sensibilidade muito elevada ao efeito bactericida do óleo essencial de Thymus transcaucasicus. A morte completa das células bacterianas na emulsão dispersiva 1:3 é observada após 10 minutos.

Assim, as bactérias gram-positivas examinadas mostram uma elevada sensibilidade ao efeito bactericida do óleo essencial de thymus transcaucasicus. Tal como em todas as dispersões do óleo essencial, ocorre a morte total das células bacterianas. No entanto, após 10 minutos, o efeito bactericida da emulsão dispersiva 1:3 do óleo essencial contra a bactéria gram-positiva não formadora de esporos *Staphylococcus aureus* TU-1 foi, respetivamente, 2,2 e 1,4 vezes maior, em comparação com as bactérias formadoras de esporos *Bacillus subtilis* BDU-43 e *Bacillus anthracoides* TU-1 [149].

2.12. Atividade antimicrobiana de uma composição de óleos essenciais contra bactérias gram-positivas

Como resultado da mistura de quantidades iguais (relação 1:1) de óleos essenciais de Saliva officinalis e de Thymus transcaucasicus, obteve-se a nova composição e estudou-se a influência da solução a 0,1% da emulsão dispersiva contra bactérias gram-positivas. Após 5, 10 e 20 minutos de impacto da emulsão dispersiva 1:3 do óleo essencial contra a bactéria gram-positiva formadora de esporos *Bacillus anthracoides* TU-1, o número de células vivas diminuiu, respetivamente, 1,4; 2,4 e 9,4 vezes, em comparação com o controlo. Após 20 minutos de impacto do óleo essencial, 89% das células bacterianas são destruídas, e a sua morte total foi observada após 30 minutos de impacto [89].

Após 5, 10 e 20 minutos de impacto da emulsão dispersiva 1:4 de óleo essencial contra a bactéria gram-positiva formadora de esporos *Bacillus anthracoides* TU-1, o número de células vivas diminuiu, respetivamente, 1,3; 1,9 e 5,2 vezes. Após 20 minutos de impacto do óleo essencial, 81% das células bacterianas são destruídas e a sua morte total foi observada após 30 minutos de impacto (Tabela 31).

Tabela 31. **Efeito antibiótico da composição do óleo essencial contra a bactéria gram-positiva formadora de esporos *Bacillus anthracoides* TU-1**

The contact duration of bacterial cells with the essential oil, min	Different dispersions of essential oil emulsions											
	1:3		1:4		1:5		1:6		1:7		1:8	
	The amount of bacterial cells, 10^4 CFU/ml (M±m)											
	T	C	T	C	T	C	T	C	T	C	T	C
5	20,4±1,8	27,6±2,5	21±1,9	27,3±2,4	22,1±1,9	27,4±2,3	22,7±2,1	27,1±2,4	23,4±2,1	27,3±2,5	24,2±2,2	27,5±2,5
10	11,7±1,0	27,4±2,6	14,3±1,2	27,1±2,3	16,4±1,5	27,3±2,4	18,8±1,6	27±2,5	19,7±1,6	27,3±2,4	21,1±2,0	27,5±2,3
20	2,9±0,1	27,1±2,5	5,2±0,4	26,8±2,4	7,4±0,4	27,1±2,5	10,6±0,9	26,8±2,4	13,6±1,2	27,2±2,4	15,8±1,4	27,4±2,4
30	0,0	26,8±2,4	0,0	26,5±2,2	0,0	26,9±2,5	3,5±0,2	26,6±2,2	8,4±0,4	27,1±2,5	10,4±0,6	27,3±2,5
40	0,0	26,5±2,1	0,0	26,2±2,4	0,0	26,7±2,4	0,0	26,4±2,3	4,3±0,3	27±2,2	6,0±0,4	27,3±2,4
50	0,0	26,2±2,2	0,0	25,9±2,2	0,0	26,4±2,3	0,0	26,2±2,4	0,0	26,9±2,4	2,3±0,1	27,1±2,2
60	0,0	25,9±2,4	0,0	25,6±2,1	0,0	26,1±2,2	0,0	26±2,5	0,0	26,8±2,5	0,0	27,1±2,4

Nota: T - Ensaio, C - Controlo

Após 5, 10 e 20 minutos de impacto da emulsão dispersiva 1:5 de óleo essencial contra a bactéria *Bacillus anthracoides* TU-1, o número de células vivas diminuiu, respetivamente, 1,23; 1,7 e 3,7 vezes. Após 20 minutos de impacto do óleo essencial, 73% das células bacterianas são destruídas, e a sua morte total foi observada após 30 minutos de impacto (Tabela 31).

Após 5, 10, 20 e 30 minutos de impacto da emulsão dispersiva 1:6 de óleo essencial contra a bactéria *Bacillus anthracoides* TU-1, o número de células vivas diminuiu, respetivamente, 1,3; 1,4; 2,5 e 7,7. Após 30 minutos de impacto do óleo essencial, 87% das células bacterianas são destruídas, e a sua morte total foi observada após 40 minutos de impacto (Tabela 31).

Após 5, 10, 20, 30 e 40 minutos de impacto da emulsão dispersiva 1:7 de óleo essencial contra a bactéria *Bacillus anthracoides* TU-1, o número de células vivas diminuiu, respetivamente, 1,16; 1,38; 2,0; 3,2 e 6,2 vezes. Após 40 minutos de impacto do óleo essencial, 84% das células bacterianas são destruídas, e a sua morte total foi observada após 50 minutos de impacto (Tabela 31).

Após 5, 10, 20, 30, 40 e 50 minutos de impacto da emulsão dispersiva 1:8 de óleo essencial na bactéria *Bacillus anthracoides* TU-1, o número de células vivas diminuiu, respetivamente, 1,13; 1,3; 1,7; 2,6; 5,0 e

11. 7 vezes. Após 50 minutos de impacto do óleo essencial, 91% das células bacterianas são destruídas e a sua morte total foi observada após 60 minutos de impacto (Tabela 31).

Assim, a bactéria *Bacillus anthracoides* TU-1 mostra uma elevada sensibilidade ao efeito antibiótico da composição do óleo essencial. Tal como nas emulsões dispersivas 1:3, 1:4 e 1:5, a destruição completa das células bacterianas ocorre após 30 minutos de influência.

Após 5 e 10 minutos de influência da emulsão dispersiva 1:3 da composição do óleo essencial contra a bactéria gram-positiva formadora de esporos *Bacillus subtilis* BDU-43, o número de células vivas diminuiu 1,7 e 6,1 vezes, respetivamente, em comparação com o controlo. Após 10 minutos de impacto do óleo essencial, 84% das células bacterianas são destruídas e a sua morte total foi observada após 20 minutos de impacto (Tabela 32).

Tabela 32. **Efeito antibiótico da composição do óleo essencial contra a bactéria gram-positiva formadora de esporos *Bacillus subtilis* BDU-43**

The contact duration of bacterial cells with the essential oil, min	Different dispersions of essential oil emulsions											
	1:3		1:4		1:5		1:6		1:7		1:8	
	The amount of bacterial cells, 10^4 CFU/ml (M±m)											
	T	C	T	C	T	C	T	C	T	C	T	C
5	16,8±1,2	27,8±2,3	18,7±1,4	28,1±2,4	20,2±1,8	28±2,2	21,6±1,8	27,6±2,2	22,8±2,0	27,7±2,6	24,2±2,2	27,8±2,6
10	4,5±0,3	27,6±2,4	8,1±0,5	27,9±2,5	12,1±1,1	27,9±2,5	14,8±1,2	27,5±2,1	16,7±1,4	27,7±2,4	20,4±1,6	27,8±2,4
20	0,0	27,3±2,4	0,0	27,6±2,2	1,8±0,1	27,7±2,6	4,2±0,2	27,4±2,4	10,5±0,8	27,6±2,5	13,6±1,1	27,7±2,2
30	0,0	27±2,3	0,0	27,3±2,5	0,0	27,5±2,5	0,0	27,3±2,2	4,6±0,2	27,5±2,2	7,2±0,5	27,7±2,1
40	0,0	26,7±2,2	0,0	27±2,1	0,0	27,2±2,2	0,0	27,2±2,3	0,0	27,4±2,4	2,3±0,1	27,7±2,6
50	0,0	26,4±2,1	0,0	26,7±2,4	0,0	26,9±2,4	0,0	27±2,5	0,0	27,3±2,1	0,0	27,6±2,4
60	0,0	26,1±2,2	0,0	26,4±2,3	0,0	26,6±2,4	0,0	26,8±2,4	0,0	27,2±2,6	0,0	27,6±2,5

Nota: T - Ensaio, C - Controlo

Após 5 e 10 minutos de impacto da emulsão dispersiva 1:4 de óleo essencial contra a bactéria *Bacillus anthracoides* TU-1, o número de células vivas diminuiu, respetivamente, 1,5 e 3,4 vezes. Após 10 minutos de impacto do óleo essencial, 71% das células bacterianas são destruídas, e a sua morte total foi observada após 20 minutos de impacto (Tabela 32).

Após 5, 10 e 20 minutos de impacto da emulsão dispersiva 1:5 de óleo essencial contra a bactéria

Bacillus subtilis BDU-43, o número de células vivas diminuiu, respetivamente, 1,4, 2..3 e 15,3 vezes. Após 20 minutos de impacto do óleo essencial, 94% das células bacterianas são destruídas e a sua morte total foi observada após 30 minutos de impacto (Tabela 32).

Após 5, 10 e 20 minutos de impacto da emulsão dispersiva 1:6 de óleo essencial contra a bactéria *Bacillus subtilis* BDU-43, o número de células vivas diminuiu, respetivamente, 1,3, 1,9 e 6,5 vezes. Após 20 minutos de impacto do óleo essencial, 85% das células bacterianas são destruídas e a sua morte total foi observada após 30 minutos de impacto (Tabela 32).

Após 5, 10, 20 e 30 minutos de impacto da emulsão dispersiva 1:7 de óleo essencial contra a bactéria *Bacillus subtilis* BDU-43, o número de células vivas diminuiu, respetivamente, 1,2; 1,6; 2,3 e 6,0 vezes. Após 30 minutos de impacto do óleo essencial, 83% das células bacterianas são destruídas, e a sua morte total foi observada após 40 minutos de impacto (Tabela 32).

Após 5, 10, 20, 30 e 40 minutos de impacto da emulsão dispersiva 1:8 de óleo essencial contra a bactéria *Bacillus subtilis* BDU-43, o número de células vivas diminuiu, respetivamente, 1,15; 1,4; 2,0; 3,8 e 12 vezes. Após 40 minutos de impacto do óleo essencial, 92% das células bacterianas são destruídas, e a sua morte total foi observada após 50 minutos de impacto (Tabela 32).

Assim, a bactéria *Bacillus subtilis* BDU-43 mostra uma elevada sensibilidade ao efeito antibiótico da composição do óleo essencial. Tal como nas emulsões dispersivas 1:3 e 1:4, a destruição completa das células bacterianas ocorre após 20 minutos de influência.

Após 5 minutos de influência da emulsão dispersiva 1:3 da composição do óleo essencial contra a bactéria gram-positiva não formadora de esporos *Staphylococcus aureus* TU-4, ocorreu uma mortalidade de 100% nas células vivas.

Após 5 minutos de impacto da emulsão dispersiva 1:4 de óleo essencial, o número de células vivas diminuiu 2,0 vezes em comparação com o controlo e, como resultado, 50% das células bacterianas foram destruídas (Tabela 33).

Após 5 e 10 minutos de impacto da emulsão dispersiva 1:5 de óleo essencial contra a bactéria *Staphylococcus aureus* TU-4, o número de células vivas diminuiu, respetivamente, 1,7 e 6,4 vezes. Após 10 minutos de impacto do óleo essencial, 85% das células bacterianas são destruídas e a sua morte total foi observada após 20 minutos de impacto (Tabela 33).

Após 5, 10 e 20 minutos de impacto da emulsão dispersiva 1:6 de óleo essencial contra a bactéria *Staphylococcus aureus* TU-4, o número de células vivas diminuiu, respetivamente, 1,6; 3,7 e 6,1 vezes. Após 20 minutos de impacto do óleo essencial, 98% das células bacterianas são destruídas, e a sua morte total foi observada após 30 minutos de impacto (Tabela 33).

Tabela 33. **Efeito antibiótico da composição do óleo essencial contra a bactéria gram-positiva não formadora de esporos *Staphylococcus aureus* TU-4**

The contact duration of bacterial cells with the essential oil, min	Different dispersions of essential oil emulsions											
	1:3		1:4		1:5		1:6		1:7		1:8	
	The amount of bacterial cells, 10^4 CFU/ml (M±m)											
	T	C	T	C	T	C	T	C	T	C	T	C
5	0,0	26,8±2,1	13,6	26,5±2,5	15,8±1,1	26,7±2,4	16,1±1,2	26,4±2,3	17,5±1,4	26,3±2,2	19,8±1,4	26,6±2,2
10	0,0	26,6±2,4	0,0	26,3±2,1	4,1±0,2	26,6±2,1	7,2±0,5	26,3±2,2	8,4±0,4	26,3±2,4	12,6±1,0	26,6±2,4
20	0,0	26,3±2,4	0,0	26,0±1,9	0,0	26,4±2,3	0,43±0,02	26,1±2,2	3,7±0,1	26,2±2,2	6,8±0,4	26,5±2,3
30	0,0	26,0±2,5	0,0	25,7±2,4	0,0	26,2±2,2	0,0	25,9±2,3	0,0	26,1±2,1	1,2±0,1	26,5±2,4
40	0,0	25,7±2,2	0,0	25,4±2,5	0,0	26±2,3	0,0	25,7±2,4	0,0	26±2,4	0,0	26,4±2,3
50	0,0	25,4±2,4	0,0	25,1±2,4	0,0	25,8±2,4	0,0	25,5±2,2	0,0	25,9±2,7	0,0	26,4±2,1
60	0,0	25,1±2,1	0,0	24,9±2,3	0,0	25,6±2,1	0,0	25,3±2,2	0,0	25,8±2,5	0,0	26,4±2,0

Nota: T - Teste, C - Controlo

Após 5, 10, 20 e 30 minutos de impacto da emulsão dispersiva 1:8 de óleo essencial contra a bactéria *Staphylococcus aureus* TU-4, o número de células vivas diminuiu, respetivamente, 1,4; 2,0; 4,0 e 22 vezes. Após 20 minutos de impacto do óleo essencial, 95% das células bacterianas são destruídas, e a sua morte total foi observada após 40 minutos de impacto (Tabela 33).

Consequentemente, a bactéria *Staphylococcus aureus* TU-4 tem uma sensibilidade muito elevada ao efeito bactericida da composição do óleo essencial. A morte das células bacterianas ocorre após 5 minutos de efeito da emulsão dispersiva 1:3 e após 40 minutos de efeito da emulsão dispersiva 1:8.

Assim, como resultado do estudo do efeito antibiótico da composição da relação 1:1 dos óleos essenciais de Saliva officinalis e Thymus transcaucasicus contra bactérias gram-positivas, foi determinado que a bactéria não formadora de esporos *Staphylococcus aureus* TU-4 mostra mais sensibilidade ao efeito bactericida da composição do óleo essencial em comparação com as bactérias formadoras de esporos. Assim, após 5 minutos, o efeito bactericida da emulsão dispersiva 1:3 foi, respetivamente, 1,3 e 1,2 vezes mais elevado contra a bactéria *Staphylococcus aureus* TU-4, do que o efeito bactericida contra as bactérias *Bacillus subtilis* BDU-43 e *Bacillus anthracoides* TU-1 [89].

Por outro lado, o efeito bactericida da composição de óleos essenciais foi, respetivamente, 2,4-6,9 e 2-3 vezes superior ao efeito bactericida dos óleos essenciais de Saliva officinalis e de Thymus transcaucasicus separadamente.

2.13. Caraterísticas comparativas do efeito antimicrobiano de óleos essenciais contra bactérias gram-positivas

Após 5 minutos de impacto de uma emulsão dispersiva 1:3 de uma solução a 0,1% de óleos essenciais contra as bactérias gram-positivas *Bacillus anthracoides* TU-1, *Bacillus subtilis* BDU-43 e *Staphylococcus aureus* TU-4, o número de células mortas foi analisado comparativamente. Foi determinado que o efeito antibiótico elevado contra todas as bactérias pertence aos óleos essenciais de thymus transcaucasicus, foeniculum vulgare e saliva officinalis, e o efeito antibiótico muito fraco pertence aos óleos essenciais de coriandrum sativum, rosmarinus officinalis e nepeta cataria. Assim, após 5 minutos de impacto do óleo essencial de thymus transcaucasicus contra as bactérias *Bacillus anthracoides* TU-1, *Bacillus subtilis* BDU-43 e *Staphylococcus aureus* TU-4, respetivamente, 27, 37 e 51%, após o impacto do óleo essencial de foeniculum vulgare - 23, 31 e 49%, após o impacto do óleo essencial de saliva officinalis - 15, 20 e 42% das células bacterianas foram destruídas; após o impacto do óleo essencial de coriandrum sativum - 7.7, 7,7 e 9%, após o impacto do óleo essencial de rosemarinus officinalis - 4,4, 4,4 e 10%, após o impacto do óleo essencial de nepeta cataria - 8,6, 9,0 e 9,0% das células bacterianas foram destruídas. O efeito bactericida do primeiro grupo foi contra a bactéria *Bacillus anthracoides* TU-1 2,0-6,8 vezes, contra a bactéria *B. subtilis* BDU-43 3,0-7,8 vezes, contra a bactéria *Staphylococcus aureus* TU-4 4,2-5,7 vezes superior ao efeito bactericida do segundo grupo (fig. 1).

Contra os efeitos antibióticos de cada um dos óleos essenciais de coriandrum sativum, rosmarinus officinalis e zizifora tenior de *espécies de Bacillus* têm a mesma sensibilidade. Dependendo do tipo de óleo essencial, a sensibilidade pode ser alterada. Assim, a sensibilidade contra o óleo essencial de zizifora tenior é, respetivamente, 1,6 e 2,8 vezes superior à sensibilidade contra os óleos essenciais de coriandrum sativum e rosmarinus officinalis (fig. 1).

Por outro lado, existem semelhanças na sensibilidade de diferentes espécies de bactérias contra diferentes óleos essenciais. Por exemplo, a bactéria *Bacillus anthracoides* TU-1 apresenta uma sensibilidade semelhante aos óleos essenciais de piperato de menta, foeniculum vulgare, coriandrum sativum, saturrea laxiflora, zizifora tenior e nepeta cataria, a bactéria *Bacillus subtilis* BDU-43 apresenta uma sensibilidade semelhante aos óleos essenciais de piperato de menta, coriandrum sativum e óleos essenciais de nepeta cataria, a bactéria *Staphylococcus aureus* TU-4 mostra uma sensibilidade semelhante contra os óleos essenciais de menta piperiate, foeniculum vulgare, coriandrum sativum, saturea laxiflora, thymus transcaucasicus, rosmarinus officinalis e nepeta cataria. De acordo com o efeito semelhante contra a bactéria *Staphylococcus aureus* TU-4, os óleos essenciais podem ser divididos em 3 grupos. O primeiro grupo diz respeito aos óleos essenciais de foeniculum vulgare e thymus transcaucasicus, que têm um impacto relativamente elevado, o segundo grupo diz respeito a menta piperate, ocimum basilicum e saturea laxiflora, que têm um efeito moderado, e o terceiro grupo, coriandrum sativum, nepeta cataria e rosmarinus officinalis, que têm um impacto muito baixo. O efeito bactericida do primeiro grupo foi, respetivamente, 4,9-5,7 e 1,8-2,1 vezes superior ao efeito bactericida do segundo e terceiro grupos (fig. 1).

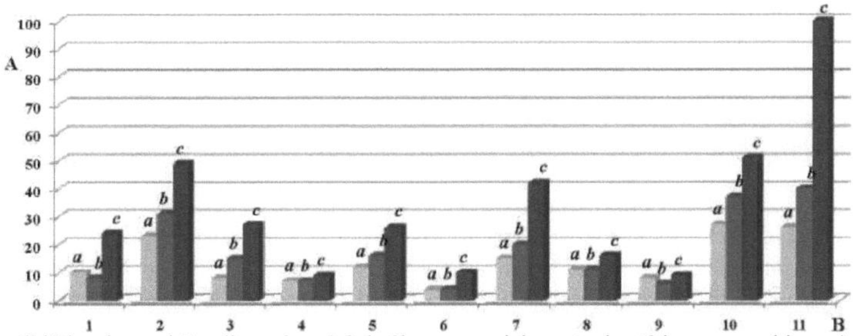

Fig-[1] - Efeito antibiótico de emulsões dispersivas 1:3 de óleos essenciais contra bactérias grampositivas. A - a quantidade de células bacterianas mortas, após 5 minutos de impacto, em comparação com o controlo, em%: a) *Bacillus anthracoides* TU-1; b) *Bacillus subtilis* BDU-43; c) *Staphylococcus aureus* TU-4; B - óleos essenciais: 1-menta piperiate; 2-foenicilum vulgare; 3-ocimum basilicum; 4-coriandrum sativum; 5-saturea laxiflora; 6- rosmarinus officinalis; 7-saliva officinalis; 8-zizifora tenior; 9-nepeta cataria; 10- thymus transcaucasicus; 11-composição.

O termo de mortalidade completa das células bacterianas foi dado como uma forma comparativa para descobrir a eficácia do impacto dos óleos essenciais contra as células bacterianas (fig. 2). Após o impacto do óleo essencial de thymus transcaucasicus (que tem a maior atividade antibiótica contra bactérias gram-positivas), contra *Bacillus anthracoides* TU-1, *Bacillus subtilis* BDU-43 e *Staphylococcus aureus* TU-4 a morte completa das células bacterianas ocorre, respetivamente, em 30, 20 e 10 minutos de impacto (fig. 2).

As bactérias *do género Bacillus* apresentam uma elevada estabilidade face aos óleos essenciais de ocimum basilicum, coriandrum sativum, rosmarinus officinalis e nepeta cataria. A morte completa das células não ocorre mesmo após 60 minutos de influência. Os óleos essenciais podem ser divididos em 3 grupos devido aos seus efeitos contra a bactéria *Bacillus species*. O primeiro grupo inclui os óleos essenciais de foeniculum vulgare e thymus transcaucasicus que matam completamente as células bacterianas após 30 minutos, o segundo grupo inclui os óleos essenciais de menta piperiate, saturea laxiflora, saliva officinalis e zizifora tenior que matam completamente as células bacterianas após 50 minutos de impacto e o terceiro grupo inclui os óleos essenciais de ocimum basiculum, coriandrum sativum, nepeta cataria e rosmarinus officinalis que não conseguem matar as células bacterianas mesmo após 60 minutos de impacto (fig. 2).

A composição dos óleos essenciais de Saliva officinalis e Thymus transcaucasicus na proporção de 1: 1 teve um efeito bactericida mais elevado contra a bactéria *Staphylococcus aureus* TU-4, e as células bacterianas foram destruídas após 5 minutos de impacto (fig. 2).

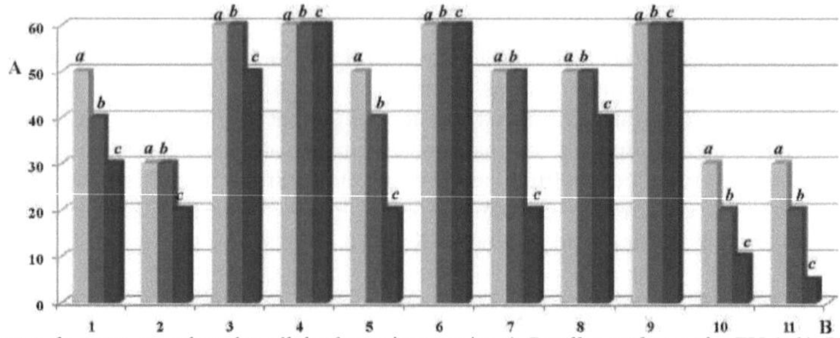

Fig- 2. A - tempo de morte completa das células bacterianas, min: a) *Bacillus anthracoides* TU-1; b) *Bacillus subtilis* BDU-43; c) *Staphylococcus aureus* TU-4; B - óleos essenciais: 1- menta piperiate; 2-foeniculum vulgare; 3-ocimum basiculum; 4-coriandrum sativum; 5-saturea laxiflora; 6-Rosmarinus officinalis; 7-saliva officinalis; 8-zizifora tenior; 9-nepeta cataria; 10-thymus transcaucasicus; 11-composição.

É de notar que a bactéria gram-positiva não formadora de esporos *Staphylococcus aureus* TU-4 demonstrou uma elevada sensibilidade contra todos os óleos essenciais investigados, em comparação com as bactérias formadoras de esporos *Bacillus anthracoides* TU-1 e *B. subtilis* BDU-43. Assim, a sensibilidade da primeira cultura contra o efeito bactericida dos óleos essenciais é 1,5-3,4 vezes superior à da segunda e 1,5-3,0 vezes superior à da terceira.

As bactérias Gram-positivas formadoras de esporos diferiram significativamente umas das outras devido à sensibilidade ao efeito bactericida dos óleos essenciais. No entanto, a sensibilidade da bactéria *Bacillus subtilis* BDU-43 contra alguns óleos essenciais, por exemplo, os óleos essenciais de foeniculum vulgare, ocimum basilicum, saturea laxiflora, salifa officinalis e thymus transcaucasicus, foi 1,3-1,9 vezes superior à sensibilidade da bactéria *Bacillus anthracoides* TU-1.

Assim, foi determinado que os óleos essenciais de foeniculum vulgare, thymus transcaucasicus e saliva officinalis têm um elevado efeito antibiótico contra bactérias gram-positivas. E o efeito bactericida máximo é observado no óleo essencial de thymus transcaucasicus. A bactéria Gram-positiva não formadora de esporos *Staphylococcus aureus* TU-4 apresenta uma sensibilidade muito elevada contra o efeito dos óleos essenciais em comparação com as bactérias *Bacillus anthracoides* TU-1 e *Bacillus subtilis* BDU-43. A sensibilidade da bactéria *Staphylococcus aureus* TU-4 contra o efeito bactericida da composição de óleos essenciais foi 2 vezes maior do que a sensibilidade contra óleos essenciais individuais.

ACTIVIDADE ANTIMICROBIANA DE ÓLEOS ESSENCIAIS DE PLANTAS AROMÁTICAS DO AZERBAIJÃO CONTRA BACTÉRIAS GRAM-NEGATIVAS

3.1. Atividade antimicrobiana do óleo essencial de menta piperitae contra bactérias gram-negativas

Após 5 minutos de impacto da emulsão dispersiva 1:3 de uma solução a 0,1% de óleo essencial de menta piperitae, contra a bactéria gram-negativa *Escherichia coli* TU-2, 100% das células vivas foram destruídas. Sob a influência de emulsões dispersivas 1:4, 1:5 e 1:6 de óleo essencial, o número de células bacterianas vivas diminuiu, respetivamente, 8,4; 3,3 e 2,1 vezes, em comparação com o controlo, mas a sua morte total foi observada após 10 minutos de influência nos três casos [58, 144].

Após 5 e 10 minutos de impacto da emulsão dispersiva 1:7 de óleo essencial contra a bactéria *Escherichia coli* TU-2, o número de células vivas diminuiu, respetivamente, 1,6 e 3,6 vezes. Após 10 minutos de impacto do óleo essencial, 73% das células bacterianas foram destruídas, e a sua morte total foi observada após 20 minutos de impacto (Tabela 34).

Após 5, 10 e 20 minutos de impacto da emulsão dispersiva 1:8 de óleo essencial contra a bactéria *Escherichia coli* TU-2, o número de células vivas diminuiu, respetivamente, 1,3; 1,7 e 4,8 vezes. Após 20 minutos de impacto do óleo essencial, 79% das células bacterianas foram destruídas e a sua morte total foi observada após 32 minutos de impacto (Tabela 34).

Após 5 minutos de impacto da emulsão dispersiva 1:3 do óleo essencial de menta piperitae, contra a bactéria gram-negativa *Pseudomonas aeruginosa* TU-3, o número de células vivas diminuiu 2,3 vezes em comparação com o controlo e a morte total das células ocorreu após 10 minutos de impacto (Tabela 35).

Após 5 e 10 minutos de impacto da emulsão dispersiva 1:4 de óleo essencial contra a bactéria *Pseudomonas aeruginosa* TU-3, o número de células vivas diminuiu, respetivamente, 1,5 e 3,4 vezes, em comparação com o controlo. Após 10 minutos de impacto do óleo essencial apenas 70% das células bacterianas são destruídas, e a sua morte total foi observada após 20 minutos de impacto (Tabela 35).

Tabela 34. **Efeito antibiótico do óleo essencial de menta piperitae contra a bactéria gram-negativa *Escherichia coli* TU-2**

The contact duration of bacterial cells with the essential oil, min	Different dispersions of essential oil emulsions											
	1:3		1:4		1:5		1:6		1:7		1:8	
	The amount of bacterial cells, 10^4CFU/ml (M±m)											
	T	C	T	C	T	C	T	C	T	C	T	C
5	0,0	27,1± 2,4	3,2± 0,1	26,8± 2,4	8± 0,4	26,6± 2,2	12,7± 1,1	27,0± 2,2	17± 1,4	26,6± 2,4	21,2± 2,0	26,8± 2,4
10	0,0	26,9± 2,5	0,0	26,6± 2,2	0,0	26,5± 2,4	0,0	26,9± 2,3	7,3± 0,4	26,6± 2,2	15,8± 1,4	26,8± 2,2
20	0,0	26,5± 2,1	0,0	26,2± 2,1	0,0	26,3± 2,1	0,0	26,7± 2,4	0,0	26,5± 2,4	5,6± 0,2	26,7± 2,3
30	0,0	26,1± 2,2	0,0	25,8± 2,2	0,0	25,1± 2,4	0,0	26,5± 2,2	0,0	26,4± 2,2	0,0	26,6± 2,4
40	0,0	25,7± 2,1	0,0	25,4± 2,4	0,0	24,8± 2,1	0,0	263± 2,4	0,0	26,3± 2,4	0,0	26,6± 2,3
50	0,0	25,3± 2,2	0,0	25,0± 2,2	0,0	24,5± 2,3	0,0	26,1± 2,2	0,0	26,2± 2,3	0,0	26,5± 2,3
60	0,0	24,9± 2,2	0,0	24,6± 2,1	0,0	24,2± 2,4	0,0	25,9± 2,3	0,0	26,1± 2,2	0,0	26,4± 2,2

Nota: T - Ensaio, C - Controlo

Após 5, 10 e 20 minutos de impacto da emulsão dispersiva 1:5 de óleo essencial contra a bactéria *Pseudomonas aeruginosa* TU-3, o número de células vivas diminuiu, respetivamente, 1,3; 1,8 e 7,0 vezes. Após 20 minutos de impacto do óleo essencial 80% das células bacterianas são destruídas, e a sua morte total foi observada após 30 minutos de impacto (Tabela 35).

Após 5, 10, 20 e 30 minutos de impacto da emulsão dispersiva 1:6 de óleo essencial contra a bactéria *Pseudomonas aeruginosa* TU-3, o número de células vivas diminuiu, respetivamente, 1,2; 1,5; 2,7 e 13 vezes. Após 30 minutos de impacto do óleo essencial, 92% das células bacterianas foram destruídas, e a sua morte total foi observada após 40 minutos de impacto (Tabela 35).

Tabela 35. **Efeito antibiótico do óleo essencial de menta piperitae contra a bactéria gram-negativa *Pseudomonas aeruginosa* TU-3**

The contact duration of bacterial cells with the essential oil, min	Different dispersions of essential oil emulsions											
	1:3		1:4		1:5		1:6		1:7		1:8	
	The amount of bacterial cells 10^4 CFU/ml (M±m)											
	T	C	T	C	T	C	T	C	T	C	T	C
5	12± 1,1	27,2± 2,1	17,7± 1,5	27,4± 2,2	21,1± 1,8	27,1± 2,4	23,2± 2,1	27,3± 2,2	24,6± 2,2	27,3± 2,5	25,0± 2,2	27,1± 2,3
10	0,0	27,0± 2,4	8,1± 0,4	27,2± 2,5	15,2± 1,2	26,9± 2,4	18,7± 1,6	27,2± 2,5	22,0± 2,1	27,3± 2,2	22,8± 2,1	27,1± 2,5
20	0,0	26,6± 2,1	0,0	26,9± 2,4	3,8± 0,2	26,6± 2,2	10,1± 0,8	27,0± 2,4	16,2± 1,4	16,2± 1,4	18,3± 1,7	27,0± 2,4
30	0,0	26,2± 2,23	0,0	26,5± 2,2	0,0	26,3± 2,1	2,1± 0,1	26,8± 2,4	9,9± 0,8	9,9± 0,7	14,1± 1,1	27,0± 2,3
40	0,0	25,8 ± 2,0	0,0	26,1± 2,3	0,0	26,0± 2,4	0,0	26,6± 2,2	4,3± 0,2	4,3± 0,2	9,7± 0,8	26,9± 2,5
50	0,0	25,4± 2,2	0,0	25,7± 2,4	0,0	25,7± 2,3	0,0	26,4± 2,4	0,0	0,0	5,3± 0,4	26,8± 2,3
60	0,0	25,0± 2,4	0,0	25,3± 2,2	0,0	25,4± 2,4	0,0	26,2± 2,1	0,0	0,0	0,0	26,8± 2,4

Nota: T - Ensaio, C - Controlo

Após 5, 10, 20, 30 e 40 minutos de impacto da emulsão dispersiva 1:7 de óleo essencial contra a bactéria *Pseudomonas aeruginosa* TU-3, o número de células vivas diminuiu, respetivamente, 1,1; 1,2; 1,7; 2,7 e 6,3 vezes. Após 40 minutos de impacto do óleo essencial, 84% das células bacterianas são destruídas, e a sua morte total foi observada após 50 minutos de impacto (Tabela 35).

Após 5, 10, 20, 30, 40 e 50 minutos de impacto da emulsão dispersiva 1:8 de óleo essencial contra a bactéria *Pseudomonas aeruginosa* TU-3, o número de células vivas diminuiu, respetivamente, 1,1; 1,2; 1,5; 1,9; 2,8 e 5,1 vezes. Após 50 minutos de impacto do óleo essencial, 80% das células bacterianas são destruídas, e a sua morte total foi observada após 60 minutos de impacto (Tabela 35).

Assim, ambas as espécies de bactérias gram-negativas mostraram alta sensibilidade contra o óleo essencial de menta piperita. No entanto, a bactéria *Escherichia coli* TU-2 foi mais sensível ao óleo essencial de menta piperate. Assim, após 5 minutos de impacto de emulsão dispersiva 1:3 de óleo essencial, 100% das células bacterianas *Escherichia coli* TU-2, 56% das células bacterianas *Pseudomonas aeruginosa* TU-3, foram mortas. Após 5 minutos de impacto de emulsões dispersivas de 1,4; 1,5; 1,6; 1,7 e 1,8 de óleo essencial contra bactérias, o número de células bacterianas destruídas *de Escherichia coli* TU-2 foi 5,5; 2,6; 1,7; 1,5; e 1,2 vezes maior do que as células bacterianas destruídas de *Pseudomonas aeruginosa* TU-3 (Tabela 34 e 35).

3.2. Atividade antimicrobiana do óleo essencial de foeniculum vulgare contra bactérias gram-negativas

Após 5 e 10 minutos de impacto de uma emulsão dispersiva 1:3 de óleo essencial de foeniculum vulgare contra a bactéria *Escherichia coli* TU-2, o número de células vivas diminuiu, respetivamente, 1,8 e 1,9 vezes, em comparação com o controlo. Após 10 minutos de impacto do óleo essencial, 89% das células bacterianas são destruídas, e a sua morte total foi observada após 20 minutos de impacto [152].

Após 5, 10 e 20 minutos de impacto da emulsão dispersiva 1:4 de óleo essencial contra a bactéria *Escherichia coli* TU-2, o número de células vivas diminuiu, respetivamente, 1,5; 2,6 e 13,3 vezes, sob a influência da emulsão dispersiva 1:5 de óleo essencial, o número de células vivas diminuiu, respetivamente, 1,3; 1,6 e 4,0 vezes em comparação com o controlo.

Após 20 minutos de impacto de emulsões dispersivas 1:4 e 1:5 de óleo essencial, 92 e 76% das células bacterianas são destruídas, e a sua morte total foi observada após 30 minutos de impacto (Tabela 36).

Após 5, 10, 20, 30 e 40 minutos de impacto da emulsão dispersiva 1:6 de óleo essencial contra a bactéria *Escherichia coli* TU-2, o número de células vivas diminuiu, respetivamente, 1,13; 1,3; 1,9; 3,6 e 35 vezes em comparação com o controlo. Após 40 minutos de impacto do óleo essencial, 97% das células bacterianas são destruídas, e a sua morte total foi observada após 50 minutos de impacto (Tabela 36).

Após 5, 10, 20, 30, 40 e 50 minutos de impacto da emulsão dispersiva 1:7 de óleo essencial contra a bactéria *Escherichia coli* TU-2, o número de células vivas diminuiu, respetivamente, 1,1; 1,2; 1,6; 2,2; 3,6 e 11,4 vezes. Após 50 minutos de impacto do óleo essencial 91% das células bacterianas são destruídas, e a sua morte total foi observada após 60 minutos de impacto (Tabela 36).

Tabela 36. **Efeito antibiótico do óleo essencial de foeniculum vulgare contra a bactéria gram-negativa *Escherichia coli* TU-2**

The contact duration of bacterial cells with the essential oil, min	Different dispersions of essential oil emulsions											
	1:3		1:4		1:5		1:6		1:7		1:8	
	Bacteriya hüceyrələrininmiqdarı 10^{4}CFU/ml (M±m)											
	T	C	T	C	T	C	T	C	T	C	T	C
5	15,4±1,2	28,4±2,4	19,7±1,7	28,6±2,4	22,4±2,0	28,3±2,5	25,3±2,3	28,7±2,5	25,9±2,1	28,5±2,4	26,7±2,4	28,4±2,2
10	3,1±0,2	28,2±2,5	10,8±1,0	28,4±2,2	17,6±1,5	28,2±2,4	21,8±1,9	28,6±2,4	23,8±2,2	28,5±2,5	24,8±2,2	28,4±2,6
20	0,0	27,8±2,3	2,1±0,1	28,0±2,6	6,8±0,3	28,0±2,4	14,7±1,1	28,4±2,6	18,0±1,7	28,4±2,4	18,7±1,7	28,3±2,4
30	0,0	27,4±2,4	0,0	27,6±2,5	0,0	27,8±2,2	7,7±0,6	28,2±2,3	13,0±1,2	28,3±2,6	15,6±1,1	27,2±2,5
40	0,0	27,0±2,1	0,0	27,2±2,2	0,0	27,5±2,3	0,8±0,04	28,0±2,4	7,8±0,6	28,2±2,6	12,5±1,1	27,1±2,2
50	0,0	26,7±2,5	0,0	26,8±2,3	0,0	27,2±2,1	0,0	27,8±2,5	2,4±0,2	28,0±2,2	9,4±0,6	27,1±2,5
60	0,0	26,3±2,3	0,0	26,4±2,3	0,0	26,9±2,4	0,0	27,6±2,2	0,0	28,0±2,4	6,1±0,5	27,0±2,2

Nota: T - Ensaio, C - Controlo

Após 5, 10, 20, 30, 40, 50 e 60 minutos de impacto da emulsão dispersiva 1:8 de óleo essencial contra a bactéria *Escherichia coli* TU-2, o número de células vivas diminuiu, respetivamente, 1,06; 1,14; 1,5; 1,8; 2,2; 2,9 e 4,5 vezes. Após 60 minutos de impacto do óleo essencial, apenas 77% das células bacterianas foram destruídas (Tabela 36).

Após 5 e 10 minutos de impacto da emulsão dispersiva 1:3 de óleo essencial de foeniculum vulgare contra a bactéria *Pseudomonas aeruginosa* TU-3, o número de células vivas diminuiu, respetivamente, 1,9 e 9,8 vezes, em comparação com o controlo. Após 10 minutos de impacto do óleo essencial, 90% das células bacterianas são destruídas, e a sua morte total foi observada após 20 minutos de impacto (Tabela 37).

Após 5, 10 e 20 minutos de impacto da emulsão dispersiva 1:4 de óleo essencial contra a bactéria *Pseudomonas aeruginosa* TU-3, o número de células vivas diminuiu, respetivamente, 1,5; 2,9 e 25,8 vezes, sob a influência da emulsão dispersiva 1:5 de óleo essencial o número de células vivas diminuiu, respetivamente, 1,3; 1,7 e 4,4 vezes, em comparação com o controlo. Após 20 minutos de impacto das emulsões dispersivas 1:4 e 1:5 de óleo essencial, 96 e 77% das células bacterianas foram destruídas e a sua morte total foi observada após 30 minutos de impacto (Tabela 37).

Após 5, 10, 20 e 30 minutos de impacto da emulsão dispersiva 1:6 de óleo essencial contra a bactéria *Pseudomonas aeruginosa* TU-3, o número de células vivas diminuiu, respetivamente, 1,2; 1,4; 2,2 e 4,5 vezes. Após 30 minutos de impacto do óleo essencial, 78% das células bacterianas são destruídas, e a sua morte total foi observada após 40 minutos de impacto (Tabela 37).

Tabela 37. **Efeito antibiótico do óleo essencial de foeniculum vulgare contra a bactéria gram-negativa *Pseudomonas aeruginosa* TU-3**

The contact duration of bacterial cells with the essential oil, min	Different dispersions of essential oil emulsions											
	1:3		1:4		1:5		1:6		1:7		1:8	
	The amount of bacterial cells 10^4CFU /ml (M±m)											
	T	C	T	C	T	C	T	C	T	C	T	C
5	14,0± 1,2	26,0± 2,3	17,4± 1,6	26,2± 2,4	20,2± 1,7	26,1± 2,4	22,5± 2,1	25,9± 2,2	23,6± 2,1	26,0± 2,4	24,5± 2,2	26± 2,5
10	2,6± 2,1	25,8± 2,4	8,8± 0,5	26,2± 2,1	15,4± 1,4	25,9± 2,2	19,6± 1,8	25,8± 2,4	21,2± 2,0	26,0± 2,3	22,5± 2,1	26± 2,4
20	0,0	25,4± 2,2	1,0± 0,06	25,8± 2,3	5,8± 0,2	25,6± 2,3	11,4± 1,1	25,6± 2,3	16,3± 1,5	25,9± 2,4	19,1± 1,8	26± 2,4
30	0,0	+	0,0	25,4± 2,2	0,0	25,3± 2,4	5,6± 0,3	25,4± 2,4	11,4± 0,9	25,8± 2,1	15,5± 1,4	25,9± 2,3
40	0,0	+	0,0	+	0,0	+	0,0	25,2± 2,3	6,6± 0,4	25,7± 2,3	12,0± 1,1	25,8± 2,4
50	0,0	+	0,0	+	0,0	+	0,0	+	2,0± 0,1	25,6± 2,4	8,5± 0,6	25,7± 2,5
60	0,0	+	0,0	+	0,0	+	0,0	+	0,0	25,5± 2,4	5,0± 0,2	25,7± 2,3

Nota: T - Ensaio, C - Controlo

Após 5, 10, 20, 30, 40 e 50 minutos de impacto da emulsão dispersiva 1:7 de óleo essencial contra a bactéria *Pseudomonas aeruginosa* TU-3, o número de células vivas diminuiu, respetivamente, 1,1; 1,2; 1,6; 2,2; 3,8 e 12,8 vezes. Após 50 minutos de impacto do óleo essencial, 92% das células bacterianas são destruídas, e a sua morte total foi observada após 60 minutos de impacto (Tabela 37).

Após 5, 10, 20, 30, 40, 50 e 60 minutos de impacto da emulsão dispersiva 1:8 de óleo essencial contra a bactéria *Pseudomonas aeruginosa* TU-3, o número de células vivas diminuiu, respetivamente, 1,1; 1,2; 1,4; 1,6; 2,1; 2,9 e 5,0 vezes. Após 60 minutos de impacto do óleo essencial, 81% das células bacterianas foram destruídas (Tabela 37).

Assim, o óleo essencial de foeniculum vulgare mostra um forte efeito bactericida contra as bactérias gram-negativas *Escherichia coli* TU-2 e *Pseudomonas aeruginosa* TU-3 e as bactérias não diferem umas das outras na sensibilidade ao óleo essencial.

3.3. Atividade antimicrobiana do óleo essencial de ocimum basilicum contra bactérias gram-negativas

Após 5, 10, 20 e 30 minutos de impacto da emulsão dispersiva 1:3 do óleo essencial de ocimum basilicum contra a bactéria gram-negativa *Escherichia coli* TU-2, o número de células vivas diminuiu, respetivamente, 1,3; 1,7; 4,2 e 156 vezes, sob a influência da emulsão dispersiva 1:4 do óleo essencial o número de células vivas diminuiu, respetivamente, 1,2; 1,4; 2,5 e 6,8 vezes, em comparação com o controlo. Após 30 minutos de impacto das emulsões dispersivas 1:3 e 1:4 de óleo essencial, 99,4 e 85% das células bacterianas foram destruídas e a sua morte total foi observada após 40 minutos de impacto (Tabela 38).

Após 5, 10, 20, 30 e 40 minutos de impacto da emulsão de dispersão 1:5 de óleo essencial de ocimum basilicum contra a bactéria gram-negativa *Escherichia coli* TU-2, o número de células vivas diminuiu, respetivamente, 1,13; 1,3; 1,9; 3,9 e 8,6 vezes, sob a influência da emulsão de dispersão 1:6 de óleo essencial, o número de células vivas diminuiu, respetivamente, 1,1, 1,2; 1,8; 3,1 e 6,2 vezes, em comparação com o controlo. Após 40 minutos de impacto das emulsões dispersivas 1:3 e 1:4 de óleo essencial, 89 e 84% das células bacterianas são destruídas, e a sua morte total foi observada após 50 minutos de impacto (Tabela 38).

Tabela 38. **Efeito antibiótico do óleo essencial de ocimum basilicum contra a bactéria gram-negativa *Escherichia coli* TU-2**

The contact duration of bacterial cells with the essential oil, min	Different dispersions of essential oil emulsions											
	1:3		1:4		1:5		1:6		1:7		1:8	
	BaCteriya hüceyrələrininmiqdarı 10^4CFU/ml (M±m)											
	T	C	T	C	T	C	T	C	T	C	T	C
5	25,6± 2,4	32,1± 3,1	26,3± 2,4	31,4± 3,0	28,4± 2,6	32,3± 3,1	27,6± 2,4	30,6± 2,8	28,1± 2,4	30,2± 2,6	30,2± 2,8	31,8± 3,0
10	18,4± 1,6	31,1± 2,8	21,2± 2,0	31,2± 3,0	24,6± 2,2	32,2± 3,1	24,5± 2,2	30,5± 2,7	25,6± 2,2	30,2± 2,8	27,4± 2,4	31,8± 2,8
20	7,4± 0,6	31,5± 2,9	12,4± 1,1	30,8± 2,6	16,7± 1,5	32,0± 3,0	17,2± 1,6	30,3± 2,8	20,4± 1,8	30,1± 2,4	24,1± 2,2	31,8± 2,9
30	0,2± 0,01	31,1± 3,0	4,5± 0,2	30,4± 2,8	8,1± 0,4	31,8± 2,8	9,6± 0,5	30,1± 2,6	13,2± 1,2	30± 2,8	17,8± 1,6	31,7± 2,7
40	0,0	32,7± 3,1	0,0	30,0± 2,4	3,6± 0,2	31,5± 2,9	4,8± 0,2	29,9± 2,8	8,4± 0,6	29,9± 2,6	12,4± 1,1	31,6± 2,6
50	0,0	+	0,0	+	0,0	31,2± 3,0	0,0	29,7± 2,6	3,6± 0,1	29,8± 2,8	7,4± 0,4	31,5± 2,8
60	0,0	+	0,0	+	0,0	+	0,0	29,5± 2,7	0,0	29,7± 2,7	2,8± 0,1	31,4± 3,0

Nota: T - Ensaio, C - Controlo

Após 5, 10, 20, 30, 40 e 50 minutos de impacto da emulsão dispersiva 1:7 de óleo essencial contra a bactéria *Escherichia coli* TU-2, o número de células vivas diminuiu, respetivamente, 1,1; 1,2; 1,5; 2,2; 3,4 e 8,0 vezes. Após 50 minutos de impacto do óleo essencial 88% das células bacterianas são destruídas, e a sua morte total foi observada após 60 minutos de impacto (Tabela 38).

Após 5, 10, 20, 30, 40, 50 e 60 minutos de impacto da emulsão dispersiva 1:8 de óleo essencial contra a bactéria *Escherichia coli* TU-2, o número de células vivas diminuiu, respetivamente, 1,1; 1,2; 1,4; 1,8; 2,4; 3,9 e 11 vezes. Após 60 minutos de impacto do óleo essencial, 91% das células bacterianas foram destruídas (Tabela 38).

Após 5, 10 e 20 minutos de impacto da emulsão dispersiva 1:3 de óleo essencial de ocimum basilicum contra a bactéria gram-negativa *Pseudomonas aeruginosa* TU-3, o número de células vivas diminuiu, respetivamente, 1,3; 1,9 e 10 vezes, sob a influência da emulsão dispersiva 1:4 de óleo essencial o número de células vivas diminuiu, respetivamente, 1,2; 1,7 e 4,7 vezes, em comparação com o controlo. Após 20 minutos de impacto das emulsões dispersivas 1:3 e 1:4 de óleo essencial, 90 e 80% das células bacterianas são destruídas, e a sua morte total foi observada após 30 minutos de impacto (Tabela 39).

Após 5, 10, 20 e 30 minutos de impacto da emulsão dispersiva 1:5 de óleo essencial contra a bactéria *Pseudomonas aeruginosa* TU-3, o número de células vivas diminuiu, respetivamente, 1,1; 1,3; 2,1 e 4,9 vezes. Após 30 minutos de impacto do óleo essencial, 80% das células bacterianas foram destruídas e a sua morte total foi observada após 40 minutos de impacto (Tabela 39).

Após 5, 10, 20, 30 e 40 minutos de impacto da emulsão dispersiva 1:6 de óleo essencial contra a bactéria *Pseudomonas aeruginosa* TU-3, o número de células vivas diminuiu, respetivamente, 1,04; 1,14; 1,4; 2,4 e 7 vezes. Após 40 minutos de impacto do óleo essencial, 86% das células bacterianas foram destruídas e a sua morte total foi observada após 50 minutos de impacto (Tabela 39).

Tabela 39. **Efeito antibiótico do óleo essencial de ocimum basilicum contra a bactéria gram-negativa *Pseudomonas aeruginosa* TU-3**

The contact duration of bacterial cells with the essential oil, min	Different dispersions of essential oil emulsions											
	1:3		1:4		1:5		1:6		1:7		1:8	
	The amount of bacterial cells 10^4 CFU/ml (M±m)											
	T	C	T	C	T	C	T	C	T	C	T	C
5	19,4±1,6	25,4±2,2	21,1±2,0	26,2±2,3	22,0±2,1	24,8±2,2	22,6±2,0	23,6±2,1	24,8±2,2	25,8±2,4	23,8±2,2	24,5±2,1
10	13,2±1,1	25,2±2,3	15,2±1,1	26,0±2,2	18,4±1,7	24,6±2,3	20,4±1,9	23,5±2,1	23,2±2,1	25,8±2,3	22,4±2,1	24,5±2,3
20	2,4±0,1	24,8±2,2	5,3±0,3	25,6±2,1	11,2±0,9	24,3±2,2	16,8±1,5	23,3±2,2	20,4±1,8	25,7±2,4	20,6±1,9	24,4±2,2
30	0,0	24,4±2,1	0,0	25,2±2,3	4,8±0,3	24,0±2,1	9,4±0,6	23,1±2,1	16,8±1,5	25,6±2,4	17,8±1,6	24,4±2,3
40	0,0	+	0,0	+	0,0	23,7±2,0	3,2±0,2	22,9±1,8	10,2±0,8	25,5±2,4	12,6±1,1	23,3±2,1
50	0,0	+	0,0	+	0,0	+	0,0	22,7±2,1	4,3±0,2	25,4±2,4	7,8±0,4	23,3±2,2
60	0,0	+	0,0	+	0,0	+	0,0	+	0,0	25,3±2,3	2,4±0,1	23,2±2,1

Nota: T - Ensaio, C - Controlo

Após 5, 10, 20, 30, 40 e 50 minutos de impacto da emulsão dispersiva 1:7 de óleo essencial contra a bactéria *Pseudomonas aeruginosa* TU-3, o número de células vivas diminuiu, respetivamente, 1,04; 1,1; 1,3; 1,5; 2,2 e 5,7 vezes. Após 50 minutos de impacto do óleo essencial, 83% das células bacterianas foram destruídas e a sua morte total foi observada após 60 minutos de impacto (Tabela 39).

Após 5, 10, 20, 30, 40, 50 e 60 minutos de impacto da emulsão dispersiva 1:8 de óleo essencial contra a bactéria *Pseudomonas aeruginosa* TU-3, o número de células vivas diminuiu, respetivamente, 1,02; 1,1; 1,2; 1,4; 1,8; 3,0 e 9,7 vezes. Após 60 minutos de impacto do óleo essencial, 90% das células bacterianas foram destruídas (Tabela 39).

Assim, o óleo essencial de ocimum basilicum apresenta um efeito bactericida semelhante contra ambas as espécies de bactérias gram-negativas. No entanto, o impacto das emulsões dispersivas 1:3 e 1:4 de óleo essencial contra a bactéria *Pseudomonas aeruginosa*, respetivamente, é 1,2 e 1,3 vezes superior ao efeito bactericida sobre a bactéria *Escherichia coli* (Tabela 38 e 39).

3.4. Atividade antimicrobiana do óleo essencial de coriandrum sativum contra bactérias gram-negativas

Após 5, 10, 20, 30, 40 e 50 minutos de impacto da emulsão dispersiva 1:3 do óleo essencial de coriandrum sativum contra a bactéria gram-negativa *Escherichia coli* TU-2, o número de células vivas diminuiu, respetivamente, 1,2; 1,5; 2,0; 2,7; 4,8 e 19 vezes, em comparação com o controlo. Após 50 minutos de impacto do óleo essencial, 95% das células bacterianas foram destruídas e a sua morte total foi observada após 60 minutos de impacto [145].

Após 5, 10, 20, 30, 40, 50 e 60 minutos de impacto da emulsão dispersiva 1:4 de óleo essencial contra a bactéria gram-negativa *Escherichia coli* TU-2, o número de células vivas diminuiu, respetivamente, 1,1; 1,2; 1,5; 1,9; 2,6; 4,6 e 13 vezes. Após 60 minutos de impacto do óleo essencial, 92% das células bacterianas foram destruídas (Tabela 40).

Após 5, 10, 20, 30, 40, 50 e 60 minutos de impacto da emulsão dispersiva 1:5 de óleo essencial contra a bactéria *Escherichia coli* TU-2, o número de células vivas diminuiu, respetivamente, 1,1; 1,2; 1,3;

1,6; 2,2; 3,2 e 6,3 vezes. Após 60 minutos de impacto do óleo essencial, 84% das células bacterianas foram destruídas (Tabela 40).

Tabela 40. **Efeito antibiótico do óleo essencial de Coriandrum satvium contra a bactéria gram-negativa *Escherichia coli* TU-2**

The contact duration of bacterial cells with the essential oil, min	Different dispersions of essential oil emulsions											
	1:3		1:4		1:5		1:6		1:7		1:8	
	The amount of bacterial cells 10^4CFU/ml (M±m)											
	T	C	T	C	T	C	T	C	T	C	T	C
5	20,8±1,8	25,1±2,2	22,6±2,1	24,8±2,2	23,8±2,1	25,2±2,4	24,0±2,2	25,0±2,1	20,4±1,6	21,2±2,0	24,6±2,2	25,2±2,2
10	16,7±1,4	24,9±2,1	20,4±1,8	24,6±2,3	21,6±1,7	25,1±2,1	23,0±2,1	24,9±1,9	19,5±1,7	21,2±1,7	23,5±2,1	25,2±2,1
20	12,4±1,1	24,5±2,3	16,4±1,4	24,2±2,1	18,8±1,6	24,9±2,2	21,1±1,7	24,7±2,4	17,3±1,5	21,1±1,8	21,8±2,0	25,1±2,4
30	8,8±0,6	24,1±2,2	12,4±1,1	23,8±2,2	15,0±1,4	24,7±1,7	18,6±1,6	24,5±2,3	15,4±1,1	21,0±2,1	20,0±1,8	25,0±2,2
40	4,9±0,4	23,7±2,3	8,9±0,7	23,4±2,2	11,2±1,1	24,4±2,2	15,1±1,1	24,3±2,3	13,6±1,2	20,9±1,7	16,8±1,5	25,0±2,1
50	1,3±0,1	24,3±2,1	5,0±0,3	23,0±2,1	7,6±0,4	24,1±2,1	11,9±0,7	24,1±1,8	11,8±0,7	20,8±1,6	14,3±1,1	24,9±2,3
60	0,0	23,9±2,1	1,8±0,1	22,3±1,9	3,8±0,2	23,8±1,8	7,2±0,5	23,9±2,3	9,7±0,7	20,7±1,4	11,7±0,8	24,8±2,4

Nota: T - Ensaio, C - Controlo

Após 5, 10, 20, 30, 40, 50 e 60 minutos de impacto da emulsão dispersiva 1:6 de óleo essencial contra a bactéria *Escherichia coli* TU-2, o número de células vivas diminuiu, respetivamente, 1,04; 1,1; 1,2; 1,3; 1,6; 2,0 e 3,3 vezes. Após 60 minutos de impacto do óleo essencial, 70% das células bacterianas foram destruídas (Tabela 40).

Após 5, 10, 20, 30, 40, 50 e 60 minutos de impacto da emulsão dispersiva 1:7 de óleo essencial contra a bactéria *Escherichia coli* TU-2, o número de células vivas diminuiu, respetivamente, 1,04; 1,1; 1,2; 1,3; 1,5; 1,8 e 2,2 vezes. Após 60 minutos de impacto do óleo essencial, 55% das células bacterianas foram destruídas (Tabela 40).

Após 5, 10, 20, 30, 40, 50 e 60 minutos de impacto da emulsão dispersiva 1:8 de óleo essencial contra a bactéria *Escherichia coli* TU-2, o número de células vivas diminuiu, respetivamente, 1,02; 1,05; 1,2; 1,3; 1,4; 1,7 e 2,1 vezes. Após 60 minutos de impacto do óleo essencial, 53% das células bacterianas foram destruídas (Tabela 40).

Após 5, 10, 20, 30, 40, 50 e 60 minutos de impacto da emulsão dispersiva 1:3 de óleo essencial contra a bactéria gram-negativa *Pseudomonas aeruginosa* TU-3, o número de células vivas diminuiu, respetivamente, 1,13; 1,3; 1,6; 2,0; 3,0; 5,1 e 22 vezes, em comparação com o controlo. Após 60 minutos de impacto do óleo essencial, 95% das células bacterianas foram destruídas (Tabela 41).

Tabela 41. **Efeito antibiótico do óleo essencial de Coriandrum sativum contra a bactéria gram-negativa *Pseudomonas aeruginosa* TU-3**

The contact duration of bacterial cells with the essential oil, min	Different dispersions of essential oil emulsions											
	1:3		1:4		1:5		1:6		1:7		1:8	
	The amount of bacterial cells 10^4CFU/ml (M±m)											
	T	C	T	C	T	C	T	C	T	C	T	C
5	23,4±2,1	26,5±2,4	24,6±2,2	26,4±2,5	24,8±2,2	26,8±2,1	25,0±2,2	26,6±2,4	25,4±2,2	26,6±2,3	25,8±2,3	26,4±2,2
10	20,5±1,8	26,3±2,1	22,7±2,1	26,2±2,4	22,8±2,0	26,6±2,4	23,1±2,1	26,5±2,1	24,6±2,2	26,6±2,2	25,0±2,4	26,4±2,2
20	16,6±1,4	25,9±2,2	18,8±1,7	25,8±2,1	19,7±1,7	26,3±2,1	20,0±1,7	26,3±2,4	22,4±2,1	26,5±2,3	23,2±2,1	26,4±2,3
30	12,7±1,1	25,5±2,4	14,7±1,1	25,4±2,2	16,8±1,4	26,0±2,3	17,1±1,6	26,1±2,4	20,6±1,8	26,4±2,4	21,6±1,8	26,3±2,5
40	8,5±0,7	25,1±2,2	10,4±0,9	25,0±2,4	13,6±1,1	25,7±2,4	14,0±1,1	25,9±2,2	17,2±1,3	26,3±2,4	18,7±1,1	26,3±2,4
50	4,8±0,3	24,7±2,3	6,2±0,4	24,6±2,1	9,8±0,7	25,4±2,4	10,6±0,8	25,7±2,2	13,6±1,1	26,2±2,2	15,4±1,1	26,2±2,4
60	1,1±0,1	24,5±2,2	2,4±0,1	24,2±2,1	5,9±0,2	25,1±2,2	6,5±0,3	25,5±2,1	9,2±0,7	26,1±2,5	13,1±1,2	26,2±2,6

Nota: T - Ensaio, C - Controlo

Após 5, 10, 20, 30, 40, 50 e 60 minutos de impacto da emulsão dispersiva 1:4 de óleo essencial contra a bactéria gram-negativa *Pseudomonas aeruginosa* TU-3, o número de células vivas diminuiu, respetivamente, 1,1; 1,2; 1,4; 1,7; 2,4; 4,0 e 10 vezes. Após 60 minutos de impacto do óleo essencial, 90% das células bacterianas foram destruídas (Tabela 41).

Após 5, 10, 20, 30, 40, 50 e 60 minutos de impacto da emulsão dispersiva 1:5 de óleo essencial contra a bactéria gram-negativa *Pseudomonas aeruginosa* TU-3, o número de células vivas diminuiu, respetivamente, 1,1; 1,2; 1,34; 1,5; 1,9; 2,6 e 4,3 vezes. Após 60 minutos de impacto do óleo essencial, apenas 76% das células bacterianas foram destruídas (Tabela 41).

Após 5, 10, 20, 30, 40, 50 e 60 minutos de impacto da emulsão dispersiva 1:6 de óleo essencial contra a bactéria gram-negativa *Pseudomonas aeruginosa* TU-3, o número de células vivas diminuiu, respetivamente, 1,1;1,2; 1,3; 1,5; 1,9; 2,4 e 3,9 vezes. Após 60 minutos de impacto do óleo essencial, 75% das células bacterianas foram destruídas (Tabela 41).

Após 5, 10, 20, 30, 40, 50 e 60 minutos de impacto da emulsão dispersiva 1:7 de óleo essencial contra a bactéria gram-negativa *Pseudomonas aeruginosa* TU-3, o número de células vivas diminuiu, respetivamente, 1,05; 1,1; 1,2; 1,3; 1,5; 1,9 e 2,8 vezes. Após 60 minutos de impacto do óleo essencial, 66% das células bacterianas foram destruídas (Tabela 41).

Após 5, 10, 20, 30, 40, 50 e 60 minutos de impacto da emulsão dispersiva 1:8 de óleo essencial contra a bactéria gram-negativa *Pseudomonas aeruginosa* TU-3, o número de células vivas diminuiu, respetivamente, 1,02; 1,1; 1,14; 1,2; 1,4; 1,7 e 2,0 vezes. Após 60 minutos de impacto do óleo essencial, 50% das células bacterianas foram destruídas (Tabela 41).

Assim, foi determinado que o efeito bactericida do óleo essencial de coriandrum sativum contra bactérias gram-negativas é fraco. No entanto, após 60 minutos de efeito da emulsão dispersiva 1:3, o efeito bactericida contra *Escherichia coli* TU-2 foi maior em comparação com a bactéria *Pseudomonas aeruginosa* TU-3. Assim, neste caso, 100% das células bacterianas *Escherichia coli* TU-2 e 95% das células bacterianas *Pseudomonas aeruginosa* TU-3 foram destruídas. À medida que a dispersão do óleo essencial diminui, o efeito bactericida do óleo essencial contra bactérias gram-negativas é fortemente reduzido. Após 60 minutos de impacto da emulsão de dispersão 1:8 de óleo essencial, 53% das células bacterianas *Escherichia coli* TU-2, 50% das células bacterianas *Pseudomonas aeruginosa* TU-3 foram reduzidas.

3.5. Atividade antimicrobiana do óleo essencial de saturea laxiflora contra bactérias gram-negativas

Após 5 minutos de impacto de emulsões dispersivas 1:3 e 1:4 de óleo essencial de Saturea laxiflora contra a bactéria *Escherichia coli* TU-2, 100% das células vivas foram destruídas [58, 144].

Após 5 minutos de impacto de emulsões dispersivas de óleo essencial 1:5 e 1:6, o número de células vivas diminuiu, respetivamente, 4,4 e 2,9 vezes, pelo que 73 e 58% das células foram destruídas em comparação com o controlo. No entanto, a morte de todas as células foi observada após 10 minutos de impacto (Tabela 42).

Após 5 e 10 minutos de impacto da emulsão dispersiva 1:7 do óleo essencial contra a bactéria gram-negativa *Escherichia coli* TU-2, o número de células vivas diminuiu, respetivamente, 1,6 e 4,2 vezes, em comparação com o controlo. Após 10 minutos de impacto do óleo essencial, 76% das células bacterianas foram destruídas e a morte total foi observada após 20 minutos de impacto (Tabela 42).

Tabela 42. **Efeito antibiótico do óleo essencial de Saturea laxiflora contra a bactéria gram-negativa *Escherichia coli* TU-2**

The contact duration of bacterial cells with the essential oil, min	Different dispersions of essential oil emulsions											
	1:3		1:4		1:5		1:6		1:7		1:8	
	The amount of bacterial cells 10^4CFU/ml (M±m)											
	T	C	T	C	T	C	T	C	T	C	T	C
5	0,0	25,3± 2,3	0,0	25,5± 2,2	0,0	25,6± 2,4	10,6± 0,8	25,0± 2,1	15,6± 1,2	25,3± 2,2	21,1± 1,8	25,4± 2,3
10	0,0	+	0,0	+	0,0	25,1± 2,2	0,0	24,9± 2,2	6,0± 0,2	25,3± 2,4	16,7± 1,4	25,4± 2,2
20	0,0	+	0,0	+	0,0	+	0,0	+	0,0	24,2± 2,0	9,1± 0,3	25,3± 2,2
30	0,0	+	0,0	+	0,0	+	0,0	+	0,0	+	0,8± 0,04	25,2± 2,4
40	0,0	+	0,0	+	0,0	+	0,0	+	0,0	+	0,0	25,1± 2,2
50	0,0	+	0,0	+	0,0	+	0,0	+	0,0	+	0,0	+
60	0,0	+	0,0	+	0,0	+	0,0	+	0,0	+	0,0	+

Nota: T - Ensaio, C - Controlo

Após 5, 10, 20 e 30 minutos de impacto da emulsão dispersiva 1:8 de óleo essencial contra a bactéria gram-negativa *Escherichia coli* TU-2, o número de células vivas diminuiu, respetivamente, 1,2; 1,5;
2.8 e 32 vezes. Após 30 minutos de impacto do óleo essencial, 97% das células bacterianas foram destruídas e a morte total foi observada após 40 minutos de impacto (Tabela 42).

Após 5 minutos de impacto da emulsão dispersiva 1:3 do óleo essencial de saturea laxiflora contra a bactéria gram-negativa *Pseudomonas aeruginosa* TU-3, o número de células vivas diminuiu, respetivamente, 2,5 vezes, em comparação com o controlo. Após 5 minutos de impacto do óleo essencial, 61% das células bacterianas foram destruídas e a morte total foi observada após 10 minutos de impacto (Tabela 43).

Após 5 e 10 minutos de impacto da emulsão dispersiva 1:4 de óleo essencial contra a bactéria gram-negativa *Pseudomonas aeruginosa* TU-3, o número de células vivas diminuiu, respetivamente, 1,6 e 4,5 vezes. Após 30 minutos de impacto do óleo essencial, 78% das células bacterianas foram destruídas (Tabela 43).

Após 5, 10 e 20 minutos de impacto da emulsão dispersiva 1:5 de óleo essencial contra a bactéria

gram-negativa *Pseudomonas aeruginosa* TU-3, o número de células vivas diminuiu, respetivamente, 1,3;
1.9 e 19 vezes e após o impacto da emulsão dispersiva 1:6, o número de células vivas diminuiu, respetivamente, 1,2; 1,5 e 3,3 vezes. Após 20 minutos de impacto de emulsões dispersivas 1:3 e 1:4 de óleo essencial, 95 e 70% das células bacterianas foram destruídas (Tabela 43).

Após 5, 10, 20, 30 e 40 minutos de impacto da emulsão dispersiva 1:7 de óleo essencial contra a bactéria gram-negativa *Pseudomonas aeruginosa* TU-3, o número de células vivas diminuiu, respetivamente, 1,12; 1,3; 1,8; 3,3 e 13,7 vezes. Após 40 minutos de impacto do óleo essencial, 93% das células bacterianas foram destruídas e a morte total foi observada após 50 minutos de impacto (Tabela 43).

Após 5, 10, 20, 30, 40 e 50 minutos de impacto da emulsão dispersiva 1:8 de óleo essencial contra a bactéria gram-negativa *Pseudomonas aeruginosa* TU-3, o número de células vivas diminuiu, respetivamente, 1,1; 1,2; 1,6; 2,1; 3,4 e 8,7 vezes. Após 50 minutos de impacto do óleo essencial, 88% das células bacterianas foram destruídas e a morte total foi observada após 60 minutos de impacto (Tabela 43).

Tabela 43. **Efeito antibiótico do óleo essencial de saturea laxiflora selvagem contra a bactéria gram-negativa *Pseudomonas aeruginosa* TU-3**

The contact duration of bacterial cells with the essential oil, min	Different dispersions of essential oil emulsions											
	1:3		1:4		1:5		1:6		1:7		1:8	
	The amount of bacterial cells 10^4CFU/ml (M±m)											
	T	C	T	C	T	C	T	C	T	C	T	C
5	9,6±0,4	24,8±2,1	15,2±1,4	25,0±2,1	18,6±1,5	24,7±2,2	20,6±1,8	24,8±2,2	22,1±2,0	24,9±2,3	22,5±2,0	24,7±2,2
10	0,0	24,6±2,2	5,5±0,4	24,8±2,3	12,7±0,9	24,5±2,1	16,1±1,2	24,7±2,3	19,5±1,8	24,9±2,2	20,3±1,8	24,7±2,2
20	0,0	+	0,0	24,4±2,2	1,3±0,1	24,2±2,2	7,5±0,5	24,5±1,9	13,7±1,2	24,8±2,1	15,8±1,4	24,6±2,3
30	0,0	+	0,0	+	0,0	23,9±1,8	0,0	24,3±2,2	7,4±0,6	24,7±2,2	11,5±1,1	24,5±2,2
40	0,0	+	0,0	+	0,0	+	0,0	+	1,8±0,1	24,6±2,3	7,2±0,3	24,5±2,1
50	0,0	+	0,0	+	0,0	+	0,0	+	0,0	23,5±2,1	2,8±0,2	24,4±2,1
60	0,0	+	0,0	+	0,0	+	0,0	+	0,0	+	0,0	24,4±1,8

Nota: T - Ensaio, C - Controlo

Assim, o óleo essencial de Saturea laxiflora tem um efeito bactericida muito forte em bactérias gram-negativas. A sensibilidade da bactéria *Escherichia coli* TU-2 contra emulsões dispersivas 1:3 e 1:4 de óleo essencial é 1,6 e 2,5 vezes maior do que a sensibilidade da bactéria *Pseudomonas aeruginosa* TU-3.

3.6. Atividade antimicrobiana do óleo essencial de Rosmarinus officinalis contra bactérias gram-negativas

Após 5 e 10 minutos de impacto da emulsão dispersiva 1:3 do óleo essencial de Rosmarinus officinalis contra a bactéria gram-negativa *Escherichia coli* TU-2, o número de células vivas diminuiu, respetivamente, 1,6 e 4,3 vezes, sob a influência da emulsão dispersiva 1:4 o número de células vivas diminuiu, respetivamente, 1,6 e 3,6 vezes, sob a influência da emulsão dispersiva 1:5 o número de células vivas diminuiu, respetivamente, 1,4 e 2,4 vezes, em comparação com o controlo. Após 10 minutos de impacto de emulsões e dispersões 1:3, 1:4, 1:5 e 1:6 de óleo essencial, 77, 72, 66 e 58% das células bacterianas são destruídas, e a sua morte total foi observada após 20 minutos de impacto [57].

Após 5, 10 e 20 minutos de impacto da emulsão dispersiva 1:7 do óleo essencial contra a bactéria gram-negativa *Escherichia coli* TU-2, o número de células vivas diminuiu, respetivamente, 1,3; 1,9 e 23 vezes, em comparação com o controlo. Após 20 minutos de impacto do óleo essencial, 96% das células bacterianas foram destruídas e a morte total foi observada após 30 minutos de impacto (Tabela 44).

Tabela 44. **Efeito antibiótico do óleo essencial de Rosmarinus officinalis contra a bactéria gram-negativa *Escherichia coli* TU-2**

The contact duration of bacterial cells with the essential oil, min	Different dispersions of essential oil emulsions											
	1:3		1:4		1:5		1:6		1:7		1:8	
	The amount of bacterial cells 10^4CFU/ml (M±m)											
	T	C	T	C	T	C	T	C	T	C	T	C
5	18,4± 1,6	30± 2,6	19,1± 1,7	30,1± 2,7	20,0± 1,7	29,9± 2,5	21,3± 1,9	29,8± 2,8	22,9± 2,1	30,0± 2,6	24,7± 2,2	30,0± 2,8
10	7± 0,4	29,8± 2,8	8,3± 0,5	29,9± 2,8	10,0± 0,7	29,7± 2,4	12,4± 1,1	29,7± 2,6	15,6± 1,4	30,0± 2,7	19,4± 1,6	30,0± 2,7
20	0,0	29,4± 2,7	0,0	29,5± 2,5	0,0	29,5± 2,6	0,0	29,5± 2,8	1,3± 0,1	29,9± 2,8	9,5± 0,7	29,92,8
30	0,0	+	0,0	+	0,0	+	0,0	+	0,0	29,8± 2,5	0,2± 0,01	29,82,4
40	0,0	+	0,0	+	0,0	+	0,0	+	0,0	+	0,0	29,82,6
50	0,0	+	0,0	+	0,0	+	0,0	+	0,0	+	0,0	+
60	0,0	+	0,0	+	0,0	+	0,0	+	0,0	+	0,0	+

Nota: T - Ensaio, C - Controlo

Após 5, 10, 20 e 30 minutos de impacto da emulsão dispersiva 1:8 de óleo essencial contra a bactéria gram-negativa *Escherichia coli* TU-2, o número de células vivas diminuiu, respetivamente, 1,2; 1,5; 3,1 e 149 vezes, em comparação com o controlo. Após 30 minutos de impacto do óleo essencial, 99,3% das células bacterianas foram destruídas e a morte total foi observada após 40 minutos de impacto (Tabela 44).

Após 5 e 10 minutos de impacto da emulsão dispersiva 1:3 de óleo essencial de Rosmarinus officinalis contra a bactéria gram-negativa *Pseudomonas aeruginosa* TU-3, o número de células vivas diminuiu, respetivamente, 1,5 e 3,0 vezes, sob a influência da emulsão dispersiva 1:4 de óleo essencial o número de células vivas diminuiu, respetivamente, 1,5 e 2,0 vezes em comparação com o controlo. Após 10 minutos de impacto das emulsões dispersivas 1:3 e 1:4 de óleo essencial, 86 e 60% das células bacterianas foram destruídas e a sua morte total foi observada após 20 minutos de impacto (Tabela 45).

Tabela 45. **Efeito antibiótico do óleo essencial de Rosmarinnus officinalis contra a bactéria gram-negativa *Pseudomonas aeruginosa* TU-3**

The contact duration of bacterial cells with the essential oil, min	Different dispersions of essential oil emulsions											
	1:3		1:4		1:5		1:6		1:7		1:8	
	The amount of bacterial cells 10^4CFU/ml (M±m)											
	T	C	T	C	T	C	T	C	T	C	T	C
5	19,7± 1,7	29,8± 2,5	20,5± 1,18	30,0± 2,8	22,0± 2,1	29,9± 2,6	23,4± 2,2	30,0± 2,9	25,0± 2,2	30,1± 2,9	27,3± 2,5	30± 2,9
10	10,0± 1,0	29,6± 2,7	12,0± 1,1	29,8± 2,7	14,3± 1,1	29,7± 2,1	17,0± 1,5	29,9± 2,6	20,5± 1,6	30,1± 2,7	24,3± 2,2	30± 2,7
20	0,0	29,2± 2,8	0,0	29,4± 2,8	2,1± 0,1	29,4± 2,8	5,0± 0,4	29,7± 2,6	10,4± 0,9	30,0± 2,6	18,6± 1,4	30± 2,6
30	0,0	+	0,0	+	0,0	29,1± 2,7	0,0	29,5± 2,5	2,4± 0,1	29,9± 2,8	12,4± 1,1	29,9± 2,7
40	0,0	+	0,0	+	0,0	+	0,0	+	0,0	29,9± 2,7	6,7± 0,5	29,9± 2,8
50	0,0	+	0,0	+	0,0	+	0,0	+	0,0	+	1,2± 0,1	29,8± 2,6
60	0,0	+	0,0	+	0,0	+	0,0	+	0,0	+	0,0	29,7± 2,7

Nota: T - Ensaio, C - Controlo

Após 5, 10 e 20 minutos de impacto da emulsão dispersiva 1:5 de óleo essencial contra a bactéria gram-negativa *Pseudomonas aeruginosa* TU-3, o número de células vivas diminuiu, respetivamente, 1,4; 2,1 e 14 vezes, sob a influência da emulsão de dispersão 1:6 de óleo essencial o número de células vivas diminuiu, respetivamente, 1,3; 1,8 e 5,9 vezes, em comparação com o controlo. Após 20 minutos de impacto de emulsões dispersivas 1:5 e 1:6 de óleo essencial, 93 e 83% das células bacterianas são destruídas, e a sua morte total foi observada após 30 minutos de impacto (Tabela 45).

Após 5, 10, 20 e 30 minutos de impacto da emulsão dispersiva 1:7 do óleo essencial contra a bactéria gram-negativa *Pseudomonas aeruginosa* TU-3, o número de células vivas diminuiu, respetivamente, 1,2; 1,5; 3,0 e 12,4 vezes. Após 30 minutos de impacto do óleo essencial, 92% das células bacterianas foram destruídas e a morte total foi observada após 40 minutos de impacto (Tabela 45).

Após 5, 10, 20, 30, 40 e 50 minutos de impacto da emulsão dispersiva 1:8 de óleo essencial contra a bactéria gram-negativa *Pseudomonas aeruginosa* TU-3, o número de células vivas diminuiu, respetivamente, 1,1; 1,2; 1,6; 2,4; 4,5 e 24,8 vezes. Após 50 minutos de impacto do óleo essencial, 96% das células bacterianas foram destruídas e a morte total foi observada após 60 minutos de impacto (Tabela 45).

Assim, as bactérias gram-negativas *Escherichia coli* TU-2 e *Pseudomonas aeruginosa* TU-3 mostram uma elevada sensibilidade contra o óleo essencial de Rosmarinus officinalis. No entanto, após 10 minutos, o efeito bactericida da emulsão dispersiva 1:3 do óleo essencial contra a bactéria *Escherichia coli* TU-2 foi 1,2 vezes superior ao efeito bactericida contra a bactéria *Pseudomonas aeruginosa* TU-3.

3.5. Atividade antimicrobiana do óleo essencial de Saliva officinalis contra bactérias gram-negativas

Após 5 minutos de impacto da emulsão dispersiva 1:3 do óleo essencial de Saliva officinalis, contra a bactéria gram-negativa *Escherichia coli* TU-2, 100% das células vivas foram destruídas [147].

Após 5 minutos de impacto de emulsões dispersivas 1:4 e 1:5 de óleo essencial contra a bactéria gram-negativa *Escherichia coli* TU-2, o número de células bacterianas diminuiu, respetivamente, 6,7 e 4,0 vezes, e a morte total das células bacterianas em ambos os casos foi observada após 10 minutos de efeito (Tabela 46).

Após 5 e 10 minutos de impacto de uma emulsão dispersiva 1:6 de óleo essencial contra a bactéria gram-negativa *Escherichia coli* TU-2, respetivamente 2,2 e 11,7% das células vivas foram destruídas. Após 10 minutos de impacto do óleo essencial, 91% das células bacterianas foram destruídas e a sua destruição completa ocorreu após 20 minutos de impacto (Tabela 46).

Tabela 46. **Efeito antibiótico do óleo essencial de Saliva officinalis contra a bactéria gram-negativa *Escherichia coli* TU-2**

The contact duration of bacterial cells with the essential oil, min	Different dispersions of essential oil emulsions											
	1:3		1:4		1:5		1:6		1:7		1:8	
	The amount of bacterial cells 10^4CFU/ml (M±m)											
	T	C	T	C	T	C	T	C	T	C	T	C
5	0,0	25,5±2,2	3,8±0,2	25,5±2,4	6,2±0,3	25,3±2,4	11,2±0,7	24,6±2,2	15,6±1,1	24,7±2,3	20,4±1,8	25,6±2,4
10	0,0	+	0,0	25,3±2,3	0,0	25,2±2,3	2,11±0,1	24,5±2,3	8,1±0,6	24,7±2,2	16,2±1,4	25,6±2,2
20	0,0	+	0,0	+	0,0	+	0,0	24,32,2	2,14±0,1	24,6±2,3	11,81,1	25,5±2,4
30	0,0	+	0,0	+	0,0	+	0,0	+	0,0	24,5±2,4	6,2±0,5	25,4±2,2
40	0,0	+	0,0	+	0,0	+	0,0	+	0,0	+	1,6±0,1	25,4±2,3
50	0,0	+	0,0	+	0,0	+	0,0	+	0,0	+	0,0	25,3±2,4
60	0,0	+	0,0	+	0,0	+	0,0	+	0,0	+	0,0	+

Nota: T - Ensaio, C - Controlo

Após 5, 10 e 20 minutos de impacto da emulsão dispersiva 1:7 do óleo essencial contra a bactéria gram-negativa *Escherichia coli* TU-2, o número de células vivas diminuiu, respetivamente, 1,6; 3,0 e 11,7 vezes, em comparação com o controlo. Após 20 minutos de impacto do óleo essencial, 92% das células bacterianas foram destruídas e a morte total foi observada após 30 minutos de impacto (Tabela 46).

Após 5, 10, 20. 30 e 40 minutos de impacto da emulsão dispersiva 1:8 do óleo essencial contra a bactéria gram-negativa *Escherichia coli* TU-2, o número de células vivas diminuiu, respetivamente, 1,3; 1,6; 2,2; 4,1 e 16 vezes. Após 40 minutos de impacto do óleo essencial, 94% das células bacterianas foram destruídas e a morte total foi observada após 50 minutos de impacto (Tabela 46).

Após 5 minutos de impacto de uma emulsão dispersiva 1:3 de óleo essencial de Saliva officinalis, contra a bactéria gram-negativa *Pseudomonas aeruginosa* TU-3, 100% das células vivas foram destruídas [147].

Após 5 minutos de impacto da emulsão dispersiva 1:4 do óleo essencial de Saliva officinalis contra a bactéria gram-negativa *Pseudomonas aeruginosa* TU-3, 73% das células bacterianas foram destruídas e a sua morte ocorreu após 10 minutos de impacto (Tabela 47).

Após 5 e 10 minutos de impacto da emulsão dispersiva 1:5 de óleo essencial contra a bactéria gram-negativa *Pseudomonas aeruginosa* TU-3, o número de células vivas diminuiu, respetivamente, 2,2 e 11,4 vezes. Após 10 minutos de impacto do óleo essencial, 91% das células bacterianas foram destruídas e a morte total foi observada após 20 minutos de impacto (Tabela 47).

Tabela 47. **Efeito antibiótico do óleo essencial de Saliva officinalis contra a bactéria gram-negativa *Pseudomonas aeruginosa* TU-3**

The contact duration of bacterial cells with the essential oil, min	Different dispersions of essential oil emulsions											
	1:3		1:4		1:5		1:6		1:7		1:8	
	The amount of bacterial cells 10^4CFU/ml (M±m)											
	T	C	T	C	T	C	T	C	T	C	T	C
5	0,0	21,4± 2,0	6,26± 0,3	22,8± 2,1	9,6± 0,7	20,8± 1,7	14,4± 1,2	23,6± 2,1	15,7± 1,4	20,1± 1,8	22,2± 2,1	25,3± 2,4
10	0,0	+	0,0	22,6± 2,0	1,8± 0,3	20,6± 1,8	7,9± 0,5	23,5± 2,2	11,2± 0,7	20,1± 2,0	19,4± 1,7	25,3± 2,2
20	0,0	+	0,0	+	0,0	20,3± 1,9	3,07± 0,2	23,3± 2,1	7,4± 0,4	20,0± 1,7	15,8± 1,4	25,3± 2,1
30	0,0	+	0,0	+	0,0	+	0,88± 0,07	23,1± 2,2	3,8± 0,2	19,9± 1,8	12,2± 1,1	25,2± 2,4
40	0,0	+	0,0	+	0,0	+	0,0	22,9± 2,1	0,87± 0,04	19,81,6	8,8± 0,7	25,1± 2,3
50	0,0	+	0,0	+	0,0	+	0,0	+	0,0	19,7± 1,8	4,01± 0,2	25,1± 2,3
60	0,0	+	0,0	+	0,0	+	0,0	+	0,0	+	0,21± 0,01	25,0± 2,4

Nota: T - Ensaio, C - Controlo

Após 5, 10, 20 e 30 minutos de impacto da emulsão dispersiva 1:6 de óleo essencial contra a bactéria gram-negativa *Pseudomonas aeruginosa* TU-3, o número de células vivas diminuiu, respetivamente, 1,6; 2,9; 7,6 e 26 vezes. Após 30 minutos de impacto do óleo essencial, 97% das células bacterianas foram destruídas e a morte total foi observada após 40 minutos de impacto (Tabela 47).

Após 5, 10, 20, 30 e 40 minutos de impacto da emulsão dispersiva 1:7 de óleo essencial contra a bactéria gram-negativa *Pseudomonas aeruginosa* TU-3, o número de células vivas diminuiu, respetivamente, 1,3; 1,8; 2,7; 5,2 e 23 vezes. Após 40 minutos de impacto do óleo essencial, 96% das células bacterianas foram destruídas e a morte total foi observada após 50 minutos de impacto (Tabela 47).

Após 5, 10, 20, 30, 40, 50 e 60 minutos de impacto da emulsão dispersiva 1:8 de óleo essencial contra a bactéria gram-negativa *Pseudomonas aeruginosa* TU-3, o número de células vivas diminuiu, respetivamente, 1,13; 1,3; 1,6; 2,1; 2,8; 6,2 e 119 vezes, em comparação com o controlo. Após 60 minutos de impacto do óleo essencial, 99% das células bacterianas foram destruídas (Tabela 47).

Assim, o óleo essencial de Saliva officinalis tem uma elevada atividade antimicrobiana contra as bactérias gram-negativas *Escherichia coli* TU-2 e Pseudomonas aeruginosa TU-3.

3.6. Atividade antimicrobiana do óleo essencial de zizifora tenior contra bactérias gram-negativas

Após 5 minutos de impacto de emulsões dispersivas 1:3, 1:4 e 1:5 de óleo essencial de zizifora tenior contra a bactéria gram-negativa *Escherichia coli* TU-2, respetivamente, 92, 84 e 63% das células vivas foram mortas e a sua morte total ocorreu após 10 minutos de impacto [150].

Após 5 e 10 minutos de impacto da emulsão dispersiva 1:6 de óleo essencial contra a bactéria gram-negativa *Escherichia coli* TU-2, o número de células vivas diminuiu, respetivamente, 1,8 e 9,8 vezes, em comparação com o controlo, após o impacto da emulsão dispersiva 1:7 de óleo essencial, o número de células vivas diminuiu, respetivamente, 1,4 e 2,2. Após 10 minutos de impacto de emulsões dispersivas de óleo essencial 1:6 e 1:7, 90 e 55% das células bacterianas foram destruídas e a morte total foi observada após 20 minutos de impacto (Tabela 48).

Após 5, 10 e 20 minutos de impacto da emulsão dispersiva 1:8 de óleo essencial contra a bactéria gram-negativa *Escherichia coli* TU-2, o número de células vivas diminuiu, respetivamente, 1,2; 1,6 e 4 vezes. Após 20 minutos de impacto do óleo essencial, 75% das células bacterianas foram destruídas e a destruição completa das células ocorreu após 30 minutos de impacto (Tabela 48).

Tabela 48. **Efeito antibiótico do óleo essencial de zizifora tenior contra a bactéria gram-negativa *Escherichia coli* TU-2**

The contact duration of bacterial cells with the essential oil, min	Different dispersions of essential oil emulsions											
	1:3		1:4		1:5		1:6		1:7		1:8	
	The amount of bacterial cells 10^4CFU/ml (M±m)											
	T	C	T	C	T	C	T	C	T	C	T	C
5	2,1±0,1	25,6±2,2	4,6±0,3	25,8±2,4	9,6±0,7	26,0±2,4	14,1±1,2	25,8±2,4	18,6±1,6	25,7±2,2	20,7±1,7	25,7±2,4
10	0,0	25,4±2,3	0,0	25,6±2,3	0,0	25,9±2,3	2,6±0,2	25,7±2,3	11,6±1,1	25,7±2,4	15,8±1,4	25,7±2,5
20	0,0	+	0,0	+	0,0	+	0,0	25,5±2,2	0,0	25,6±2,2	6,4±0,3	25,6±2,2
30	0,0	+	0,0	+	0,0	+	0,0	+	0,0	+	0,0	25,6±2,1
40	0,0	+	0,0	+	0,0	+	0,0	+	0,0	+	0,0	+
50	0,0	+	0,0	+	0,0	+	0,0	+	0,0	+	0,0	+
60	0,0	+	0,0	+	0,0	+	0,0	+	0,0	+	0,0	+

Nota: T - Ensaio, C - Controlo

Após 5, 10, 20 e 30 minutos de impacto da emulsão dispersiva 1:3 do óleo essencial de zizifora tenior contra a bactéria gram-negativa *Pseudomonas aeruginosa* TU-3, o número de células vivas diminuiu, respetivamente, 1,2; 1,4; 2,4 e 8 vezes, após o impacto da emulsão dispersiva 1:4 do óleo essencial, o número de células vivas diminuiu, respetivamente, 1,2; 1,4; 2,2 e 5,2 vezes, em comparação com o controlo. Após 30 minutos de impacto de emulsões dispersivas 1:3 e 1:4 de óleo essencial, 89 e 91% das células bacterianas foram destruídas e a morte total foi observada após 50 minutos de impacto [150].

Após 5, 10, 20, 30 e 40 minutos de impacto de uma emulsão dispersiva 1:5 de óleo essencial contra a bactéria gram-negativa *Pseudomonas aeruginosa* TU-3, o número de células vivas diminuiu, respetivamente, 1,13; 1,3; 1,8; 2,9 e 8,7 vezes, após o impacto de uma emulsão dispersiva 1:6 de óleo essencial, o número de células vivas diminuiu, respetivamente, 1,11; 1,3; 1,7; 2,4 e 5,2 vezes, em comparação com o controlo. Após 40 minutos de impacto de emulsões dispersivas de óleo essencial 1:5 e 1:6, 89 e 81% das células bacterianas foram destruídas e a morte total foi observada após 50 minutos de impacto (Tabela 49).

Após 5, 10, 20, 30, 40 e 50 minutos de impacto da emulsão dispersiva 1:7 de óleo essencial contra a bactéria gram-negativa *Pseudomonas aeruginosa* TU-3, o número de células vivas diminuiu, respetivamente, 1,1; 1,24; 1,6; 2,2; 3,8 e 12 vezes, em comparação com o controlo. Após 50 minutos de impacto do óleo essencial, 92% das células bacterianas foram destruídas e a morte total foi observada após 60 minutos de impacto (Tabela 49).

Tabela 49. **Efeito antibiótico do óleo essencial de zizifora tenior contra a bactéria gram-negativa *Pseudomonas aeruginosa* TU-3**

The contact duration of bacterial cells with the essential oil, min	Different dispersions of essential oil emulsions											
	1:3		1:4		1:5		1:6		1:7		1:8	
	The amount of bacterial cells 10^4CFU/ml (M±m)											
	T	C	T	C	T	C	T	C	T	C	T	C
5	23,4± 2,1	27,5± 2,2	23,8± 2,0	27,6± 2,2	24,2± 2,1	27,4± 2,5	24,6± 2,0	27,4± 2,5	24,8± 2,2	27,5± 2,5	25,2± 2,2	27,5± 2,4
10	19,5± 1,4	27,3± 2,4	29,9± 1,7	27,4± 2,4	21,0± 2,0	27,2± 2,4	21,8± 2,0	27,3± 2,1	22,3± 2,0	27,5± 2,3	23,0± 2,1	27,5± 2,2
20	11,2± 1,0	26,9± 2,2	12,1± 1,1	27,1± 2,5	15,2± 1,4	26,9± 2,3	16,2± 1,4	27,1± 2,2	17,2± 1,5	27,4± 2,2	19,1± 1,8	27,4± 2,3
30	3,3± 0,1	26,5± 2,4	5,1± 0,3	26,7± 2,3	9,1± 0,5	26,6± 2,2	10,8± 0,8	26,9± 2,4	12,3± 1,1	27,3± 2,1	15,2± 1,3	27,3± 2,5
40	0,0	26,1± 2,3	0,0	26,3± 2,0	3,0± 0,1	26,3± 2,4	5,1± 0,3	26,7± 2,4	7,1± 0,4	27,2± 2,1	10,8± 0,8	27,3± 2,6
50	0,0	+	0,0	+	0,0	26,0± 2,2	0,0	26,5± 2,5	2,2± 0,1	27,1± 2,3	5,3± 0,3	27,2± 2,5
60	0,0	+	0,0	+	0,0	+	0,0	+	0,0	27,0± 2,4	0,4± 0,02	27,2± 2,4

Nota: T - Ensaio, C - Controlo

Após 5, 10, 20, 30, 40, 50 e 60 minutos de impacto de uma emulsão dispersiva 1:8 de óleo essencial contra a bactéria gram-negativa *Pseudomonas aeruginosa* TU-3, o número de células vivas diminuiu, re spectivamente, 1,1;1,2; 1,4; 1,8; 2,5; 5,1 e 6,8 vezes. Após 60 minutos de impacto do óleo essencial, 98,5% das células bacterianas foram destruídas (Tabela 49).

Assim, foi determinado que o óleo essencial de zizifora tenior tem um forte efeito bactericida contra bactérias gram-negativas. No entanto, a sensibilidade da bactéria *Escherichia coli* TU-2 contra o impacto do óleo essencial foi muito elevada, em comparação com a bactéria *Pseudomonas aeruginosa* TU-3. Assim, nos casos de 10 minutos de impacto de emulsões dispersivas 1:3, 1:4 e 1:5 contra *Escherichia coli* TU-2, todas as células bacterianas são destruídas, a morte das células bacterianas Pseudmonas aeruginosa TU-3 ocorre após 40-50 minutos.

3.7. Atividade antimicrobiana do óleo essencial de Nepeta cataria contra bactérias gram-negativas

Após 5, 10, 20, 30, 40 e 50 minutos de impacto da emulsão dispersiva 1:3 do óleo essencial de Nepeta cataria contra a bactéria gram-negativa *Escherichia coli* TU-2, o número de células vivas diminuiu, respetivamente, 1,1; 1,2; 1,5; 2,0; 3,0 e 6,6 vezes, em comparação com o controlo. Após 50 minutos de impacto do óleo essencial, 85% das células bacterianas foram destruídas e a destruição completa das células foi observada após 60 minutos de impacto (Tabela 50).

Após 5, 10, 20, 30, 40, 50 e 60 minutos de impacto da emulsão dispersiva 1:4 de óleo essencial contra a bactéria gram-negativa *Escherichia coli* TU-2, o número de células vivas diminuiu, respetivamente, 1,1; 1,2; 1,5; 1,8; 2,6; 5,0 e 23 vezes, em comparação com o controlo. Após 50 minutos de impacto do óleo essencial, 96% das células bacterianas foram destruídas e a destruição completa das células não foi observada (Tabela 50).

Após 5, 10, 20, 30, 40, 50 e 60 minutos de impacto da emulsão dispersiva 1:5 de óleo essencial contra a bactéria gram-negativa *Escherichia coli* TU-2, o número de células vivas diminuiu, respetivamente, 1,08; 1,1; 1,44; 1,78; 2,4; 3,6 e 7.5 times, after the impact of 1:6 dispersive emulsion of essential oil, the number of living cells have been decreased, respectively, 1.07; 2.2; 1.4; 1.73; 2.2;

3.2 and 6.0 times, after the impact of 1:7 dispersive emulsion of essential oil, the num-

Após o impacto da emulsão dispersiva 1:8 de óleo essencial, o número de células vivas diminuiu, respetivamente, 1,05; 1,12; 1,13; 1,5; 1,8; 2,2 e 3,0 vezes, em comparação com o controlo. Após 60 minutos de impacto de emulsões dispersivas de óleo essencial 1:5, 1:6, 1:7 e 1:8, 87, 84, 77 e 67% das células bacterianas foram destruídas. A morte total das células bacterianas foi observada após 60 minutos de impacto da emulsão dispersiva 1:3 de óleo essencial (Tabela 50).

Tabela 50. **Efeito antibiótico do óleo essencial de Nepeta cataria contra a bactéria gram-negativa *Escherichia coli* TU-2**

The contact duration of bacterial cells with the essential oil, min	Different dispersions of essential oil emulsions											
	1:3		1:4		1:5		1:6		1:7		1:8	
	The amount of bacterial cells 10^4 CFU/ml (M±m)											
	T	C	T	C	T	C	T	C	T	C	T	C
5	27,5±2,4	30,1±2,7	27,4±2,2	30,0±2,6	27,5±2,2	29,9±2,4	28,0±2,2	30,2±2,7	28,1±2,4	30±2,7	28,4±2,4	30,1±2,6
10	24,9±2,2	29,9±2,6	24,8±2,3	29,8±2,4	25,2±2,1	29,8±2,5	25,9±2,3	30,1±2,4	26,2±2,5	30±2,6	26,7±2,2	30,1±2,4
20	19,9±1,6	29,5±2,5	30,1±1,6	29,4±2,2	20,5±1,8	29,6±2,4	21,5±2,2	29,9±2,5	22,3±1,8	29,9±2,4	23,3±2,0	30±2,2
30	14,7±1,2	29,1±2,4	16,1±1,4	29,0±2,3	16,5±1,3	29,4±2,3	17,1±1,6	29,7±2,4	18,5±1,3	29,8±2,5	19,9±1,6	29,9±2,4
40	9,5±0,4	28,7±2,3	11,0±0,8	28,6±2,1	12,2±1,1	29,1±2,5	13,6±1,1	29,5±2,3	14,9±1,1	29,7±2,3	16,5±1,3	29,8±2,2
50	4,3±0,2	28,3±2,2	6,0±0,3	28,2±2,4	8,0±0,4	28,8±2,6	9,1±0,5	29,3±2,6	11,1±0,8	29,6±2,4	13,1±0,1	29,8±2,6
60	0,0	27,9±2,1	1,2±0,05	27,8±2,5	3,8±0,1	28,5±2,2	4,8±0,2	29,1±2,7	6,9±0,3	29,5±2,6	9,7±0,6	29,7±2,7

Nota: T - Ensaio, C - Controlo

Após 5, 10, 20, 30, 40 e 50 minutos de impacto da emulsão dispersiva 1:3 de óleo essencial de Nepeta cataria contra a bactéria gram-negativa *Pseudomonas aeruginosa* TU-3, o número de células vivas diminuiu, respetivamente, 1.1; 1,2; 1,5; 1,94; 2,9 e 5,8 vezes, após o impacto da emulsão dispersiva 1:4 de óleo essencial, o número de células vivas diminuiu, respetivamente, 1,1; 1,2; 1,5; 1,93; 2,8 e 5,6 vezes, em comparação com o controlo. Após 50 minutos de impacto das emulsões de óleo essencial 1:3 e 1:4, 83 e 84% das células bacterianas foram destruídas e a morte total foi observada após 60 minutos de impacto (Tabela 51).

Após 5, 10, 20, 30, 40, 50 e 60 minutos de impacto da emulsão dispersiva 1:5 de óleo essencial contra a bactéria gram-negativa *Pseudomonas aeruginosa* TU-3, o número de células vivas diminuiu, respetivamente, 1,1; 1,2; 1,4; 1,8; 2,4; 4,1 e 12,6 vezes, em comparação com o controlo. Após 60 minutos de impacto do óleo essencial, 92% das células bacterianas foram destruídas (Tabela 51).

Após 5, 10, 20, 30, 40, 50 e 60 minutos de impacto da emulsão dispersiva 1:6 de óleo essencial contra a bactéria gram-negativa *Pseudomonas aeruginosa* TU-3, o número de células vivas diminuiu, respetivamente, 1,07; 1,15; 1,35; 1,63; 2,1; 2,9 e 4,8 vezes, em comparação com o controlo. Após 60 minutos de impacto do óleo essencial, 80% das células bacterianas foram destruídas (Tabela 51).

Tabela 51. **Efeito antibiótico do óleo essencial de Nepeta cataria contra a bactéria gram-negativa *Pseudomonas aeruginosa* TU-3**

The contact duration of bacterial cells with the essential oil, min	Different dispersions of essential oil emulsions											
	1:3		1:4		1:5		1:6		1:7		1:8	
	The amount of bacterial cells 10^4CFU /ml (M±m)											
	T	C	T	C	T	C	T	C	T	C	T	C
5	26,9±2,3	29,4±2,7	27,1±2,5	29,6±2,6	27,1±2,3	29,4±2,2	27,4±2,4	29,4±2,4	27,7±2,2	29,5±2,5	28,1±2,4	29,6±2,7
10	24,5±2,1	29,2±2,6	24,7±2,2	29,4±2,5	24,8±2,2	29,2±2,5	25,5±2,2	29,3±2,5	25,9±2,2	29,5±2,4	26,5±2,5	29,6±2,5
20	19,6±1,3	28,8±2,4	19,8±1,6	29,1±2,6	20,6±1,7	28,9±2,4	21,6±1,8	29,1±2,4	22,6±2,1	29,4±2,6	23,5±2,1	29,6±2,6
30	14,6±1,1	28,4±2,2	14,8±1,2	28,7±2,5	16,0±1,4	28,6±2,3	17,7±1,4	28,9±2,3	18,8±1,4	29,3±2,7	20,6±1,7	29,5±2,7
40	9,6±0,7	28,0±2,6	9,9±0,5	28,3±2,4	11,5±0,7	28,3±2,2	13,8±1,1	28,7±2,4	15,8±1,3	29,2±2,6	17,7±1,6	29,5±2,4
50	4,7±0,2	27,6±2,4	4,9±0,2	27,9±2,5	6,8±0,3	28,0±2,4	9,8±0,6	28,5±2,6	12,8±1,1	29,1±2,7	14,8±1,2	29,4±2,6
60	0,0	27,2±2,3	0,0	27,5±2,4	2,2±0,1	27,7±2,3	5,8±0,2	28,3±2,4	8,9±0,4	29,0±2,6	11,8±0,7	29,3±2,1

Nota: T - Ensaio, C - Controlo

Após 5, 10, 20, 30, 40, 50 e 60 minutos de impacto da emulsão dispersiva 1:7 de óleo essencial contra a bactéria gram-negativa *Pseudomonas aeruginosa* TU-3, o número de células vivas diminuiu, respetivamente, 1,06; 1,13; 1,3; 1,55; 1,84; 2,2 e 3,2 vezes, em comparação com o controlo. Após 60 minutos de impacto do óleo essencial, 69% das células bacterianas foram destruídas (Tabela 51).

Após 5, 10, 20, 30, 40, 50 e 60 minutos de impacto da emulsão dispersiva 1:8 de óleo essencial contra a bactéria gram-negativa *Pseudomonas aeruginosa* TU-3, o número de células vivas diminuiu, respetivamente, 1,05; 1,11; 1,26; 1,43; 1,7; 2,0 e 2,4 vezes. Após 60 minutos de impacto do óleo essencial, 60% das células bacterianas foram destruídas (Tabela 51).

Assim, foi determinado que a emulsão de óleo essencial de Nepeta cataria tem o efeito antibiótico contra as bactérias gram-negativas *Escherichia coli* TU-2 e *Pseudomonas aeruginosa* TU-3 e não difere fortemente uma da outra em termos de sensibilidade [148].

3.10. Atividade antimicrobiana do óleo essencial de thymus transcaucasicus contra bactérias gram-negativas

Após 5 minutos de impacto de emulsões dispersivas 1:3, 1:4 e 1:5 de óleo essencial de thymus transcaucasicus contra a bactéria gram-negativa *Escherichia coli* TU-2, observou-se a destruição de 100% das células vivas (Tabela 52).

Após 5 minutos de impacto da emulsão dispersiva 1:6 de óleo essencial contra a bactéria gram-negativa *Escherichia coli* TU-2, o número de células vivas diminuiu 2,5 vezes, em comparação com o controlo e 60% das células bacterianas foram destruídas, mas a destruição total das células bacterianas ocorreu após 10 minutos de impacto (Tabela 52).

Após 5 e 10 minutos de impacto da emulsão dispersiva 1:7 de óleo essencial contra a bactéria gram-negativa *Escherichia coli* TU-2, o número de células vivas diminuiu, respetivamente, 1,7 e 5,6 vezes, em comparação com o controlo. Após 10 minutos de impacto, 82% das células bacterianas foram destruídas e a destruição total das células bacterianas ocorreu após 20 minutos de impacto (Tabela 52).

Após 5, 10 e 20 minutos de impacto da emulsão dispersiva 1:8 de óleo essencial contra *Escherichia coli* TU-2 gram-negativa, o número de células vivas diminuiu, respetivamente, 1,4; 2,4 e

8,4 vezes. Após 20 minutos de impacto, 88% das células bacterianas foram destruídas e a destruição total das células bacterianas ocorreu após 30 minutos de impacto (Tabela 52).

Tabela 52. **Efeito antibiótico do óleo essencial de thymus transcaucasicus contra a bactéria gram-negativa *Escherichia coli* TU-2**

The contact duration of bacterial cells with the essential oil, min	Different dispersions of essential oil emulsions											
	1:3		1:4		1:5		1:6		1:7		1:8	
	The amount of bacterial cells 10^4CFU/ml (M±m)											
	T	C	T	C	T	C	T	C	T	C	T	C
5	0,0	24,2±2,1	0,0	23,8±2,0	0,0	24,4±2,2	9,6±0,6	24,2±2,3	14,2±1,1	24,5±2,2	17,0±1,5	23,9±2,1
10	0,0	+	0,0	+	0,0	+	0,0	24,1±2,2	4,3±0,3	24,5±2,3	10,0±0,8	23,9±2,2
20	0,0	+	0,0	+	0,0	+	0,0	+	0,0	24,4±2,1	2,8±0,1	23,8±2,2
30	0,0	+	0,0	+	0,0	+	0,0	+	0,0	+	0,0	23,7±2,1
40	0,0	+	0,0	+	0,0	+	0,0	+	0,0	+	0,0	+
50	0,0	+	0,0	+	0,0	+	0,0	+	0,0	+	0,0	+
60	0,0	+	0,0	+	0,0	+	0,0	+	0,0	+	0,0	+

Nota: T - Ensaio, C - Controlo

Após 5 minutos de impacto de emulsões dispersivas 1:3 e 1:4 de óleo essencial de thymus transcaucasicus na bactéria gram-negativa *Pseudomonas aeruginosa* TU-3, 100% das células vivas foram destruídas (Tabela 53).

Após 5 minutos de impacto da emulsão dispersiva 1:5 de óleo essencial contra a bactéria gram-negativa *Pseudomonas aeruginosa* TU-3, o número de células vivas diminuiu 2,6 vezes, em comparação com o controlo. Por outras palavras, 60% das células bacterianas foram destruídas e a destruição total das células bacterianas ocorreu após 10 minutos de impacto (Tabela 53).

Após 5 minutos de impacto de emulsões dispersivas 1:6 e 1:7 de óleo essencial contra a bactéria gram-negativa *Pseudomonas aeruginosa* TU-3, o número de células vivas diminuiu, respetivamente, 1,9 e 1,6 vezes e após 10 minutos de impacto - diminuiu 11 e 4 vezes, em comparação com o controlo. Após 10 minutos de impacto de emulsões dispersivas de óleo essencial 1:6 e 1:7, respetivamente, 91 e 74% das células foram destruídas e a sua morte total ocorreu após 20 minutos de impacto (Tabela 53).

Tabela 53. **Efeito antibiótico do óleo essencial de thymus transcaucasicus contra a bactéria gram-negativa *Pseudomonas aeruginosa* TU-3**

The contact duration of bacterial cells with the essential oil, min	Different dispersions of essential oil emulsions											
	1:3		1:4		1:5		1:6		1:7		1:8	
	The amount of bacterial cells 10^4CFU/ml (M±m)											
	T	C	T	C	T	C	T	C	T	C	T	C
5	0,0	23,2±2,2	0,0	22,4±2,1	8,2±0,6	21,6±1,8	12,2±1,1	23,1±2,2	14,1±1,2	22,7±2,1	16,7±1,4	22,5±2,1
10	0,0	+	0,0	+	0,0	21,4±2,0	2,1±0,1	23,0±2,1	5,8±0,2	22,7±1,9	11,1±0,8	22,5±1,9
20	0,0	+	0,0	+	0,0	+	0,0	22,8±1,8	0,0	22,6±1,8	6,2±0,4	22,5±2,0
30	0,0	+	0,0	+	0,0	+	0,0	+	0,0	+	1,1±0,1	22,4±2,2
40	0,0	+	0,0	+	0,0	+	0,0	+	0,0	+	0,0	22,3±2,1
50	0,0	+	0,0	+	0,0	+	0,0	+	0,0	+	0,0	+
60	0,0	+	0,0	+	0,0	+	0,0	+	0,0	+	0,0	+

Nota: T - Ensaio, C - Controlo

Após 5, 10, 20 e 30 minutos de impacto da emulsão dispersiva 1:8 de óleo essencial contra a bactéria gram-negativa *Pseudomonas aeruginosa* TU-3, o número de células vivas diminuiu, respetivamente, 1,4; 2,0; 4,0 e 20 vezes. Após 30 minutos de impacto, 95% das células bacterianas foram destruídas e a destruição total das células bacterianas ocorreu após 40 minutos de impacto (Tabela 53).

Assim, o óleo essencial de thymus transcaucasicus mostra um efeito antibiótico muito forte contra as bactérias gram-negativas *Escherichia coli* TU-2 e *Pseudomonas aeruginosa* TU-3. O efeito antibacteriano do óleo essencial contra a bactéria *Escherichia coli* TU-2 foi 1,2 vezes maior do que contra a *Pseudomonas aeruginosa* TU-3 [149].

3.11. Atividade antimicrobiana da composição de óleos essenciais contra bactérias gram-negativas

Após 5 minutos de impacto da mistura que contém 0,1% de solução de emulsões dispersivas 1:3 de óleos essenciais de thymus transcaucasicus e saliva officinalis (1:1) contra a bactéria gram-negativa *Escherichia coli* TU-2, todas as células bacterianas foram completamente destruídas (Tabela 54).

Após 5 minutos de impacto das emulsões dispersivas 1:4 e 1:5 da composição do óleo essencial contra a bactéria gram-negativa *Escherichia coli* TU-2, o número de células vivas diminuiu, respetivamente, 5,6 e 3,6 vezes, em comparação com o controlo. Por outras palavras, 82 e 73% das células bacterianas foram destruídas e a destruição total das células bacterianas ocorreu após 10 minutos de impacto (Tabela 54).

Tabela 54. **Efeito antibiótico da composição do óleo essencial contra a bactéria gram-negativa *Escherichia coli* TU-2**

The contact duration of bacterial cells with the essential oil, min	Efir yağı Compozisiyasının müxtəlif dispersiyalı emulsiyaları											
	1:3		1:4		1:5		1:6		1:7		1:8	
	The amount of bacterial cells 10^4CFU/ml (M±m)											
	T	C	T	C	T	C	T	C	T	C	T	C
5	0,0	28,4± 2,6	5,1± 0,4	28,7± 2,5	8,0± 0,4	29,1± 2,7	12,2± 1,1	28± 2,3	16± 1,3	29,8± 2,8	22,2± 2,1	28,3± 2,4
10	0,0	+	0,0	28,5± 2,4	0,0	29,0± 2,6	2,1± 0,1	27,9± 2,4	3,3± 0,2	29,8± 2,4	16,4± 1,4	28,3± 2,6
20	0,0	+	0,0	+	0,0	+	0,0	27,7± 2,5	0,0	29,7± 2,6	11,2± 1,1	28,2± 2,3
30	0,0	+	0,0	+	0,0	+	0,0	+	0,0	+	5,4± 0,4	28,1± 2,7
40	0,0	+	0,0	+	0,0	+	0,0	+	0,0	+	0,0	28,0± 2,6
50	0,0	+	0,0	+	0,0	+	0,0	+	0,0	+	0,0	+
60	0,0	+	0,0	+	0,0	+	0,0	+	0,0	+	0,0	+

Nota: T - Ensaio, C - Controlo

Após 5 minutos de impacto de emulsões dispersivas 1:6 e 1:7 de óleo essencial contra *Escherichia coli* TU-2 gram-negativa, o número de células vivas diminuiu, respetivamente, 2,3 e 2,0 vezes, após 10 minutos de impacto o número de células vivas diminuiu, respetivamente, 13 e 9,0 vezes, em comparação com o controlo. Após 10 minutos de impacto da emulsão dispersiva de óleo essencial 1:6 e 1:7, 82 e 73% das células bacterianas foram destruídas e a destruição total das células bacterianas ocorreu após 20 minutos de impacto (Tabela 54).

Após 5, 10, 20 e 30 minutos de impacto da emulsão dispersiva 1:8 de óleo essencial contra a bactéria *Escherichia coli* TU-2, o número de células vivas diminuiu, respetivamente, 1,3; 1,7; 2,5 e 5,2 vezes, em comparação com o controlo. Após 30 minutos de impacto, 81% das células bacterianas foram destruídas e a sua destruição completa ocorreu após 40 minutos de impacto (Tabela 54).

O impacto de 5 minutos das emulsões dispersivas 1:3, 1:4 e 1:5 da composição do óleo essencial na bactéria gram-negativa *Pseudomonas aeruginosa* TU-3 causou a destruição completa (100%) das células bacterianas (Tabela 55).

Tabela 55. **Efeito antibiótico da composição do óleo essencial contra a bactéria gram-negativa *Pseudomonas aeruginosa* TU-3**

The contact duration of bacterial cells with the essential oil, min	Efir yağı Compozisiyasının müxtəlif dispersiyalı emulsiyaları											
	1:3		1:4		1:5		1:6		1:7		1:8	
	The amount of bacterial cells 10^4 CFU/ml (M±m)											
	T	C	T	C	T	C	T	C	T	C	T	C
5	0,0	26,5± 2,4	0,0	26,3± 2,5	0,0	26,0± 2,2	8,6± 0,5	26,4± 2,2	12,1± 1,1	26,1± 2,5	17,2± 1,6	25,9± 2,4
10	0,0	+	0,0	+	0,0	+	0,0	26,3± 2,4	0,0	26,0± 2,3	8,8± 0,6	25,9± 2,3
20	0,0	+	0,0	+	0,0	+	0,0	+	0,0	+	0,0	25,8± 2,2
30	0,0	+	0,0	+	0,0	+	0,0	+	0,0	+	0,0	+
40	0,0	+	0,0	+	0,0	+	0,0	+	0,0	+	0,0	+
50	0,0	+	0,0	+	0,0	+	0,0	+	0,0	+	0,0	+
60	0,0	+	0,0	+	0,0	+	0,0	+	0,0	+	0,0	+

Nota: T - Ensaio, C - Controlo

Após 5 minutos de impacto das emulsões dispersivas 1:6 e 1:7 da composição do óleo essencial contra a bactéria gram-negativa *Pseudomonas aeruginosa* TU-3, o número de células vivas diminuiu, respec tivamente, 3,1 e 2,2 vezes, em comparação com o controlo. Após 5 minutos de impacto de emulsões dispersivas de óleo essencial 1:6 e 1:7, 67 e 54% das células bacterianas foram destruídas e a destruição total das células bacterianas ocorreu após 10 minutos de impacto (Tabela 55).

Após 5 e 10 minutos de impacto da emulsão dispersiva 1:8 da composição do óleo essencial contra a bactéria gram-negativa *Pseudomonas aeruginosa* TU-3, o número de células vivas diminuiu, respetivamente, 1,5 e 8,9 vezes. Após 10 minutos de impacto, 64% das células bacterianas foram destruídas e a destruição total das células bacterianas ocorreu após 20 minutos de impacto (Tabela 55).

Assim, a composição do óleo essencial mostra um efeito antibiótico poderoso contra a bactéria gram-negativa *Escherichia coli* TU-2 e *Pseudomonas aeruginosa* TU-3. No entanto, o efeito bactericida contra a bactéria *Pseudomonas aeruginosa* TU-3 é 1,5 vezes maior do que o efeito sobre a bactéria *Escherichia coli* TU-2 [89].

3.11. Caraterísticas comparativas do efeito antimicrobiano de óleos essenciais contra bactérias gram-negativas

Após 5 minutos de efeito da emulsão dispersiva 1:3 de uma solução a 0,1% de óleos essenciais contra as bactérias gram-negativas *Escherichia coli* TU-2 e *Pseudomonas aeruginosa* TU-3, o número de células mortas foi analisado comparativamente. Os resultados estão reflectidos na fig. 3. Foi estabelecido que os óleos essenciais de thymus transcaucasicus e saliva officinalis, bem como a composição do óleo essencial, em 5 minutos, matam todas as células das bactérias *Escherichia coli* TU-2 e *Pseudomonas aeruginosa* TU-3. Os óleos essenciais de Saturea laxiflora e menta piperiate destroem 100% das células *Escherichia coli* TU-2 e 88 e 61%, respetivamente, das células *Pseudomonas aeruginosa* TU-3. O óleo essencial de Foenicilum vulgare mata 46% das duas células bacterianas, mas o óleo essencial de Nepeta cataria mata 9% das células bacterianas. O óleo essencial de Ocimum basilicum mata 20% das células *Escherichia coli* TU-2 e 24% das células *Pseudomonas aeruginosa* TU-3. O óleo essencial de Coriandrum sativum mata 17% das células *Escherichia coli* TU-2 e 12% das células *Pseudomonas aeruginosa* TU-3. O óleo essencial de Rosmarinus officinalis mata 39% das células de *Escherichia coli* TU-2 e 34% das células de *Pseudomonas aeruginosa* TU-3, o óleo essencial de Zizifora tenior mata 92% das células de *Escherichia coli* TU-2 e 15% das células de *Pseudomonas aeruginosa* TU-3 (fig.3).

O efeito antibiótico das bactérias gram-negativas depende da espécie de bactéria, e a gama de óleos essenciais pode ser diferente e semelhante. Os óleos essenciais de Foeniculum vulgare, Saliva officinalis, Nepeta cataria e Thymus transcaucasicus têm o mesmo efeito em ambas as espécies de células bacterianas. No entanto, dependendo do tipo de óleos essenciais, o seu efeito antibiótico pode ser forte ou fraco. Por exemplo, o efeito antibiótico dos óleos essenciais de saliva officinalis e thymus transcaucasicus é de 100%, nos casos de foeniculum vulgare e nepeta cataria - são 46 e 9%, respetivamente (fig. 3).

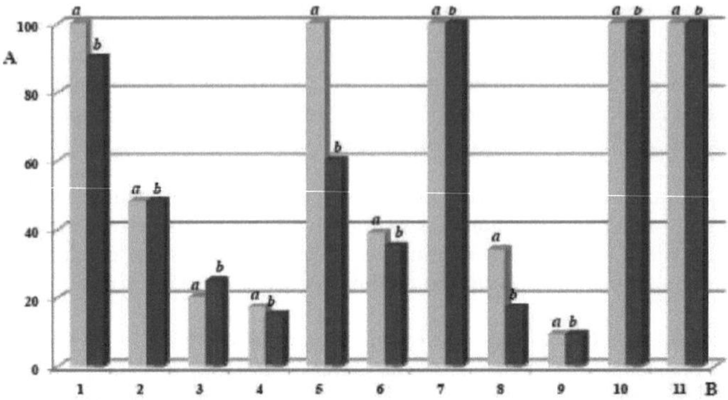

Fig- 3- Efeito antibiótico da emulsão dispersiva 1:3 de óleos essenciais contra bactérias gramnegativas. A - a quantidade de células bacterianas mortas, após 5 munições de impacto, em comparação com o controlo, em %: a) *Escherichia coli* TU-2; b) *Pseudo monas aeruginosa* TU-3. B - óleos essenciais: 1 - menta piperiate; 2 - foeniculum vulgare; 3 - ocimum basiculum; 4 - coriandrum sativum; 5 - saturea laxiflora; 6 - rosmarinus officinalis; 7 - saliva officinalis; 8 - zizifora tenior; 9 - nepeta cataria; 10 - thymus transcaucasicus; 11 - composição.

A sensibilidade das bactérias contra menta piperate, ocimum basilicum, coriandrum sativum, saturea laxiflora, rosmarinus officinalis, zizifora tenior foi muito diferente. Na maioria dos casos, a bactéria *Escherichia coli* TU-2 mostra mais sensibilidade aos óleos essenciais em comparação com a *Pseudomonas aeruginosa* TU-3. Assim, a sensibilidade da bactéria *Escherichia coli* TU-2 contra os óleos essenciais de menta piperiate - 1,14 vezes, coriandrum sativum - 1,42 vezes, saturea laxiflora - 1,64 vezes, rosmarinus officinalis - 1,15 vezes e zizifora tenior - 6,13 vezes mais elevada, em comparação com a bactéria *Pseudomonas aerusinosa* TU-3. Apenas um caso de sensibilidade da bactéria *Pseudomonas aeruginosa* TU-2 contra ocimum basilicum foi mais 1,2 vezes em comparação com a sensibilidade da bactéria *Escherichia coli*.

A fim de clarificar o efeito da eficácia dos óleos essenciais contra as células das bactérias, comparou-se a mortalidade a longo prazo das células bacterianas (fig. 4). Os óleos essenciais de Saliva officinalis e de Thymus transcasicus destruíram ambas as células bacterianas em 5 minutos, os óleos essenciais de Menta piperita e de Satuea laxiflora destruíram completamente, neste período, as células da bactéria *Escherichia coli* TU-2 e a morte total das células *de Pseudomonas aeruginosa* TU-3 ocorreu em 10 minutos (fig. 4). O efeito mínimo contra bactérias gram-negativas foi observado nos casos dos óleos essenciais de Coriandrum sativum e Nepeta cataria. Assim, a morte completa das células das bactérias ocorre em 60 minutos ou mais (fig. 4).

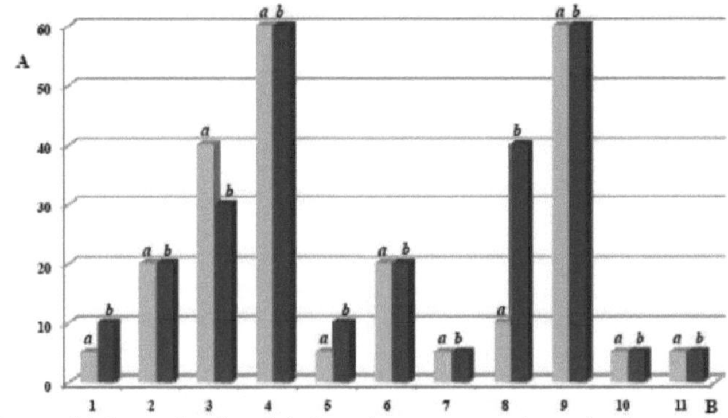

Fig. *4.* O período de mortalidade completa das células bacterianas gram-negativas após o impacto dos óleos essenciais: A - tempo de morte completa das células bacterianas, min: a) *Escherichia coli* TU-2; b) Pseudomonas auruginosa TU-3; B - óleos essenciais: 1 - *menta piperiate; 2- foneculum vulgare; 3-ocimum basiculum;* 4 - *coriandrum sativum;* 5 - *saturea*

laxiflora; 6 - *rosmarinus officinalis;* 7 - *saliva officinalis;* 8 - *zizifora tenior;* 9 - *nepeta cataria;* 10 - *thymus transcaucasicus;* 11-composição.

Assim, foi determinado que o efeito antibiótico dos óleos essenciais contra bactérias gram-negativas pode ser diferente dependendo do tipo de óleos essenciais, bem como das espécies de bactérias. A sensibilidade das bactérias contra os óleos essenciais de foeniculum vulgare, saliva officinalis, nepeta cataria e thymus transcaucasicus foi semelhante. A bactéria *Escherichi coli* TU-2 demonstrou ser mais sensível aos óleos essenciais de menta piperate, coriandrum sativum, saturea laxiflora, rosmarinus officinalis e zizifora yenior. Mas contra o óleo essencial de coriandrum sativum a elevada sensibilidade pertence à bactéria *Pseudomonas aeruginosa* TU-3. A composição do óleo essencial de bactérias gramnegativas também foi altamente eficaz em termos de efeito antibiótico.

CAPÍTULO 4

ACTIVIDADE ANTIFÚNGICA DE ÓLEOS ESSENCIAIS DE PLANTAS AROMÁTICAS DO AZERBAIJÃO CONTRA FUNGOS DE LEVEDURA

4.1. Atividade antifúngica do óleo essencial de menta piperiate contra fungos de levedura

Após 5 minutos de impacto de emulsões dispersivas 1:3, 1:4 e 1:5 de óleo essencial de piperiato de menta contra a levedura *Candida albicans* BDU-47, o número de células vivas diminuiu, respetivamente, 3,0; 2,6 e 2,5 vezes, em comparação com o controlo. Após 5 minutos de impacto, 5368% das células de levedura foram destruídas e a destruição total das células ocorreu após 10 minutos de impacto (Tabela 56).

Tabela 56. **Efeito antibiótico do óleo essencial de menta piperiate contra a levedura *Candida albicans* BDU-47**

The contact duration of yeast fungus cells with the essential oil, min	Different dispersions of essential oil emulsions											
	1:3		1:4		1:5		1:6		1:7		1:8	
	The amount of fungal cells 10³CFU/ml (M±m)											
	T	C	T	C	T	C	T	C	T	C	T	C
5	7,3±0,4	22,6±2,1	9,0±0,4	23±2,2	10,8±1,0	22,8±2,0	13,1±1,1	22,5±1,9	16,4±1,4	22,6±2,1	19,5±1,7	23,6±2,0
10	0,0	22,5±1,8	0,0	23±2,1	0,0	22,8±2,1	4,0±0,3	22,5±2,1	10,4±0,8	22,6±1,9	17,1±1,5	23,6±2,1
20	0,0	+	0,0	+	0,0	+	0,0	22,4±2,2	0,0	22,6±1,8	11,0±0,7	23,6±2,3
30	0,0	+	0,0	+	0,0	+	0,0	+	0,0	+	4,7±0,3	23,6±2,2
40	0,0	+	0,0	+	0,0	+	0,0	+	0,0	+	0,0	23,5±2,0
50	0,0	+	0,0	+	0,0	+	0,0	+	0,0	+	0,0	+
60	0,0	+	0,0	+	0,0	+	0,0	+	0,0	+	0,0	+

Nota: T - Ensaio, C - Controlo

Após 5 minutos de impacto de emulsões dispersivas 1:6 e 1:7 de óleo essencial contra a levedura *Candida albicans* BDU-47, o número de células vivas diminuiu, respetivamente, 1,7 e 1,4 vezes, após 10 minutos de impacto, o número de células vivas diminuiu, respetivamente, 2,2 e 5,6 vezes, em comparação com o controlo. Após 10 minutos de impacto - 82 e 54% das células de levedura foram destruídas e a destruição total das células ocorreu após 20 minutos de impacto (Tabela 56).

Após 5, 10, 20 e 30 minutos de impacto da emulsão dispersiva 1:8 de óleo essencial contra a levedura *Candida albicans* BDU-47, o número de células vivas diminuiu, respetivamente, 1,2; 1,4; 2,1 e 5,0 vezes. Após 30 minutos de impacto, 80% das células de levedura foram destruídas e a destruição total das células ocorreu após 40 minutos de impacto (Tabela 56).

Após 5 minutos de impacto de emulsões dispersivas 1:3, 1:4 e 1:5 de óleo essencial contra a levedura *Candida tropicalis* BDU-30, o número de células vivas diminuiu, respetivamente, 2,9; 2,5 e 2,2 vezes. Após 5 minutos de impacto, 54-60% das células fúngicas foram destruídas e a destruição total das células ocorreu após 10 minutos de impacto (Tabela 57).

Tabela 57. **Efeito antibiótico do óleo essencial de menta piperiate contra a levedura *Candida tropicalis* BDU-30**

The contact duration of yeast fungus cells with the essential oil, min	Different dispersions of essential oil emulsions											
	1:3		1:4		1:5		1:6		1:7		1:8	
	The amount of fungal cells 10^3 CFU/ml (M±m)											
	T	C	T	C	T	C	T	C	T	C	T	C
5	8,1± 0,4	23,2± 2,1	9,4± 0,8	23,4± 2,2	10,6± 1,0	23± 1,8	13,2± 1,1	23,4± 2,2	15,7± 1,2	23,2± 2,2	18,8± 1,4	23,1± 1,8
10	0,0	23,2± 2,2	0,0	23,4± 2,1	0,0	23± 2,1	3,3± 0,1	23,4± 2,0	8,6± 0,6	23,2± 2,1	14,8± 1,2	23,1± 2,2
20	0,0	+	0,0	+	0,0	+	0,0	23,4± 2,1	0,0	23,2± 1,9	8,6± 0,4	23,1± 2,1
30	0,0	+	0,0	+	0,0	+	0,0	+	0,0	+	0,0	23,1± 1,9
40	0,0	+	0,0	+	0,0	+	0,0	+	0,0	+	0,0	+
50	0,0	+	0,0	+	0,0	+	0,0	+	0,0	+	0,0	+
60	0,0	+	0,0	+	0,0	+	0,0	+	0,0	+	0,0	+

Nota: T - Ensaio, C - Controlo

Assim, os fungos de levedura *Candida albicans* 47 e *Candida tropicalis* BDU-30 mostraram uma sensibilidade muito elevada e semelhante ao efeito antifúngico do óleo essencial de piperiato de menta. No entanto, a sensibilidade do fungo *Candida albicans* BDU-47 ao óleo essencial foi superior à sensibilidade do fungo *Candida tropicalis* BDU-30. Assim, após 5 minutos de impacto de uma emulsão dispersiva 1:3 de óleo essencial contra o fungo *Candida albicans* BDU-47, 68% das células foram destruídas, contra o fungo *Candida tropicalis* BDU-30, 65% das células foram destruídas [58, 144].

4.2. Atividade antifúngica do óleo essencial de foeniculum vulgare contra fungos de levedura

Após 5 minutos de impacto de emulsões dispersivas 1:3, 1:4 e 1:5 de óleo essencial de foeniculum vulgare contra o fungo de levedura *Candida albicans* BDU-47, o número de células vivas diminuiu, respetivamente, 1,3; 1,27 e 1.23 vezes, após 10 minutos de impacto, o número de células vivas diminuiu, respetivamente, 1,8; 1,75 e 1,63 vezes, após 20 minutos de impacto, o número de células vivas diminuiu, respetivamente, 9,6; 7,4 e 4,4 vezes, em comparação com o controlo. Após 20 minutos de impacto, 77-90% das células fúngicas foram destruídas e a destruição total das células ocorreu após 30 minutos de impacto (Quadro 58).

Após 5, 10, 20 e 30 minutos de impacto da emulsão dispersiva 1:6 de óleo essencial contra o fungo de levedura *Candida albicans* BDU-47, o número de células vivas diminuiu, respetivamente, 1,2; 1,5; 2,9 e 30 vezes. Após 30 minutos de impacto, 97% das células fúngicas foram destruídas e a destruição total das células ocorreu após 40 minutos de impacto (Tabela 58).

Após 5, 10, 20, 30 e 40 minutos de impacto da emulsão de dispersão 1:7 de óleo essencial contra o fungo de levedura *Candida albicans* BDU-47, o número de células vivas diminuiu, respetivamente, 1,14; 1,3; 2,0; 4,4 e 108 vezes, em comparação com o controlo. Após 40 minutos de impacto, 99,1% das células fúngicas foram destruídas e a destruição total das células ocorreu após 50 minutos de impacto (Tabela 58).

Tabela 58. **Efeito antibiótico do óleo essencial de foeniculum vulgare contra a levedura *Candida albicans* BDU-47**

The contact duration of yeast fungus cells with the essential oil, min	Different dispersions of essential oil emulsions											
	1:3		1:4		1:5		1:6		1:7		1:8	
	The amount of fungal cells 10^3 CFU/ml (M±m)											
	T	C	T	C	T	C	T	C	T	C	T	C
5	25,8±2,4	33,4±3,1	25,9±2,3	33,1±2,9	27,3±2,5	33,6±3,1	27,9±2,6	33,5±3,1	29±2,6	33,2±3,1	30±2,9	33,1±2,6
10	18,2±1,6	33,4±3,2	18,8±1,7	33,1±3,1	20,6±1,8	33,6±3,2	22,4±2,1	33,5±3,0	24,9±2,2	33,2±3,2	27±2,4	33,1±3,2
20	3,4±0,2	33,3±2,8	4,4±0,3	33±3,2	7,6±0,6	33,6±3,0	11,3±0,7	33,5±3,3	16,7±1,4	33,2±2,7	21±2,0	33,1±3,1
30	0,0	33,2±3,0	0,0	33±3,2	0,0	33,5±3,0	1,1±0,1	33,4±3,1	8,5±0,7	33,1±3,0	14,9±1,2	33,1±3,2
40	0,0	+	0,0	+	0,0	+	0,0	33,4±3,0	0,3±0,02	33,1±2,8	9,1±0,7	33±3,3
50	0,0	+	0,0	+	0,0	+	0,0	+	0,0	33,0±3,1	3,2±0,2	33±3,0
60	0,0	+	0,0	+	0,0	+	0,0	+	0,0	+	0,0	33±2,9

Nota: T - Ensaio, C - Controlo

Após 5, 10, 20, 30, 40 e 50 minutos de impacto da emulsão dispersiva 1:8 de óleo essencial contra o fungo de levedura *Candida albicans* BDU-47, o número de células vivas diminuiu, respetivamente, 1,1; 1,2; 1,6; 2,2; 3,6 e 10,1 vezes. Após 50 minutos de impacto, 90% das células fúngicas foram destruídas e a destruição total das células ocorreu após 60 minutos de impacto (Tabela 58).

Após 5 minutos de impacto de emulsões dispersivas 1:3, 1:4 e 1:5 de óleo essencial de foeniculum vulgare contra o fungo de levedura *Candida tropicalis* BDU-30, o número de células vivas diminuiu, respetivamente, 1,3; 1,27 e 1,25 vezes, após 10 minutos de impacto, o número de células vivas diminuiu, respetivamente, 1,8; 1,7 e 1,64 vezes, após 20 minutos de impacto, o número de células vivas diminuiu, respetivamente, 9,6; 7,1 e 4,6 vezes, em comparação com o controlo. Após 20 minutos de impacto, 89-90% das células fúngicas foram destruídas e a destruição total das células ocorreu após 30 minutos de impacto (Quadro 59).

Tabela 59. **Efeito antibiótico do óleo essencial de foeniculum vulgare contra a levedura *Candida tropicalis* BDU-30**

The contact duration of yeast fungus cells with the essential oil, min	Different dispersions of essential oil emulsions											
	1:3		1:4		1:5		1:6		1:7		1:8	
	The amount of fungal cells 10^3 CFU/ml (M±m)											
	T	C	T	C	T	C	T	C	T	C	T	C
5	24,2±2,1	31,4±2,9	24,8±2,2	31,6±2,9	25,1±2,2	31,3±3,0	26,2±2,4	31,4±2,8	27,6±2,5	31,5±2,9	28,3±2,4	31,3±2,9
10	17,2±1,5	31,4±3,0	18±1,6	31,6±2,8	19±1,7	31,3±3,1	21,2±1,9	31,4±3,0	23,7±2,2	31,5±2,8	25,3±2,2	31,3±3,0
20	3,2±0,2	31,3±3,1	4,4±0,3	31,6±2,7	6,7±0,5	31,2±3,0	11±1,1	31,4±2,8	15,8±1,4	31,5±3,0	19,3±1,8	31,3±3,1
30	0,0	31,2±3,0	0,0	31,5±3,1	0,0	31,2±3,0	0,8±0,04	31,3±2,9	8,0±0,7	31,5±2,7	13,2±1,2	31,3±3,0
40	0,0	+	0,0	+	0,0	+	0,0	31,3±2,6	0,2±0,01	31,4±3,0	7,2±0,6	31,2±3,1
50	0,0	+	0,0	+	0,0	+	0,0	+	0,0	31,3±3,1	1,2±0,1	31,2±3,0
60	0,0	+	0,0	+	0,0	+	0,0	+	0,0	+	0,0	31,2±2,9

Nota: T - Ensaio, C - Controlo

Após 5, 10, 20 e 30 minutos de impacto da emulsão dispersiva 1:6 de óleo essencial contra o fungo de levedura *Candida tropicalis* BDU-30, o número de células vivas diminuiu, respetivamente, 1,2; 1,5; 2,8 e 39 vezes. Após 30 minutos de impacto, 97,4% das células fúngicas foram destruídas e a destruição total das células ocorreu após 40 minutos de impacto (Tabela 59).

Após 5, 10, 20, 30 e 40 minutos de impacto da emulsão dispersiva 1:7 de óleo essencial contra o fungo de levedura *Candida tropicalis* BDU-30, o número de células vivas diminuiu, respetivamente, 1,14; 1,32; 2,0; 4,0 e 154 vezes. Após 40 minutos de impacto, 99,4% das células fúngicas foram destruídas e a destruição total das células ocorreu após 50 minutos de impacto (Tabela 59).

Após 5, 10, 20, 30, 40 e 50 minutos de impacto da emulsão dispersiva 1:8 de óleo essencial contra o fungo de levedura *Candida tropicalis* BDU-30, o número de células vivas diminuiu, respetivamente, 1,1; 1,3; 1,6; 2,3; 4,3 e 30 vezes. Após 50 minutos de impacto, 96% das células fúngicas foram destruídas e a destruição total das células ocorreu após 60 minutos de impacto (Tabela 59).

Assim, os fungos de levedura *Candida tropicalis* BDU-30 e *Candida albicans* BDU-47 mostram o mesmo grau de sensibilidade contra o efeito antifúngico do óleo essencial de foeniculum vulgare [152].

4.3. Atividade antifúngica do óleo essencial de ocimum basilicum contra fungos de levedura

Após 5, 10, 20, 30, 40, 50 e 60 minutos de impacto da emulsão dispersiva 1:3 do óleo essencial de ocimum basilicum contra o fungo de levedura *Candida albicans* BDU-47, o número de células vivas diminuiu, respetivamente, 1,15; 1,1; 1,2; 1,3; 1,4; 1,7 e 2,0 vezes, em comparação com o controlo. Após 60 minutos de impacto, 53% das células fúngicas foram destruídas [146].

Após 5 minutos de impacto de emulsões dispersivas 1:4 e 1:5 de óleo essencial contra o fungo de levedura *Candida Albicans* BDU-47, o número de células vivas diminuiu, respetivamente, 1,03 e 1,02 vezes, após 10 minutos de impacto, o número de células vivas diminuiu, respetivamente, 1.09 e 1,03 vezes, após 20 minutos de impacto - 1,15 e 1,05 vezes, após 30 minutos de impacto - 1,2 e 1,1 vezes, após 40 minutos de impacto - 1,3 e 1,2 vezes, após 50 minutos de impacto - 1,5 e 1,3 vezes, após 60 minutos de impacto - 1,8 e 1,5 vezes, respetivamente, em comparação com o controlo. Após 60 minutos de impacto, respetivamente 34 e 44% das células de levedura foram destruídas (Quadro 60).

Após 5, 10, 20, 30, 40, 50 e 60 minutos de impacto da emulsão dispersiva 1:6 de óleo essencial contra o fungo de levedura *Candida albicans* BDU-47, o número de células vivas diminuiu, respetivamente, 1,01; 1,03; 1,04; 1,08; 1,14; 1,2 e 1,3. Após 60 minutos de impacto, 25% das células fúngicas foram destruídas (Tabela 60).

Após 5 minutos de impacto de emulsões dispersivas 1:7 e 1:8 de óleo essencial contra o fungo de levedura *Candida Albicans* BDU-47, o número de células vivas diminuiu, 1,01 vezes, após 10 minutos de impacto - 1,02 vezes, após 20 minutos de impacto - 1,04 vezes, após 30 minutos de impacto - 1.06 vezes, após 40 minutos de impacto - 1,09 e 1,08 vezes, respetivamente, após 50 minutos de impacto o número de células vivas diminuiu, respetivamente, 1,12 e 1,11 vezes, após 60 minutos de impacto - respetivamente, 1,15 e 1,14 vezes, em comparação com o controlo. Após 60 minutos de impacto, 13% das células de levedura foram destruídas (Quadro 60).

Tabela 60. **Efeito antibiótico do óleo essencial de ocimum basilicum contra a levedura *Candida albicans* BDU-47**

The contact duration of yeast fungus cells with the essential oil, min	Different dispersions of essential oil emulsions											
	1:3		1:4		1:5		1:6		1:7		1:8	
	The amount of fungal cells 10^3 CFU/ml (M±m)											
	T	C	T	C	T	C	T	C	T	C	T	C
5	30,6± 2,8	32,3± 3,1	32,1± 3,1	33± 3,2	30,3± 2,6	30,8± 2,7	32± 3,1	32,4± 3,0	31,7± 2,8	32± 3,1	31,1± 3,0	31,4± 2,8
10	29± 2,6	32,3± 3,0	31,3± 2,6	33± 3,1	29,8± 2,7	30,8± 2,6	31,6± 2,9	32,4± 3,1	31,4± 2,7	32± 3,1	30,8± 2,6	31,4± 2,9
20	26,1± 2,2	32,2± 3,2	28,4± 2,3	32,9± 3,1	28,9± 2,6	30,8± 2,7	30,8± 2,8	32,4± 3,0	30,8± 2,8	32± 3,0	30,2± 2,8	31,4± 3,0
30	23,8± 2,2	32,1± 3,0	26,0± 2,4	32,9± 3,0	27,5± 2,5	30,7± 2,8	30± 2,6	32,3± 3,1	30,1± 2,9	31,9± 2,8	29,5± 2,6	31,4± 2,1
40	20,9± 1,7	32,0± 2,8	24± 2,1	32,8± 3,1	25,3± 2,2	30,7± 2,7	28,3± 2,4	32,3± 3,0	29,3± 2,6	31,9± 2,9	28,9± 2,7	31,3± 2,7
50	17,5± 1,4	31,9± 2,9	21,4± 1,9	32,7± 2,8	23,2± 2,1	30,6± 2,7	26,2± 2,3	32,2± 3,1	28,5± 2,5	31,8± 3,0	28,2± 2,3	31,3± 2,9
60	14,9± 1,1	31,8± 2,6	17,7± 1,5	31,7± 2,9	19,8± 1,6	30,6± 2,8	24,0± 2,1	32,2± 3,0	27,6± 2,1	31,8± 2,6	27,6± 2,4	31,4± 2,8

Nota: T - Ensaio, C - Controlo

Após 5 minutos de impacto de emulsões dispersivas 1:3 e 1:4 de óleo essencial de osmium basilicum contra o fungo de levedura *Candida tropicalis* BDU-30, o número de células vivas diminuiu, respetivamente, 1,06 e 1,04 vezes, após 10 minutos de impacto - respetivamente, 1,1 e 1,08 vezes, após 20 minutos - respetivamente, 1.2 e 1,17 vezes, após 30 minutos de impacto, respetivamente, 1,4 e 1,3 vezes, após 40 minutos de impacto, respetivamente, 1,6 e 1,4 vezes, após 50 minutos de impacto, respetivamente, 1,9 e 1,6 vezes, após 60 minutos de impacto, o número de células vivas diminuiu, respetivamente, 2,4 e 2,9 vezes, em comparação com o controlo. Após 60 minutos de impacto, 50-58% das células de levedura foram destruídas (Quadro 61).

Após 5 minutos de impacto de emulsões dispersivas 1:5 e 1:6 de óleo de ocimum basilicum contra o fungo de levedura *Candida tropicalis* BDU-30, o número de células vivas diminuiu, respetivamente, 1,02 e 1,01 vezes, após 10 minutos de impacto, respetivamente, 1,05 e 1,02 vezes, após 20 minutos de impacto, respetivamente, 1,1 e 1.06 vezes, após 30 minutos de impacto-respetivamente, 1,16 e 1,11 vezes, após 40 minutos de impacto-respetivamente, 1,2 e 1,17 vezes, após 50 minutos de impacto-respetivamente, 36 e 1,23 vezes, após 60 minutos de impacto o número de células vivas diminuiu, respetivamente, 1,5 e 1,3 vezes, em comparação com o controlo. Após 60 minutos de impacto, 24-34% das células de levedura foram destruídas (Quadro 61).

Tabela 61. **Efeito antibiótico do óleo essencial de ocimum basilicum contra a levedura *Candida tropicalis* BDU-30**

The contact duration of yeast fungus cells with the essential oil, min	Different dispersions of essential oil emulsions											
	1:3		1:4		1:5		1:6		1:7		1:8	
	The amount of fungal cells 10^3CFU/ml (M±m)											
	T	C	T	C	T	C	T	C	T	C	T	C
5	27,8± 2,5	29,6± 2,7	29,0± 2,6	30,1± 2,7	28,4± 2,2	29,1± 2,7	29,7± 2,1	30± 2,6	28,2± 2,4	28,4± 2,6	30,6± 2,7	30,8± 2,8
10	26,2± 2,4	29,6± 2,6	27,8± 2,4	30,1± 2,8	27,7± 2,5	29,1± 2,6	29,3± 2,7	30± 2,7	28,0± 2,6	28,4± 2,4	30,4± 2,8	30,8± 2,7
20	23,4± 2,2	29,6± 2,5	25,7± 2,2	30,1± 2,6	26,3± 2,4	29,1± 2,8	28,1± 2,5	30± 2,8	27,6± 2,7	28,4± 2,7	30,0± 2,7	30,8± 2,6
30	20,5± 1,6	29,5± 2,2	23,6± 2,1	30± 2,9	25,0± 2,3	29± 2,6	26,9± 2,3	29,9± 2,7	27,1± 2,3	28,4± 2,3	29,5± 2,7	30,8± 2,6
40	18,0± 1,5	29,4± 2,1	21,2± 1,8	30± 2,7	23,3± 2,1	29± 2,5	25,5± 2,4	29,9± 2,6	26,7± 2,2	28,3± 2,7	29,0± 2,8	30,7± 2,6
50	15,1± 1,3	29,3± 2,6	18,5± 1,7	29,9± 2,6	21,2± 1,9	28,9± 2,7	24,4± 2,2	29,9± 2,8	26,2± 2,1	28,3± 2,2	28,6± 2,4	30,7± 2,4
60	12,3± 1,1	29,2± 2,4	15,0± 1,3	29,9± 2,8	19± 1,7	28,9± 2,6	22,5± 2,1	29,8± 2,6	25,7± 2,3	28,2± 2,1	28,0± 2,5	30,7± 2,3

Nota: T - Ensaio, C - Controlo

Após 5 minutos de impacto de emulsões dispersivas 1:7 e 1:8 de óleo essencial contra o fungo de levedura *Candida tropicalis* BDU-30, o número de células vivas diminuiu muito pouco, após 10 minutos de impacto o número de células vivas diminuiu 1,01 vezes, após 20 minutos de impacto 1.02 vezes, após 30 minutos de impacto 1,04 vezes, após 40 minutos de impacto - 1,06 vezes, após 50 minutos de impacto - respetivamente, 1,08 e 1,07 vezes, após 60 minutos de impacto o número de células vivas diminuiu, respetivamente, 1,1 e 1,09 vezes, em comparação com o controlo. Após 60 minutos de impacto, 9% das células de levedura foram destruídas (Quadro 61).

Assim, as culturas de *Candida albicans* BDU-47 e *Candida tropicalis* BDU-30 mostraram uma sensibilidade muito fraca e semelhante aos efeitos antifúngicos do óleo essencial de ocimum basiculum.

4.4. Atividade antifúngica do óleo essencial de Coriandrum sativum contra fungos de levedura

Após 5, 10, 20, 30, 40 e 50 minutos de impacto da emulsão dispersiva 1:3 de óleo essencial de Coriandrum sativum contra o fungo de levedura *Candida albicans* BDU-47, o número de células vivas diminuiu, respetivamente, 1,08; 1,2; 1,5; 2,0; 3,0 e 6,3 vezes, em comparação com o controlo. Após 50 minutos de impacto, 84% das células de levedura foram destruídas e a sua morte total ocorreu após 60 minutos de impacto (Quadro 62).

Após 5, 10, 20, 30, 40, 50 e 60 minutos de impacto da emulsão dispersiva 1:4 de óleo essencial contra o fungo de levedura *Candida albicans* BDU-47, o número de células vivas diminuiu, respetivamente, 1,08; 1,2; 1,4; 1,6; 2,2; 3,7 e 11,2 vezes. Após 60 minutos de impacto, 91% das células de levedura foram destruídas (Tabela 62).

Após 5, 10, 20, 30, 40, 50 e 60 minutos de impacto da emulsão dispersiva 1:5 de óleo essencial contra o fungo de levedura *Candida albicans* BDU-47, o número de células vivas diminuiu, respetivamente, 1,06; 1,1; 1,3; 1,5; 1,8; 2,6 e 4,5 vezes, em comparação com o controlo. Após 60 minutos de impacto, 78% das células de levedura foram destruídas (Tabela 62).

Após 5 minutos de impacto de emulsões dispersivas 1:6 e 1:7 de óleo essencial contra o fungo de levedura *Candida albicans* BDU-47, o número de células vivas diminuiu, respetivamente, 1,05 e 1,03 vezes, após 10 minutos de impacto, respetivamente, 1,09 e 1,07 vezes, após 20 minutos de impacto, respetivamente, 1,18 e 1,13 vezes, após 30 minutos de impacto, respetivamente, 1,3 e 1,24 vezes, após 40 minutos de impacto, respetivamente, 1,5 e 1,4 vezes, após 50 minutos de impacto, respetivamente,

2,0 e 1,6 vezes, após 60 minutos de impacto - respetivamente, 3,1 e 2,4 vezes, em comparação com o controlo. Após 60 minutos de impacto de emulsões dispersivas 1:6 e 1:7 de óleo essencial, 67 e 59% das células de levedura foram destruídas (Tabela 62).

Tabela 62. **Efeito antibiótico do óleo essencial de Coriandrum sativum contra a levedura *Candida albicans* BDU-47**

The contact duration of yeast fungus cells with the essential oil, min	Different dispersions of essential oil emulsions											
	1:3		1:4		1:5		1:6		1:7		1:8	
	The amount of fungal cells 10^3CFU/ml (M±m)											
	T	C	T	C	T	C	T	C	T	C	T	C
5	28,1± 2,4	30,4± 2,4	29,3± 2,6	31,6± 2,7	29,1± 2,6	30,8± 2,8	29,8± 2,4	31,2± 2,9	30,1± 2,7	31,1± 2,8	29,8± 2,6	30,7± 2,4
10	25,6± 2,3	30,4± 2,8	27,2± 2,5	31,6± 2,8	27,8± 2,4	30,8± 2,6	28,5± 2,6	31,2± 2,7	29± 2,6	31,1± 3,0	28,6± 2,4	30,7± 2,5
20	20,8± 1,8	30,3± 2,7	23,1± 2,1	31,5± 2,7	24,1± 2,2	30,8± 2,7	26,4± 2,3	31,2± 2,8	27,5± 2,2	31,1± 2,7	27± 2,3	30,6± 2,7
30	15,6± 1,2	30,2± 2,5	19,4± 1,6	31,5± 2,6	21± 1,8	30,7± 2,8	23,9± 2,1	31,1± 2,7	25± 2,4	31,0± 2,6	24,6± 2,1	30,6± 2,6
40	10,00,8	30,1± 2,6	14± 1,1	31,4± 2,8	17,1± 1,5	30,7± 2,9	20,1± 1,6	31,1± 2,6	22,8± 1,8	31,0± 2,5	22,3± 2,0	30,5± 2,4
50	4,8± 0,2	30± 2,6	8,6± 0,4	31,4± 2,9	11,6± 0,7	30,6± 2,6	15,8± 1,2	30,0± 2,5	18,8± 1,4	30,9± 2,6	19,5± 1,8	30,5± 2,3
60	0,0	29,9± 2,8	2,8± 0,1	31,3± 2,4	6,8± 0,3	30,6± 2,7	10,1± 0,7	31,0± 2,6	12,9± 1,1	30,9± 2,3	15,8± 1,3	30,5± 2,2

Nota: T - Ensaio, C - Controlo

Após 5, 10, 20, 30, 40, 50 e 60 minutos de impacto da emulsão dispersiva 1:8 de óleo essencial contra o fungo de levedura *Candida albicans* BDU-47, o número de células vivas diminuiu, respetivamente, 1,03; 1,07; 1,13; 1,24; 1,36; 1,6 e 1,9 vezes, em comparação com o controlo. Após 60 minutos de impacto, 48% das células de levedura foram destruídas (Tabela 62).

Após 5, 10, 20, 30, 40 e 50 minutos de impacto da emulsão dispersiva 1:3 do óleo essencial de Coriandrum sativum contra o fungo de levedura *Candida tropicalis* BDU-30, o número de células vivas diminuiu, respetivamente, 1,1; 1,2; 1,5; 2,0; 3,2 e 8,0 vezes, em comparação com o controlo. Após 60 minutos de impacto, 87% das células de levedura foram destruídas (Quadro 63).

Após 5, 10, 20, 30, 40, 50 e 60 minutos de impacto da emulsão dispersiva 1:4 de óleo essencial contra o fungo de levedura *Candida tropicalis* BDU-30, o número de células vivas diminuiu, respetivamente, 1,08; 1,17; 1,4; 1,7; 2,4; 4,1 e 16,2 vezes. Após 60 minutos de impacto, 94% das células de levedura foram destruídas (Tabela 63).

Tabela 63. **Efeito antibiótico do óleo essencial de Coriandrum sativum contra a levedura *Candida tropicalis* BDU-30**

The contact duration of yeast fungus cells with the essential oil, min	Different dispersions of essential oil emulsions											
	1:3		1:4		1:5		1:6		1:7		1:8	
	The amount of fungal cells 10^3CFU/ml (M±m)											
	T	C	T	C	T	C	T	C	T	C	T	C
5	27,2±2,5	29,8±2,4	27,2±2,2	29,4±2,3	27,8±2,2	29,3±2,4	28,3±2,5	29,7±2,6	28,3±2,2	29,4±2,7	28,5±2,4	29,4±2,5
10	24,8±2,1	29,8±2,5	25,1±2,2	29,4±2,7	26,5±2,1	29,3±2,5	27±2,2	29,7±2,7	27,2±2,3	29,4±2,3	27,3±2,5	29,4±2,6
20	19,9±1,6	29,8±2,3	21±1,8	29,4±2,6	23,1±2,1	29,3±2,4	24,9±2,1	29,7±2,4	25,8±2,1	29,4±2,6	25,9±2,1	29,4±2,7
30	14,7±1,2	29,7±2,5	17,2±1,4	29,3±2,5	20±1,7	29,2±2,6	22±2,1	29,6±2,2	23,3±1,9	29,4±2,6	23,6±2,1	29,4±2,4
40	9,3±0,4	29,6±2,6	12,4±0,7	29,3±2,4	16,6±1,1	29,2±2,5	18,1±1,4	29,6±2,3	21±1,7	29,3±2,3	21,2±1,7	29,4±2,3
50	3,7±0,2	29,5±2,4	7,1±0,3	29,2±2,2	10,9±0,7	29,2±2,3	13,4±1,1	29,6±2,4	17,1±1,3	29,3±2,4	17,5±1,4	29,3±2,2
60	0,0	29,4±2,3	1,8±0,1	29,2±2,4	5,4±0,2	29,1±2,4	8,2±0,4	29,5±2,5	11,2±0,8	29,3±2,1	13,8±1,1	29,3±2,6

Nota: T - Ensaio, C - Controlo

Após 5 minutos de impacto de emulsões dispersivas 1:5 e 1:6 de óleo essencial contra o fungo de levedura *Candida tropicalis* BDU-30, o número de células vivas diminuiu 1,05 vezes, após 10 minutos de impacto - 1,1 vezes, após 20 minutos de impacto - respetivamente, 1,3 e 1.2 vezes, após 30 minutos de impacto, respetivamente, 1,5 e 1,3 vezes, após 40 minutos de impacto, respetivamente, 1,8 e 1,6 vezes, após 50 minutos de impacto, respetivamente, 2,7 e 2,2 vezes, após 60 minutos de impacto, respetivamente, 5,4 e 3,6 vezes, em comparação com o controlo. Após 60 minutos de impacto do óleo essencial, respetivamente, 81 e 72% das células de levedura foram destruídas (Tabela 63).

Após 5 minutos de impacto de emulsões dispersivas 1:7 e 1:8 de óleo essencial contra o fungo de levedura *Candida tropicalis* BDU-30, o número de células vivas diminuiu, respetivamente, 1,04 e 1,03 vezes, após 10 minutos de impacto, respetivamente, 1,08 e 1,07 vezes, após 20 minutos de impacto, respetivamente, 1.14 e 1,13 vezes, após 30 minutos de impacto-respetivamente, 1,7 e 1,6 vezes, após 40 minutos de impacto-respetivamente, 2,6 e 1,38 vezes, após 50 minutos de impacto-respetivamente, 1,7 e 1,6 vezes, após 60 minutos de impacto-respetivamente, 2,6 e 2,1 vezes, em comparação com o controlo. Após 60 minutos de impacto do óleo essencial, 62 e 53% das células de levedura foram destruídas (Quadro 63).

Assim, as culturas de levedura *Candida tropicalis* BDU-30 e *Candida albicans* BDU-47 não diferiram entre si devido à sensibilidade contra o efeito antifúngico do óleo essencial de Coriandrum sativum [145].

4.5. Atividade antifúngica do óleo essencial de saturea laxiflora contra fungos de levedura

Após 5 minutos de impacto de emulsões dispersivas 1:3, 1:4 e 1:5 de óleo essencial de saturea laxiflora contra o fungo de levedura *Candida albicans* BDU-47, o número de células vivas diminuiu, respetivamente, 2,9; 2,5 e 2,1 vezes, em comparação com o controlo. A destruição das células de levedura ocorreu após 10 minutos de impacto (Tabela 64).

Após 5 minutos de impacto de emulsões dispersivas 1:6 e 1:7 de óleo essencial contra o fungo de levedura *Candida albicans* BDU-47, o número de células vivas diminuiu, respetivamente, 1,7 e 1,4 vezes, após 10 minutos de impacto, o número de células vivas diminuiu, respetivamente, 4,6 e 2,1 vezes, em comparação com o controlo. A destruição de 78 e 53% das células de levedura ocorreu após 10 minutos de impacto e a sua morte total foi observada após 20 minutos de impacto (Tabela 64).

Após 5, 10, 20 e 30 minutos de impacto da emulsão dispersiva 1:8 de óleo essencial contra o fungo de levedura *Candida albicans* BDU-47, o número de células vivas diminuiu, respetivamente, 1,2; 1,4; 2,2 e 5,2 vezes, em comparação com o controlo. Após 30 minutos de impacto do óleo essencial, 81% das células de levedura foram destruídas. A destruição total das células de levedura ocorreu após 40 minutos de impacto (Tabela 64).

Tabela 64. **Efeito antibiótico do óleo essencial de Saturea laxiflora contra o fungo de levedura *Candida albicans* BDU-47**

The contact duration of yeast fungus cells with the essential oil, min	Different dispersions of essential oil emulsions											
	1:3		1:4		1:5		1:6		1:7		1:8	
	The amount of fungal cells 10³CFU/ml (M±m)											
	T	C	T	C	T	C	T	C	T	C	T	C
5	8,2± 0,4	23,4± 2,1	9,6± 0,4	23,6± 2,1	11,2± 0,8	23,2± 1,9	14,1± 1,1	23,5± 2,0	17± 1,2	23,2± 2,1	20,3± 1,8	23,4± 2,2
10	0,0	23,4± 2,0	0,0	23,6± 2,1	0,0	23,2± 2,1	5,1± 0,2	23,5± 2,1	11± 0,7	23,2± 2,0	17± 1,3	23,4± 2,1
20	0,0	+	0,0	+	0,0	+	0,0	23,5± 1,8	0,0	23,2± 1,9	10,8± 0,6	23,4± 2,0
30	0,0	+	0,0	+	0,0	+	0,0	+	0,0	+	4,5± 0,2	23,3± 2,0
40	0,0	+	0,0	+	0,0	+	0,0	+	0,0	+	0,0	23,3± 2,1
50	0,0	+	0,0	+	0,0	+	0,0	+	0,0	+	0,0	+
60	0,0	+	0,0	+	0,0	+	0,0	+	0,0	+	0,0	+

Nota: T - Ensaio, C - Controlo

Após 5 minutos de impacto de emulsões dispersivas 1:3, 1:4 e 1:5 de óleo essencial de saturea laxiflora contra o fungo de levedura *Candida tropicalis* BDU-30, o número de células vivas diminuiu, respetivamente, 3,0; 2,6 e 2,2 vezes, em comparação com o controlo. Por outras palavras, ocorreu a destruição de 66, 62 e 54% das células de levedura e a sua morte total foi observada após 10 minutos de impacto (Tabela 65).

Após 5 minutos de impacto de emulsões dispersivas 1:6 e 1:7 de óleo essencial contra o fungo de levedura *Candida tropicalis* BDU-30, o número de células vivas diminuiu, respetivamente, 1,8 e 1,5 vezes, após 10 minutos de impacto, o número de células vivas diminuiu, respetivamente, 8,1 e 2,8 vezes, em comparação com o controlo. Após 10 minutos de impacto, 88 e 64% das células de levedura foram destruídas e a sua morte total foi observada após 20 minutos de impacto (Tabela 65).

Após 5, 10 e 20 minutos de impacto da emulsão dispersiva 1:8 de óleo essencial contra o fungo de levedura *Candida tropicalis* BDU-30, o número de células vivas diminuiu, respetivamente, 1,2; 1,6 e 2,8 vezes. Após 20 minutos de impacto, 64% das células de levedura foram destruídas e a sua morte total foi observada após 30 minutos de impacto (Tabela 65).

Tabela 65. **Efeito antibiótico do óleo essencial de Saturea laxiflora contra a levedura *Candida tropicalis* BDU-30**

The contact duration of yeast fungus cells with the essential oil, min	Different dispersions of essential oil emulsions											
	1:3		1:4		1:5		1:6		1:7		1:8	
	The amount of fungal cells 10^3CFU/ml (M±m)											
	T	C	T	C	T	C	T	C	T	C	T	C
5	7,7±0,3	22,8±2,1	8,5±0,4	22,5±2,0	10,4±0,6	22,7±2,1	12,7±1,1	22,8±2,0	15,2±1,2	22,6±2,0	18,4±1,3	22,6±2,1
10	0,0	22,8±2,0	0,0	22,5±1,9	0,0	22,7±1,8	2,8±0,1	22,8±2,1	8,1±0,6	22,6±1,8	14,4±1,1	22,6±1,8
20	0,0	+	0,0	+	0,0	+	0,0	22,8±1,9	0,0	22,6±1,8	8,2±0,4	22,6±1,9
30	0,0	+	0,0	+	0,0	+	0,0	+	0,0	+	0,0	22,6±2,0
40	0,0	+	0,0	+	0,0	+	0,0	+	0,0	+	0,0	+
50	0,0	+	0,0	+	0,0	+	0,0	+	0,0	+	0,0	+
60	0,0	+	0,0	+	0,0	+	0,0	+	0,0	+	0,0	+

Nota: T - Ensaio, C - Controlo

Assim, os fungos de levedura *Candida tropicalis* BDU-30 e *Candida albicans* BDU-47 apresentam uma elevada sensibilidade contra o efeito antifúngico do óleo essencial de Saturea laxiflora. No entanto, a sensibilidade de *Candida tropicalis* BDU-30 contra o efeito do óleo essencial é 1,2 vezes superior à sensibilidade de *Candida albicans* BDU-47. Como, após o impacto da emulsão dispersiva 1:8 do óleo essencial, a morte do primeiro fungo ocorreu após 30 minutos, a morte da segunda cultura ocorreu após 40 minutos [151].

4.6. Atividade antifúngica do óleo essencial de Rosmarinus officinalis contra fungos de levedura

Após 5 minutos de impacto de emulsões dispersivas 1:3, 1:4 e 1:5 de óleo essencial de Rosmarinus officinalis contra o fungo de levedura *Candida albicans* BDU-47, o número de células vivas diminuiu, respetivamente, 1,1; 1,06 e 1,04 vezes, após 10 minutos de impacto, respetivamente, 1,15; 1,1 e 1,08 vezes, após 20 minutos de impacto, respetivamente, 1.3; 1,24 e 1,2 vezes, após 30 minutos de impacto-respetivamente, 1,4; 1,35 e 1,34 vezes, após 40 minutos de impacto-respetivamente, 1,60 e 1,53 vezes, após 50 minutos de impacto-respetivamente, 2,0; 1,9 e 1,8 vezes, após 60 minutos de impacto o número de células vivas diminuiu, respetivamente, 2,4; 2,3 e 2,2 vezes em comparação com o controlo. Após 60 minutos de impacto, respetivamente, 58, 57 e 54% das células de levedura foram destruídas e a sua morte total não foi observada (Quadro 66).

Tabela 66. **Efeito antibiótico do óleo essencial de Rosmarinus officinalis contra a levedura *Candida albicans* BDU-47**

The contact duration of yeast fungus cells with the essential oil, min	Different dispersions of essential oil emulsions											
	1:3		1:4		1:5		1:6		1:7		1:8	
	The amount of fungal cells 10^3 CFU/ml (M±m)											
	T	C	T	C	T	C	T	C	T	C	T	C
5	21,4±2,0	22,6±2,0	21,2±1,7	22,3±2,1	21,4±2,0	22,4±2,1	22,1±2,0	22,8±2,0	22,1±1,8	22,5±2,1	22,2±2,0	22,4±2,1
10	20,3±1,8	22,6±1,8	20,1±1,8	22,3±2,0	20,5±1,6	22,4±2,0	21,3±1,9	22,8±2,1	21,6±2,0	22,5±2,2	22±2,1	22,4±2,0
20	18±1,4	22,5±1,8	17,9±1,6	22,2±1,9	18,6±1,6	22,4±1,8	19,5±1,7	22,8±1,9	21,0±1,8	22,5±1,9	21,2±1,8	21,6±2,0
30	15,8±1,2	22,4±2,1	15,9±1,2	22,2±2,1	16,6±1,5	22,3±1,6	18±1,4	22,7±1,8	19,7±1,7	22,4±1,8	21,2±1,9	21,2±1,9
40	13,6±1,1	22,3±2,0	13,8±1,1	22,1±1,8	14,5±1,2	22,3±1,4	16,5±1,5	22,7±2,1	17,8±1,3	22,4±2,2	20,7±1,7	20,7±1,8
50	11,4±1,0	22,2±1,8	11,6±0,7	22,1±1,7	12,4±0,8	22,2±1,6	14,6±1,2	22,6±1,8	16,9±1,4	22,4±2,1	20±1,8	20±1,6
60	9,2±0,4	22,1±1,8	9,5±0,6	21,9±1,8	10,3±0,8	22,2±1,8	13±1,1	22,6±2,1	15,5±1,4	22,3±2,1	19,1±1,8	19,1±1,7

Nota: T - Ensaio, C - Controlo

Após 5 minutos de impacto de emulsões dispersivas 1:6 e 1:7 de óleo essencial contra o fungo de levedura *Candida albicans* BDU-47, o número de células vivas diminuiu, respetivamente, 1,03 e 1,02 vezes, após 10 minutos de impacto, respetivamente, 1,07 e 1,04 vezes, após 20 minutos de impacto, respetivamente, 1,16 e 1.07 vezes, após 30 minutos de impacto-respetivamente, 1,26 e 1,14 vezes, após 40 minutos de impacto-respetivamente, 1,38 e 1,26 vezes, após 50 minutos de impacto-respetivamente, 1,36 e 1,32 vezes, após 60 minutos de impacto-respetivamente, 1,7 e 1,4 vezes, em comparação com o controlo e 42 e 30% das células de levedura foram destruídas (Quadro 66).

Após 5, 10, 20, 30, 40, 50 e 60 minutos de impacto da emulsão dispersiva 1:8 de óleo essencial contra o fungo de levedura *Candida albicans* BDU-47, o número de células vivas diminuiu, respetivamente, 1,01; 1,02; 1,03; 1,06; 1,07; 1,12 e 1,16 vezes, em comparação com o controlo. Após 60 minutos de impacto, apenas 14% das células foram destruídas (Tabela 66).

Após 5 minutos de impacto de emulsões dispersivas 1:3, 1:4, 1:5 e 1:6 de óleo essencial de Rosmarinus officinalis contra o fungo de levedura *Candida tropicalis* BDU-30, o número de células vivas diminuiu, respetivamente, 1,06; 1,05; 1,04 e 1,03 vezes, após 10 minutos de impacto - respetivamente, 1,11; 1,09; 1,07 e 1,04 vezes, após 20 minutos de impacto - respetivamente, 1.24; 1,19; 1,14 e 1,11 vezes, após 30 minutos de impacto - respetivamente, 1,4; 1,33; 1,28 e 1,23 vezes, após 40 minutos de impacto - respetivamente, 1,6; 1,5; 1,44 e 1,34 vezes, após 50 minutos de impacto - respetivamente, 1,9; 1,7; 1, 1,6 e 1,5 vezes, após 60 minutos de impacto - respetivamente, 2,2; 2,1; 1,9 e 1,7 vezes, em comparação com o controlo. Após 60 minutos de impacto, 54, 51, 47 e 41%, respetivamente, das células de levedura foram destruídas (Quadro 67).

Após 5, 10, 20, 30, 40, 50 e 60 minutos de impacto da emulsão dispersiva 1:7 de óleo essencial contra o fungo de levedura *Candida tropicalis* BDU-30, o número de células vivas diminuiu, respetivamente, 1,01; 1,03; 1,07; 1,13; 1,24; 1,3 e 1,4 vezes, em comparação com o controlo. Após 60 minutos de impacto, 30% das células de levedura foram destruídas (TAB. 67).

Após 5, 10, 20, 30, 40, 50 e 60 minutos de impacto da emulsão dispersiva 1:8 de óleo essencial contra o fungo *Candida tropicalis* BDU-30, o número de células vivas diminuiu, respetivamente, 1,01; 1,02; 1,03; 1,06; 1,07; 1,08 e 1,11 vezes, em comparação com o controlo. Após 60 minutos de impacto, apenas 10% das células de levedura foram destruídas (Tabela 67).

Assim, os fungos de levedura *Candida tropicalis* BDU-30 e *Candida albicans BDU-47* tiveram menos sensibilidade contra o efeito antifúngico do óleo essencial de Rosmarinus officinalis, mas a sensibilidade do primeiro fungo foi 1,4 vezes superior à sensibilidade do segundo [57].

Tabela 67. **Efeito antibiótico do óleo essencial de Rosmarinus officinalis contra a levedura *Candida tropicalis* BDU-30**

The contact duration of yeast fungus cells with the essential oil, min	Different dispersions of essential oil emulsions											
	1:3		1:4		1:5		1:6		1:7		1:8	
	The amount of fungal cells 10³CFU/ml (M±m)											
	T	C	T	C	T	C	T	C	T	C	T	C
5	21,8±1,9	23,1±2,2	22±1,8	23±2,1	22,1±1,9	22,8±2,1	22,4±2,0	22,9±2,0	22,6±2,1	23±2,1	22,9±2,2	23,1±2,2
10	20,8±1,8	23,1±2,1	21,1±2,0	23±2,2	21,4±1,8	22,8±2,0	22,9±1,8	22,9±2,1	22,2±2,0	23±2,2	22,8±1,8	23,1±2,1
20	18,6±1,4	23,1±2,0	19,3±1,7	23±1,9	20±1,6	22,8±1,9	20,6±1,9	22,9±2,1	21,2±2,0	23±1,9	22,4±1,9	23,1±2,0
30	16,4±1,5	23,0±2,1	17,2±1,6	22,9±2,1	17,7±1,2	22,7±1,8	18,5±1,5	22,7±1,9	20,4±1,9	23±2,0	21,8±2,0	23,1±2,0
40	14,2±1,2	22,9±2,0	15±1,3	22,9±2,0	15,8±1,3	22,7±1,6	16,9±1,3	22,7±1,8	18,4±1,6	22,9±2,1	21,4±1,8	23±2,2
50	12,1±1,1	22,7±1,8	13,1±1,2	22,8±1,6	13,8±1,1	22,5±1,8	15,9±1,3	22,7±1,7	17,6±1,4	22,9±2,0	20,6±1,7	23±2,1
60	10,2±0,7	22,7±1,8	1,1±0,8	22,8±1,8	12±0,8	22,6±2,0	13,4±1,2	22,6±1,6	16,1±1,4	22,9±1,8	19,8±1,7	2,2±1,9

Nota: T - Ensaio, C - Controlo

4.7. Atividade antifúngica do óleo essencial de Saliva officinalis contra fungos de levedura

Após 5 minutos de impacto da emulsão dispersiva 1:3 do óleo essencial de Saliva officinalis, contra o fungo de levedura *Candida albicans* BDU-47, o número de células vivas diminuiu 3,8 vezes, em comparação com o controlo, e 73% delas foram destruídas. A morte total das células de levedura ocorreu após 10 minutos de impacto do óleo essencial (Tabela 68).

Após 5 e 10 minutos de impacto da emulsão dispersiva 1:4 de óleo essencial contra o fungo de levedura *Candida albicans* BDU-47, o número de células vivas diminuiu, respetivamente, 2,2 e 6,4 vezes, em comparação com o controlo. E após 10 minutos de impacto, 84% das células de levedura foram destruídas e a sua morte total foi observada após 20 minutos de impacto (Tabela 68).

Após 5, 10 e 20 minutos de impacto da emulsão dispersiva 1:5 de óleo essencial contra o fungo de levedura *Candida albicans* BDU-47, o número de células vivas diminuiu, respetivamente, 1,5; 2,4 e 6,9 vezes, em comparação com o controlo. Após 20 minutos de impacto, 86% das células de levedura foram destruídas e a sua morte total foi observada após 30 minutos de impacto (Tabela 68).

Tabela 68. **Efeito antibiótico do óleo essencial de Saliva officinalis contra a levedura *Candida albicans* BDU-47**

The contact duration of yeast fungus cells with the essential oil, min	Different dispersions of essential oil emulsions											
	1:3		1:4		1:5		1:6		1:7		1:8	
	The amount of fungal cells 10³CFU/ml (M±m)											
	T	C	T	C	T	C	T	C	T	C	T	C
5	8,24± 0,4	31± 2,8	14,8± 1,2	33,1± 3,1	20,5± 1,8	30,4± 2,8	24,1± 2,1	31,8± 2,9	26,3± 2,4	32,2± 3,1	28,5± 2,4	33± 3,1
10	0,0	31± 2,7	5,14± 0,2	33,1± 3,2	12,8± 1,0	30,4± 2,7	18,1± 1,6	31,8± 2,8	20,1± 1,8	32,4± 3,0	23,6± 2,1	33± 3,2
20	0,0	+	0,0	33± 3,0	4,4± 0,2	30,3± 2,8	11,4± 1,0	31,8± 2,7	12,4± 1,1	32,4± 2,8	19,1± 1,4	33± 2,9
30	0,0	+	0,0	+	0,0	30,3± 2,7	5,9± 0,2	31,7± 2,8	6,2± 0,3	32,3± 2,9	15,3± 1,2	33± 2,8
40	0,0	+	0,0	+	0,0	+	1,7± 0,1	31,7± 2,6	2,7± 0,1	32,3± 2,7	11,4± 1,0	32,9± 2,7
50	0,0	+	0,0	+	0,0	+	0,0	31,7± 2,7	0,0	32,3± 2,9	7,2± 0,4	32,9± 3,1
60	0,0	+	0,0	+	0,0	+	0,0	+	0,0	+	3,1± 0,1	32,9± 3,0

Nota: T - Ensaio, C - Controlo

Após 5 minutos de impacto de emulsões dispersivas 1:6 e 1:7 de óleo essencial contra o fungo de levedura *Candida albicans* BDU-47, o número de células vivas diminuiu, respetivamente, 1,3 e 1,2 vezes, após 10 minutos de impacto, respctivamente, 1,8 e 1,6 vezes, após 20 minutos de impacto, respetivamente, 12,8 e 2,6 vezes, após 30 minutos de impacto, respetivamente, 5,4 e 5,2 vezes, após 40 minutos de impacto, respetivamente, 19 e 12 vezes, em comparação com o controlo. Após 40 minutos de impacto, 95 e 92%, respetivamente, foram destruídos e a sua morte total foi observada após 50 minutos de impacto (Quadro 68).

Após 5, 10, 20, 30, 40, 50 e 60 minutos de impacto da emulsão dispersiva 1:8 de óleo essencial contra o fungo de levedura *Candida albicans* BDU-47, o número de células vivas diminuiu, respetivamente, 1,15; 1,4; 1,7; 2,2; 3,0; 5,0 e 11 vezes, em comparação com o controlo. E após 60 minutos de impacto, 91% das células de levedura foram destruídas (Tabela 68).

Após 5 minutos de impacto da emulsão dispersiva 1:3 do óleo essencial de Saliva officinalis contra o fungo de levedura *Candida tropicalis* BDU-30, o número de células vivas diminuiu 4,1 vezes, em comparação com o controlo, e 76% das células de levedura foram destruídas e a sua morte total ocorreu em 10 minutos (Quadro 69).

Após 5 e 10 minutos de impacto da emulsão dispersiva 1:4 de óleo essencial contra o fungo de levedura *Candida tropicalis* BDU-30, o número de células vivas diminuiu, respetivamente, 2 e 5 vezes. Após 10 minutos de impacto, 80% das células de levedura foram destruídas e a sua morte total ocorreu após 20 minutos (Tabela 69).

Tabela 69. **Efeito antibiótico do óleo essencial de Saliva officinalis contra a levedura *Candida tropicalis* BDU-30**

The contact duration of yeast fungus cells with the essential oil, min	Different dispersions of essential oil emulsions											
	1:3		1:4		1:5		1:6		1:7		1:8	
	The amount of fungal cells 10^3CFU/ml (M±m)											
	T	C	T	C	T	C	T	C	T	C	T	C
5	8,5± 0,4	35,1± 3,3	16,4± 1,2	33,4± 3,1	21,1± 1,8	33,8± 3,1	26,2± 2,1	34,2± 3,2	28,7± 2,4	35,7± 3,4	28,8± 2,2	34,5± 3,3
10	0,0	35,1± 3,2	6,7± 0,3	33,4± 3,2	14,3± 1,1	33,8± 3,2	20,4± 1,8	34,2± 3,1	22,8± 1,8	35,7± 3,1	23,3± 2,1	34,5± 3,3
20	0,0	+	0,0	33,3± 3,0	5,8± 0,2	33,8± 3,0	11,2± 1,0	34,2± 3,3	14,2± 1,1	35,7± 3,2	18,4± 1,4	34,5± 3,2
30	0,0	+	0,0	+	0,0	33,7± 3,1	4,8± 0,2	34,1± 2,8	9,7± 0,5	35,6± 3,3	14± 1,1	34,5± 3,1
40	0,0	+	0,0	+	0,0	+	0,0	34,1± 2,6	6,5± 0,3	35,6± 3,2	10,6± 0,7	34,4± 3,2
50	0,0	+	0,0	+	0,0	+	0,0	+	2,2± 0,1	35,6± 3,4	6,1± 0,3	34,4± 3,1
60	0,0	+	0,0	+	0,0	+	0,0	+	0,0	35,5± 3,0	2,1± 0,1	34,4± 3,2

Nota: T - Ensaio, C - Controlo

Após 5, 10 e 20 minutos de impacto da emulsão dispersiva 1:5 de óleo essencial contra o fungo de levedura *Candida tropicalis* BDU-30, o número de células vivas diminuiu, respetivamente, 1,6; 2,4 e 5,0 vezes, em comparação com o controlo. Após 20 minutos de impacto, 80% das células de levedura foram destruídas e a sua morte total ocorreu após 30 minutos (Tabela 69).

Após 5, 10, 20 e 30 minutos de impacto da emulsão dispersiva 1:6 de óleo essencial contra o fungo de levedura *Candida tropicalis* BDU-30, o número de células vivas diminuiu, respetivamente, 1,3; 1,7; 3,1 e 7,1 vezes. Após 30 minutos de impacto, 86% das células de levedura foram destruídas e a sua morte total ocorreu após 40 minutos (Tabela 69).

Após 5, 10, 20. 30, 40 e 50 minutos de impacto da emulsão dispersiva 1:7 de óleo essencial contra o fungo de levedura *Candida tropicalis* BDU-30, o número de células vivas diminuiu, respetivamente, 1,2; 1,6; 2,5; 3,7; 5,5 e 16,2 vezes. Após 50 minutos de impacto, 94% das células de levedura foram destruídas e a sua morte total ocorreu após 60 minutos (Tabela 69).

Após 5, 10, 20. 30, 40, 50 e 60 minutos de impacto da emulsão dispersiva 1:8 de óleo essencial contra o fungo de levedura *Candida tropicalis* BDU-30, o número de células vivas diminuiu, respetivamente, 1,2; 1,5; 1,9; 2,5; 3,3; 5,6 e 16 vezes, em comparação com o controlo. Após 60 minutos de impacto, 94% das células de levedura foram destruídas (Tabela 69).

Assim, os fungos de levedura *Candida tropicalis* BDU-30 e *Candida albicans BDU-47* mostraram uma sensibilidade elevada e semelhante contra o efeito antibiótico do óleo essencial de Saliva officinalis. No entanto, as culturas de *Candida tropicalis* BDU-30 mostraram mais sensibilidade contra a emulsão dispersiva 1:6 do óleo essencial. Após 40 minutos de impacto do óleo essencial, 100% das células *de Candida tropicalis* BDU-30 e 95% das células *de Candida albicans BDU-47* foram destruídas [147].

4.8. Atividade antifúngica do óleo essencial de zizifora tenior contra fungos de levedura

Após 5 minutos de impacto de emulsões dispersivas 1:3 e 1:4 de óleo essencial de zizifora tenior contra o fungo de levedura *Candida albicans* BDU-47, o número de células vivas diminuiu, respetivamente, 1,2 e 1,18 vezes, após 10 minutos de impacto, respetivamente, 1,6 e 1,4 vezes, após

20 minutos de impacto, respetivamente, 3,3 e 2,4 vezes, após 30 minutos de impacto, respetivamente, 60 e 9,8 vezes, em comparação com o controlo. Após 30 minutos de impacto do óleo essencial, respetivamente, 98 e 90% deles foram destruídos e a morte total foi observada após 40 minutos de impacto (Quadro 70).

Tabela 70. **Efeito antibiótico do óleo essencial de Zizifora tenior contra a levedura *Candida albicans* BDU-47**

The contact duration of yeast fungus cells with the essential oil, min	Different dispersions of essential oil emulsions											
	1:3		1:4		1:5		1:6		1:7		1:8	
	The amount of fungal cells 10³CFU/ml (M±m)											
	T	C	T	C	T	C	T	C	T	C	T	C
5	19,4± 1,5	24± 2,1	20,1± 1,8	23,8± 2,1	20,4± 1,8	23,7± 2,2	21± 2,0	23,8± 2,1	21,6± 1,9	24± 2,2	22± 2,0	23,8± 2,1
10	15± 1,2	24± 2,2	16,5± 1,4	23,8± 2,1	17,9± 1,6	23,7± 2,1	18,5± 1,4	23,8± 2,2	19,4± 1,4	24± 2,1	20,3± 1,8	23,8± 2,2
20	7,2± 0,4	23,9± 2,0	9,8± 0,4	23,7± 2,2	12,1± 1,0	23,7± 2,0	13,6± 1,1	23,8± 2,0	15,1± 1,3	24± 2,2	17,5± 1,6	23,8± 2,1
30	0,4± 0,02	23,8± 1,9	2,4± 0,1	23,7± 2,0	6,0± 0,3	23,6± 2,2	8,1± 0,4	23,7± 1,9	11,3± 0,8	23,9± 2,1	14,4± 1,2	23,8± 2,0
40	0,0	23,7± 1,8	0,0	23,6± 1,9	0,4± 0,02	23,6± 2,0	3,2± 0,1	23,6± 2,1	7,4± 0,3	23,9± 2,1	11,4± 0,8	23,7± 1,8
50	0,0	+	0,0	+	0,0	23,5± 2,9	0,0	23,6± 2,2	3,3± 0,2	23,8± 2,0	7,2± 0,3	23,7± 1,7
60	0,0	+	0,0	+	0,0	+	0,0	+	0,0	23,8± 2,0	3,4± 0,1	23,7± 1,6

Nota: T - Ensaio, C - Controlo

After 5 minutes impact of 1:5 and 1:6 dispersive emulsions of zizifora tenior essential oil against yeast fungus *Candida albicans* BDU-47 the number of live cells have been decreased, respectively, 1.16 and 1.13 times, after 10 minutes impact-respectively, 1.6 e 1,4 vezes, após 20 minutos de impacto, respetivamente, 1,32 e 1,28 vezes, após 30 minutos de impacto, respetivamente, 4 e 3 vezes, após 40 minutos de impacto, respetivamente, 59 e 7,3 vezes, em comparação com o controlo. Após 40 minutos de impacto do óleo essencial, respetivamente, 98 e 86% deles foram destruídos e a morte total foi observada após 50 minutos de impacto (Quadro 70).

Após 5, 10, 20. 30, 40 e 50 minutos de impacto da emulsão dispersiva 1:7 do óleo essencial contra o fungo de levedura *Candida albicans* BDU-47, o número de células vivas diminuiu, respetivamente, 1,11; 1,23; 1,6; 2,1; 3,2 e 7,2 vezes, em comparação com o controlo. Após 50 minutos de impacto, 86% das células de levedura foram destruídas e a sua morte total ocorreu após 60 minutos (Quadro 70).

Após 5, 10, 20. 30, 40, 50 e 60 minutos de impacto da emulsão dispersiva 1:8 de óleo essencial contra o fungo de levedura *Candida albicans* BDU-47, o número de células vivas diminuiu, respetivamente, 1,1; 1,17; 1,4; 1,7; 2,0; 3,2 e 6,9 vezes, em comparação com o controlo. Após 60 minutos de impacto, apenas 86% das células de levedura foram destruídas (Tabela 70).

Após 5 minutos de impacto de emulsões dispersivas 1:3, 1:4 e 1:5 de óleo essencial de zizifora tenior contra o fungo de levedura *Candida tropicalis* BDU-30, o número de células vivas diminuiu, respetivamente, 1,22; 1,20 e 1.17 vezes, após 10 minutos de impacto - respetivamente, 1,6; 1,5 e 1,4 vezes, após 20 minutos de impacto - respetivamente, 3,0; 2,7 e 2,2 vezes, após 30 minutos de impacto - respetivamente, 17; 10 e 5,4 vezes, em comparação com o controlo (Tabela 71).

Tabela 71. **Efeito antibiótico do óleo essencial de Zizifora tenior contra a levedura *Candida tropicalis* BDU-30**

The contact duration of yeast fungus cells with the essential oil, min	Different dispersions of essential oil emulsions											
	1:3		1:4		1:5		1:6		1:7		1:8	
	The amount of fungal cells 10^3CFU/ml (M±m)											
	T	C	T	C	T	C	T	C	T	C	T	C
5	20,5± 1,7	25,2± 2,2	20,7± 1,8	25± 2,4	21,6± 1,7	25,3± 2,3	22,2± 1,9	25,2± 2,1	22,8± 2,0	25,1± 2,4	23,8± 2,2	25± 2,3
10	16,1± 1,2	25,2± 2,3	16,8± 1,4	25± 2,1	18,3± 1,4	25,3± 2,1	19,3± 1,4	25,2± 2,2	20,6± 1,7	25,1± 2,1	22,6± 1,8	25± 2,1
20	8,3± 0,4	25,3± 2,2	9,4± 0,5	25± 232	11,3± 0,8	25,3± 2,0	14,1± 1,2	25,2± 2,3	16,5± 1,1	25,1± 2,2	19,1± 1,4	25± 2,2
30	1,5± 0,1	25,2± 2,4	2,6± 0,1	24,9± 2,0	4,6± 0,2	25,2± 2,2	8,6± 0,4	25,1± 2,0	12,1± 0,8	25,1± 2,3	15,6± 1,3	25± 2,2
40	0,0	25,0± 2,2	0,0	24,9± 2,2	0,0	25,2± 2,3	2,4± 0,1	25,1± 2,0	7,8± 0,4	25,0± 2,4	12,1± 1,1	25± 2,1
50	0,0	+	0,0	+	0,0	+	0,0	25,1± 2,4	3,5± 0,2	25,0± 2,0	8,6± 0,4	24,9± 2,0
60	0,0	+	0,0	+	0,0	+	0,0	+	0,0	25,0± 1,9	5,2± 0,2	24,9± 2,0

Nota: T - Ensaio, C - Controlo

Após 30 minutos de impacto de emulsões dispersivas de óleo essencial 1:3, 1:4 e 1:5, respetivamente,94, 90 e 82% das células de levedura foram destruídas e a sua morte total foi observada em 40 minutos (Tabela 71).

Após 5, 10, 20, 30 e 40 minutos de impacto da emulsão dispersiva 1:6 de óleo essencial contra o fungo de levedura *Candida tropicalis* BDU-30, o número de células vivas diminuiu, respetivamente, 1,13; 1,3; 1,8; 2,9 e 10 vezes, em comparação com o controlo. Após 40 minutos de impacto, apenas 90% das células de levedura foram destruídas e a sua destruição completa ocorreu após 50 minutos de impacto (Tabela 71).

Após 5, 10, 20, 30, 40 e 50 minutos de impacto da emulsão dispersiva 1:7 de óleo essencial contra o fungo de levedura Candida tropicalis BDU-30, o número de células vivas diminuiu, respetivamente, 1,1; 1,2; 1,5; 2,0; 3,2 e 7,1 vezes. Após 50 minutos de impacto, 86% das células de levedura foram destruídas e a sua destruição completa ocorreu após 60 minutos de impacto (Tabela 71).

Após 5, 10, 20, 30, 40, 50 e 60 minutos de impacto da emulsão dispersiva 1:8 de óleo essencial contra o fungo de levedura Candida tropicalis, o número de células vivas diminuiu, respetivamente, 1,05; 1,1; 1,3; 1,4; 2,1; 2,9 e 4,8 vezes, em comparação com o controlo. Após 60 minutos de impacto, 79% das células de levedura foram destruídas (Tabela 71).

Assim, as espécies de fungos de levedura do género Candida mostram alta sensibilidade contra o efeito antifúngico do óleo essencial de Zizifora tenior igualmente [150].

4.9. Atividade antifúngica do óleo essencial de Nepeta cataria contra fungos de levedura

Após 5 minutos de impacto de emulsões dispersivas 1:3 e 1:4 de óleo essencial de Nepeta cataria contra o fungo de levedura *Candida albicans* BDU-47, o número de células vivas diminuiu, respetivamente, 1,25 e 1,23 vezes, após 10 minutos de impacto, respetivamente, 1,7 e 1,6 vezes, após 20 minutos de impacto, respetivamente, 4,3 e 3,9 vezes, em comparação com o controlo. Após 20 minutos de impacto do óleo essencial, respetivamente, 77 e 74% deles foram destruídos e a morte total foi observada após 30 minutos de impacto (Tabela 72).

Após 5 minutos de impacto de emulsões dispersivas 1:5 e 1:6 de óleo essencial contra o fungo de levedura *Candida albicans* BDU-47, o número de células vivas diminuiu 1,2 e 1,16 vezes, após 10 minutos de impacto, respetivamente, 1,5 e 1,4 vezes, após 20 minutos de impacto, respetivamente, 2,9 e 2,4 vezes, após 30 minutos de impacto, respetivamente,
6.5 e 3,6 vezes, em comparação com o controlo. Após 30 minutos de impacto do óleo essencial, respetivamente, 98 e 95% deles foram destruídos e a morte total foi observada após 40 minutos de impacto (Quadro 72).

Após 5, 10, 20, 30 e 40 minutos de impacto da emulsão dispersiva 1:7 de óleo essencial contra o fungo de levedura *Candida albicans* BDU-47, o número de células vivas diminuiu, respetivamente, 1,13; 1,3; 2,0;
3.6 e 24,5 vezes. Após 40 minutos de impacto do óleo essencial, 96% deles foram destruídos e a morte total foi observada após 50 minutos de impacto (Tabela 72).

Tabela 72. **Efeito antibiótico do óleo essencial de Nepeta cataria contra a levedura *Candida albicans* BDU-47**

The contact duration of yeast fungus cells with the essential oil, min	Different dispersions of essential oil emulsions											
	1:3		1:4		1:5		1:6		1:7		1:8	
	The amount of fungal cells 10³CFU/ml (M±m)											
	T	C	T	C	T	C	T	C	T	C	T	C
5	19,6± 1,4	24,6± 2,1	20,1± 1,8	24,8± 2,2	20,2± 1,7	24,4± 2,2	21,2± 1,8	24,8± 2,2	21,6± 1,7	24,6± 2,2	22,2± 2,0	24,6± 2,2
10	14,6± 1,1	24,6± 2,3	15,5± 1,2	24,8± 2,3	16,2± 1,3	24,4± 2,1	17,7± 1,4	24,8± 2,3	18,7± 1,3	24,6± 2,2	13,9± 1,4	24,6± 2,0
20	5,7± 0,3	24,5± 2,2	6,4± 0,3	24,7± 2,1	8,3± 0,5	24,4± 2,3	10,4± 0,6	24,8+ 1,8	12,7± 0,7	24,6± 2,1	16± 1,3	21,6± 1,7
30	0,0	24,4± 2,2	0,0	24,7± 2,3	0,4± 0,02	24,3± 2,1	3,8± 0,2	24,7± 2,1	6,8± 0,3	24,5± 2,3	11,1± 1,0	24,6± 2,1
40	0,0	+	0,0	+	0,0	24,3± 2,2	0,0	24,7± 2,0	1,0± 0,06	24,5± 2,0	6,6± 0,3	24,6± 2,2
50	0,0	+	0,0	+	0,0	+	0,0	+	0,0	24,4± 1,9	2,1± 0,1	24,5± 2,1
60	0,0	+	0,0	+	0,0	+	0,0	+	0,0	+	0,0	24,5± 2,3

Nota: T - Ensaio, C - Controlo

Após 5, 10, 20, 30, 40 e 50 minutos de impacto da emulsão dispersiva 1:8 de óleo essencial contra o fungo *Candida albicans* BDU-47, o número de células vivas diminuiu, respetivamente, 1,1; 1,2; 1,5; 2,2; 3,7 e 11 vezes, em comparação com o controlo. Após 50 minutos de impacto do óleo essencial, 91% delas foram destruídas e a morte total foi observada após 60 minutos de impacto (Tabela 72).

Após 5 minutos de impacto de emulsões dispersivas 1:3, 1:4 e 1:5 de óleo essencial de Nepeta cataria contra o fungo de levedura *Candida tropicalis* BDU-30, o número de células vivas diminuiu, respetivamente, 1,23; 1,21 e 1.18 vezes, após 10 minutos de impacto - respetivamente, 1,6; 1,5 e 1,4 vezes, após 20 minutos de impacto - respetivamente, 2,9; 2,6 e 2,2 vezes, após 30 minutos de impacto - respetivamente, 23; 9,1 e 7 vezes, em comparação com o controlo. Após 30 minutos de impacto do óleo essencial, respetivamente 96, 89 e 85% foram destruídos e a morte total foi observada após 40 minutos de impacto (Quadro 73).

Tabela 73. **Efeito antibiótico do óleo essencial de Nepeta cataria contra a levedura *Candida tropicalis* BDU-30**

The contact duration of yeast fungus cells with the essential oil, min	Different dispersions of essential oil emulsions											
	1:3		1:4		1:5		1:6		1:7		1:8	
	The amount of fungal cells 10^3CFU/ml (M±m)											
	T	C	T	C	T	C	T	C	T	C	T	C
5	20,7±1,8	25,5±2,3	21±1,8	25,6±2,3	21,6±1,8	25,6±2,3	22±1,9	25,4±2,3	22,5±1,8	25,5±2,4	23,1±2,1	25,5±2,4
10	16,4±1,2	25,5±2,2	16,7±1,2	25,6±2,2	17,7±1,3	25,6±2,4	18,7±1,4	25,4±2,2	19,8±1,4	25,5±2,0	21,9±1,8	25,5±2,2
20	8,8±0,4	25,5±2,1	9,7±0,5	25,6±2,1	11,6±1,0	25,6±2,2	12,8±0,7	25,4±2,3	14,2±1,2	25,5±2,1	17±1,3	25,5±2,0
30	1,1±0,1	25,4±2,2	2,8±0,1	25,5±2,4	3,8±0,2	25,5±2,3	6,8±0,3	25,3±2,1	8,8±0,4	25,5±2,3	12,3±0,9	25,5±2,2
40	0,0	25,3±2,2	0,0	25,4±2,2	0,0	25,5±2,0	1,2±0,04	25,3±2,0	3,1±0,2	25,4±2,2	7,6±0,3	25,5±2,3
50	0,0	+	0,0	+	0,0	+	0,0	25,3±2,1	0,0	25,4±2,1	2,8±0,1	25,4±2,2
60	0,0	+	0,0	+	0,0	+	0,0	+	0,0	+	0,0	25,4±2,3

Nota: T - Ensaio, C - Controlo

Após 5 minutos de impacto de emulsões dispersivas 1:6 e 1:7 de óleo essencial contra o fungo de levedura *Candida tropicalis* BDU-30, o número de células vivas diminuiu, respetivamente, 1,15 e 1,13 vezes, após 10 minutos de impacto, respetivamente, 1,35 e 1,38 vezes, após 20 minutos de impacto, respetivamente, 2,0 e 1,8 vezes, após 30 minutos de impacto, respetivamente, 4 e 3 vezes, após 40 minutos de impacto, o número de células vivas diminuiu, respetivamente, 21 e 8,2 vezes, em comparação com o controlo. Após 40 minutos de impacto do óleo essencial, respetivamente, 95 e 88% delas foram destruídas e a morte total foi observada após 50 minutos de impacto (Tabela 73).

Após 5, 10, 20, 30, 40 e 50 minutos de impacto da emulsão dispersiva 1:8 de óleo essencial contra o fungo de levedura *Candida tropicalis* BDU-30, o número de células vivas diminuiu, respetivamente, 1,1; 1,2; 1,5; 2,0; 3,0 e 9,0 vezes, em comparação com o controlo. Após 50 minutos de impacto do óleo essencial, 89% das células do fungo foram destruídas e a morte total das mesmas foi observada após 60 minutos de impacto (Tabela 73).

Assim, os fungos de levedura *Candida tropicalis* BDU-30 e *Candida albicans BDU-47* têm uma elevada sensibilidade contra o efeito antifúngico do óleo essencial de Nepeta cataria. No entanto, a sensibilidade do primeiro fungo foi

1.2 vezes mais elevada do que a sensibilidade da segunda [148].

4.10. Atividade antifúngica do óleo essencial de thymus transcaucasicus contra fungos de levedura

After 5 minutes impact of 1:3 and 1:4 dispersive emulsions of thymus transcaucasicus essential oil against yeast fungus *Candida albicans* BDU-47 the number of live cells have been decreased, respectively, 1.23 and 1.18 times, after 10 minutes impact-respectively, 1.5 e 1,4 vezes, após 20 minutos de impacto, respetivamente, 2,5 e 2,3 vezes, após 30 minutos de impacto, respetivamente, 5,6 e 4,8 vezes, após 40 minutos de impacto, o número de células vivas diminuiu, respetivamente, 27 e 9 vezes, em comparação com o controlo. Após 40 minutos de impacto do óleo essencial, 96 e 89% das células do fungo foram destruídas e a morte total das mesmas foi observada após 50 minutos de impacto (Tabela 74).

Após 5, 10, 20, 30, 40 e 50 minutos de impacto da emulsão dispersiva 1:5 de óleo essencial contra o fungo de levedura *Candida albicans* BDU-47, o número de células vivas diminuiu, respetivamente, 1,15; 1,3; 1,8; 3,1; 6,8 e 38,4 vezes, em comparação com o controlo. Após 50 minutos de impacto do óleo essencial, 97% das células foram destruídas e a morte total foi observada após 60 minutos de impacto (Tabela 74).

Após 5 minutos de impacto de emulsões dispersivas 1:6 e 1:7 de óleo essencial contra o fungo de levedura *Candida albicans* BDU-47, o número de células vivas diminuiu, respetivamente, 1,1 e 1,08 vezes, após 10 minutos de impacto, respetivamente, 1,2 e 1,15 vezes, após 20 minutos de impacto, respetivamente, 1,5 e 1.3 vezes, após 30 minutos de impacto - respetivamente, 2,0 e 1,6 vezes, após 40 minutos de impacto - respetivamente, 2,8 e 1,9 vezes, após 50 minutos de impacto - respetivamente, 51 e 2,8 vezes, após 60 minutos de impacto, o número de células vivas diminuiu, respetivamente, 27 e 5 vezes, em comparação com o controlo. Após 60 minutos de impacto do óleo essencial, respetivamente 96 e 83% das células foram destruídas (Quadro 74).

Tabela 74. **Efeito antibiótico do óleo essencial de tomilho caucasiano no fungo de levedura *Candida albicans* BDU-47**

The contact duration of yeast fungus cells with the essential oil, min	Different dispersions of essential oil emulsions											
	1:3		1:4		1:5		1:6		1:7		1:8	
	The amount of fungal cells 10^3CFU/ml (M±m)											
	T	C	T	C	T	C	T	C	T	C	T	C
5	26,2± 2,4	32,4± 3,0	27,3± 2,5	32,1± 3,0	28,5± 2,4	32,8± 3,1	29,4± 2,8	32,6± 2,8	30,5± 2,8	33± 3,1	32,9± 2,8	32,5± 3,1
10	21,3± 1,8	32,4± 3,1	23,4± 2,2	32,1± 3,1	24,4± 2,2	32,8± 3,0	27± 2,3	32,8± 2,8	27,4± 2,4	33± 3,2	29,8± 2,4	32,5± 2,8
20	12,8± 0,9	32,3± 2,8	15,6± 1,4	32± 2,7	18,2± 1,4	32,8± 2,8	21,8± 1,9	32,6± 2,9	22,7± 2,1	33± 3,1	26,9± 2,2	32,5± 3,1
30	5,7± 0,2	32,2± 2,9	8,5± 0,4	32± 2,8	12,3± 1,1	32,7± 2,9	16,3± 1,2	32,5± 3,0	18± 1,4	32,9± 3,2	22,7± 1,8	32,5± 3,0
40	1,2± 0,1	32,1± 3,0	3,6± 0,2	31,9± 2,9	4,8± 0,2	32,7± 2,8	11,1± 1,0	32,5± 3,1	13,3± 1,1	32,9± 2,9	19,8± 1,5	32,5± 3,2
50	0,0	32± 3,0	0,0	31,8± 3,0	0,85± 0,04	32,6± 3,1	6,0± 0,2	32,4± 2,8	9,3± 0,5	32,9± 2,8	16,7± 1,4	32,4± 2,9
60	0,0	+	0,0	+	0,0	32,6± 3,2	1,2± 0,1	32,4± 2,8	5,7± 0,2	32,8± 3,1	12,4± 1,0	32,4± 3,0

Nota: T - Ensaio, C - Controlo

Após 5, 10, 20, 30, 40, 50 e 60 minutos de impacto da emulsão dispersiva 1:8 de óleo essencial contra o fungo de levedura *Candida albicans* BDU-47, o número de células vivas diminuiu, respetivamente, 1,05; 1,1; 1,2; 1,4; 1,6; 1,9 e 2,5 vezes, em comparação com o controlo. Após 60 minutos de impacto, 62% das células de levedura foram destruídas (Tabela 74).

Após 5 minutos de impacto de emulsões dispersivas 1:3 e 1:4 de óleo essencial de thymus transcaucasicus contra o fungo de levedura *Candida tropicalis* BDU-30, o número de células vivas diminuiu, respetivamente, 1,2 e 1,16 vezes, após 10 minutos de impacto, respetivamente, 1.34 e 1,30 vezes, após 20 minutos de impacto, respetivamente, 1,9 e 1,8 vezes, após 30 minutos de impacto, respetivamente, 3,6 e 3,4 vezes, após 40 minutos de impacto, o número de células vivas diminuiu, respetivamente, 15 e 7,3 vezes, em comparação com o controlo. Após 40 minutos de impacto do óleo essencial, 93 e 86% das células de levedura foram destruídas e a morte total das mesmas foi observada após 50 minutos de impacto (Tabela 75).

Tabela 75. **Efeito antibiótico do óleo essencial de thymus transcucasicus contra a levedura *Candida tropicalis* BDU-30**

The contact duration of yeast fungus cells with the essential oil, min	Different dispersions of essential oil emulsions											
	1:3		1:4		1:5		1:6		1:7		1:8	
	The amount of fungal cells 10^3CFU/ml (M±m)											
	T	C	T	C	T	C	T	C	T	C	T	C
5	29,2± 2,7	34,5± 3,3	28,1± 2,5	33,8± 3,0	30,5± 2,7	34,8± 3,2	30,5± 2,4	34,2± 3,0	30,9± 2,7	34± 3,1	32,6± 3,1	34,6± 3,1
10	25,8± 2,2	34,5± 3,1	25,3± 2,2	33,8± 3,1	27± 2,4	34,8± 3,2	27,3± 2,6	34,2± 3,3	28± 2,4	34± 3,0	30,5± 2,8	34,6± 3,0
20	17,8± 1,4	34,5± 3,0	17,4± 1,5	33,8± 3,2	20,6± 1,8	34,8± 3,0	21,4± 1,8	34,2± 3,2	23,4± 2,1	34± 3,2	26,6± 2,4	34,6± 3,3
30	9,6± 0,4	34,4± 3,2	10± 0,7	33,7± 3,0	14,2± 1,1	34,7± 3,1	15± 1,1	34,1± 3,0	18,1± 1,3	34± 3,2	22,2± 2,1	34,6± 3,2
40	2,3± 0,1	34,3± 3,0	4,6± 0,2	33,6± 3,3	8,2± 0,4	34,7± 3,0	9,3± 0,5	34,1± 3,2	12,6± 1,1	33,9± 3,1	18,4± 1,4	34,6± 3,1
50	0,0	34,2± 3,2	0,0	33,6± 3,0	2,0± 0,1	34,6± 3,3	3,4± 0,2	34,1± 3,2	7,2± 0,4	33,1± 3,0	14,6± 1,1	34,5± 3,1
60	0,0	+	0,0	+	0,0	34,6± 3,1	0,0	34,1± 3,0	3,4± 0,1	33,9± 3,0	10,2± 0,1	34,5± 2,8

Nota: T - Ensaio, C - Controlo

Após 5 minutos de impacto de emulsões dispersivas 1:5 e 1:6 de óleo essencial de thymus transcaucasicus contra o fungo de levedura *Candida tropicalis* BDU-30, o número de células vivas diminuiu, respetivamente, 1,14 e 1,12 vezes, após 10 minutos de impacto, respetivamente,

1.3 e 1,24 vezes, após 20 minutos de impacto - respetivamente, 4,1 e 3,6 vezes, após 30 minutos de impacto - respetivamente, 2,4 e 2,2 vezes, após 40 minutos de impacto - respetivamente, 4,1 e 3,6 vezes, após 50 minutos de impacto, o número de células vivas diminuiu, respetivamente, 17 e 10 vezes, em comparação com o controlo. Após 50 minutos de impacto do óleo essencial, respetivamente, 94 e 90% das células de levedura foram destruídas e a morte total das mesmas foi observada após 60 minutos de impacto (Quadro 75).

Após 5, 10, 20, 30, 40, 50 e 60 minutos de impacto da emulsão dispersiva 1:7 do óleo essencial de thymus transcaucasicus contra o fungo de levedura *Candida tropicalis* BDU-30, o número de células vivas diminuiu, respetivamente, 1,1; 1,2; 1,4; 1,9; 2,6; 4,6 e 14 vezes, em comparação com o controlo. Após 60 minutos de impacto, 90% das células de levedura foram destruídas (Tabela 75).

Após 5, 10, 20, 30, 40, 50 e 60 minutos de impacto da emulsão dispersiva 1:8 do óleo essencial de thymus transcaucasicus contra o fungo de levedura *Candida tropicalis* BDU-30, o número de células vivas diminuiu, respetivamente, 1,06; 1,2; 1,3; 1,5; 1,8; 2,3 e 3,3 vezes, em comparação com o controlo. Após 60 minutos de impacto, 70% das células de levedura foram destruídas (Tabela 75).

Assim, os fungos de levedura *Candida tropicalis* BDU-30 e *Candida albicans BDU-47* têm uma sensibilidade semelhante contra o efeito antibiótico do óleo essencial de thymus transcaucasicus [149].

4.11. Atividade antifúngica de uma composição de óleos essenciais contra fungos de levedura

Após 5 minutos de impacto da emulsão dispersiva 1:3 da composição do óleo essencial contra o fungo de levedura *Candida albicans* BDU-47, todas as células vivas foram destruídas (Tabela 76).

Após 5 e 10 minutos de impacto da emulsão dispersiva 1:4 da composição do óleo essencial contra o fungo de levedura *Candida albicans* BDU-47, o número de células vivas diminuiu, respetivamente, 1,6 e 5,0 vezes, em comparação com o controlo. Após 10 minutos de impacto, 80%

das células de levedura foram destruídas e a sua morte total ocorreu após 20 minutos de impacto (Tabela 76).

Após 5, 10 e 20 minutos de impacto da emulsão dispersiva 1:5 da composição do óleo essencial contra o fungo de levedura *Candida albicans* BDU-47, o número de células vivas diminuiu, respetivamente, 1,4; 2,8 e 10 vezes. Após 20 minutos de impacto, 90% das células de levedura foram destruídas e a sua morte total ocorreu após 30 minutos de impacto (Tabela 76).

Após 5 minutos de impacto de emulsões dispersivas 1:6 e 1:7 de óleo essencial contra o fungo de levedura *Candida albicans* BDU-47, o número de células vivas diminuiu, respetivamente, 1,3 e 1,27 vezes, após 10 minutos de impacto, respetivamente, 2,0 e 1,8 vezes, após 20 minutos de impacto, respetivamente, 3,8 e 2,7 vezes, após 30 minutos de impacto, o número de células vivas diminuiu, respetivamente, 48 e 6 vezes, em comparação com o controlo. Após 30 minutos de impacto, 98 e 82% das células de levedura foram destruídas e a sua morte total ocorreu após 40 minutos de impacto (Quadro 76).

Tabela 76. **Efeito antibiótico da composição do óleo essencial contra o fungo de levedura *Candida albicans* BDU-47**

The contact duration of yeast fungus cells with the essential oil, min	Different dispersions of essential oil emulsions											
	1:3		1:4		1:5		1:6		1:7		1:8	
	The amount of fungal cells 10^3CFU/ml (M±m)											
	T	C	T	C	T	C	T	C	T	C	T	C
5	0,0	30,1± 2,7	18,4± 1,2	30± 2,6	21,1± 1,8	30,3± 2,6	22,9± 1,7	29,8± 2,8	23,8± 2,1	30,3± 2,7	25,4± 2,2	30,1± 2,7
10	0,0	+	6,0± 0,2	30± 2,7	10,9± 0,7	30,3± 2,7	14,8± 1,1	29,8± 2,6	16,6± 1,2	30,3± 2,4	19,8± 1,6	30,1± 2,6
20	0,0	+	0,0	29,9± 2,8	3,0± 0,2	30,3± 2,8	7,6± 0,3	29,8± 2,7	11,1± 0,8	30,3± 2,5	13,7± 1,2	30,1± 2,8
30	0,0	+	0,0	+	0,0	30,2± 2,7	0,6± 0,02	29,7± 2,6	5,4± 0,3	30,2± 2,6	7,1± 0,3	30,1± 2,7
40	0,0	+	0,0	+	0,0	+	0,0	29,7± 2,7	0,0	30,2± 2,8	2,3± 0,1	30,0± 2,7
50	0,0	+	0,0	+	0,0	+	0,0	+	0,0	+	0,0	30,0± 2,6
60	0,0	+	0,0	+	0,0	+	0,0	+	0,0	+	0,0	+

Nota: T - Ensaio, C - Controlo

Após 5, 10, 20, 30 e 40 minutos de impacto da emulsão dispersiva 1:8 do óleo essencial da composição contra o fungo de levedura *Candida albicans* BDU-47, o número de células vivas diminuiu, respetivamente, 1,2; 1,6; 2,1; 4,2 e 13 vezes, em comparação com o controlo. Após 40 minutos de impacto, 92% das células de levedura foram destruídas e a sua morte total ocorreu após 50 minutos de impacto (Tabela 76).

Após 5 minutos de impacto da emulsão dispersiva 1:3 da composição do óleo essencial contra o fungo de levedura *Candida tropicalis* BDU-30, o número de células vivas diminuiu, respetivamente, 51 vezes, em comparação com o controlo. Por outras palavras, 80% das células de levedura foram destruídas e a sua morte total ocorreu após 10 minutos de impacto (Tabela 77).

Após 5 e 10 minutos de impacto da emulsão dispersiva 1:4 da composição do óleo essencial contra o fungo de levedura *Candida tropicalis* BDU-30, o número de células vivas diminuiu, respetivamente, 2,2 e 2,1 vezes. Após 10 minutos de impacto, 95% das células de levedura foram destruídas e a sua morte total ocorreu após 20 minutos de impacto (Tabela 77).

Tabela 77. **Efeito antibiótico da composição do óleo essencial contra o fungo de levedura *Candida tropicalis* BDU-30**

The contact duration of yeast fungus cells with the essential oil, min	Different dispersions of essential oil emulsions											
	1:3		1:4		1:5		1:6		1:7		1:8	
	The amount of fungal cells 10³CFU/ml (M±m)											
	T	C	T	C	T	C	T	C	T	C	T	C
5	5,8±0,2	29,6±2,4	13,6±1,1	29,8±2,4	20,4±1,8	30±2,8	22,8±2,1	29,7±2,8	24,7±2,2	29,8±2,4	26,6±2,4	29,5±2,5
10	0,0	29,6±2,6	1,4±0,1	29,8±2,5	11,3±1,0	30±2,7	15,6±1,4	29,7±2,6	19,5±1,6	29,8±2,7	23,7±2,1	29,5±2,4
20	0,0	+	0,0	29,8±2,6	4,2±0,2	29,9±2,8	4,6±0,2	29,7±2,5	10,5±0,8	29,8±2,6	17,4±1,5	29,5±2,3
30	0,0	+	0,0	+	0,0	29,8±2,7	0,0	29,6±2,4	3,9±0,1	29,8±2,4	11,1±0,7	29,5±2,7
40	0,0	+	0,0	+	0,0	+	0,0	+	0,0	29,7±2,6	5,4±0,2	29,5±2,4
50	0,0	+	0,0	+	0,0	+	0,0	+	0,0	+	0,0	29,4±2,2
60	0,0	+	0,0	+	0,0	+	0,0	+	0,0	+	0,0	+

Nota: T - Ensaio, C - Controlo

Após 5 minutos de impacto das emulsões dispersivas 1:5 e 1:6 da composição do óleo essencial contra o fungo de levedura *Candida tropicalis* BDU-30, o número de células vivas diminuiu, respetivamente, 1,5 e

1.3 vezes, após 10 minutos de impacto - respetivamente, 2,6 e 1,9 vezes, após 20 minutos de impacto - respetivamente, 7,1 e 6,4 vezes, em comparação com o controlo. Após 20 minutos de impacto, respetivamente, 86 e 85% das células de levedura foram destruídas e a sua morte total ocorreu após 30 minutos de impacto (Tabela 77).

Após 5, 10, 20 e 30 minutos de impacto da emulsão dispersiva 1:7 da composição do óleo essencial contra o fungo de levedura *Candida tropicalis* BDU-30, o número de células vivas diminuiu, respetivamente, 1,2; 1,5; 2,8 e 7,6 vezes. Após 30 minutos de impacto, 87% das células de levedura foram destruídas e a sua morte total ocorreu após 40 minutos de impacto (Tabela 77).

Após 5, 10, 20, 30 e 40 minutos de impacto da emulsão dispersiva 1:8 da composição do óleo essencial contra o fungo de levedura *Candida tropicalis* BDU-30, o número de células vivas diminuiu, respetivamente, 1,1; 1,2; 1,7; 2,6 e 5,4 vezes, em comparação com o controlo. Após 40 minutos de impacto, 82% das células de levedura foram destruídas e a sua morte total ocorreu após 50 minutos de impacto (Quadro 77).

Assim, os fungos de levedura estudados mostram uma elevada sensibilidade contra a atividade antibiótica da composição dos óleos essenciais de Saliva officinalis e Thymus transcaucasicus e, mesmo na sua emulsão dispersiva 1:8, a morte das células ocorre após o impacto de 50 minutos. No entanto, a sensibilidade do fungo de levedura *Candida albicans BDU-47* contra a composição de óleos essenciais é

1.3 vezes mais elevada do que a sensibilidade da *Candida tropicalis* BDU-30.

4.12. Caraterísticas comparativas do efeito antifúngico de óleos essenciais contra fungos de levedura

A análise comparativa das células mortas após 5 minutos de impacto de emulsões dispersivas 1:3 de óleos essenciais contra fungos de levedura mostrou que os fungos de levedura têm alta sensibilidade contra os óleos essenciais de piperiato de menta, saturea laxiflora e saliva officinalis. Assim, após o impacto do piperato de menta contra Candida tropicalis BDU-30 e *Candida albicans* BDU-47, as células foram destruídas, respetivamente, 68 e 85%, após o impacto de saturea laxiflora

-65 e 60%, após o impacto de saliva officinalis - 73 e 76% (fig. 5).

O impacto dos óleos essenciais de foeniculum vulgare, saturea laxiflora, nepeta cataria, thymus transcaucasicus foi fraco, e os óleos essenciais de ocimum basilicum, rosmarinus officinalis e coriandrum sativum foram muito fracos. Assim, após o impacto do óleo essencial de foenicilum vulgare contra *Candida albicans* BDU-47 e *Candida tropicalis* BDU-30, 5 e 6% das células, após o impacto do óleo essencial de coriandrum sativum, 8 e 9% das células, após o impacto do óleo essencial de rosmarinus officinalis, 5 e 6% das células, respetivamente, foram destruídas (fig. 5).

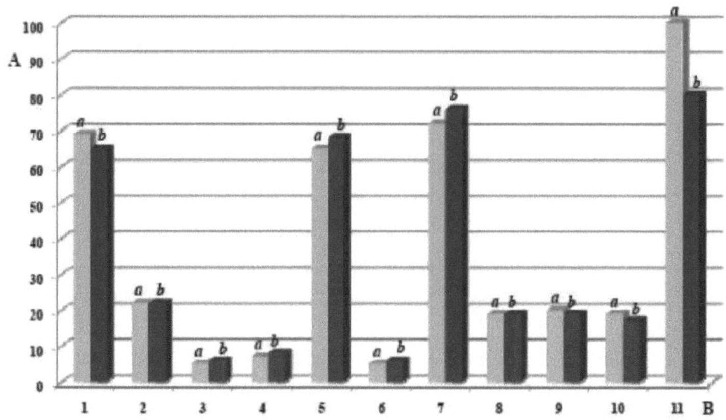

Fig- 5- Efeito antibiótico da emulsão dispersiva 1:3 de óleos essenciais contra fungos de levedura: A - a quantidade de células fúngicas mortas após 5 minutos de impacto, em comparação com o controlo, em%: a) *Candida albicans* BDU-47; b) *Candida tropicalis* BDU-30; B - óleos essenciais: 1-menta piperate; 2-foeniculum vulgare; 3-ocimum basilicum; 4-coriandrum sativum; 5-saturea laxiflora; 6-rosmarinus officinalis; 7-saliva officinalis; 8-zizifora tenior; 9-nepeta cataria; 10-thymus transcaucasicus; 11-composição.

É de notar que o efeito antifúngico dos óleos essenciais de menta piperate, saturea laxiflora e saliva officinalis contra os fungos de levedura é 8,1-15 vezes superior ao efeito antifúngico dos óleos essenciais de ocimum basilicum, rosmarinus officinalis e coriandrum sativum. A sensibilidade das espécies de fungos de levedura contra os óleos essenciais não diferiu significativamente entre si. Como resultado da influência da composição do óleo essencial, 100% das células BDU-47 de *Candida albicans* e 80% das células BDU-30 de Candida tropicalis foram mortas. A atividade antifúngica da composição do óleo essencial foi 1,4 vezes superior à atividade do óleo essencial de Saliva officinalis e 5,3 vezes superior à do óleo essencial de Thymus transcansicus (fig. 5).

Os efeitos letais dos óleos essenciais contra as células de levedura foram analisados comparativamente e foi determinado que os óleos essenciais podem ser divididos nos seguintes grupos: 1) óleos essenciais que matam todas as células vivas de fungos de levedura após 5-10 minutos de efeito. Estes são os óleos essenciais de menta piperate, saturea laxiflora e saliva officinalis e a composição do óleo essencial; 2) óleos essenciais que matam todas as células vivas de fungos de levedura após 30-40 minutos de efeito. Trata-se dos óleos essenciais de foeniculum vulgare, zizifora tenior e nepeta vataria; 3) óleos essenciais que matam todas as células vivas de fungos de levedura após um efeito de 50-60 minutos.

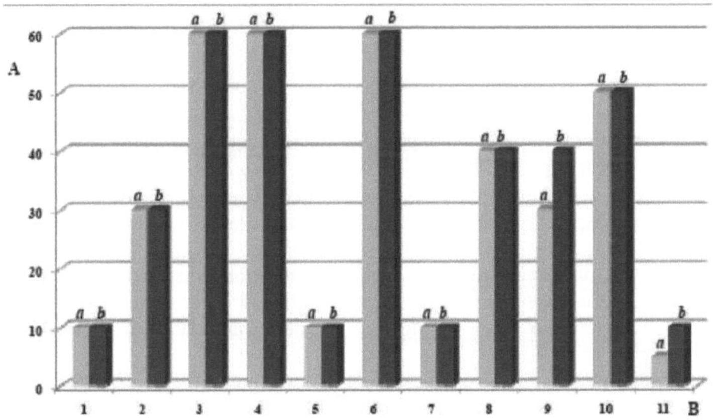

Fig- 6- O tempo de mortalidade completa dos óleos de células de fungos de levedura após o impacto dos óleos essenciais: A - Tempo de destruição completa das células de fungos de levedura, min: a) *Candida albicans* BDU-47; b) *Candida tropicalis* BDU-30. B-Óleos essenciais: 1-menta piperate; 2- foeniculum vulgare; 3-ocimum basilicum; 4-coriandrum sativum; 5-saturea laxiflora; 6-rosmarinus officinalis; 7-saliva officinalis; 8-zizifora tenior; 9-nepeta cataria; 10-thymus transcaucasicus; 11-composição.

Estes são os óleos essenciais de thymus transcasicus e coriandrum sativum; 4) óleos essenciais que não são capazes de destruir completamente as células fúngicas após 60 minutos de efeito. São eles o rosmarinus officinalis e o ocimum basiculum (fig.6).

Assim, foi determinado que os fungos de levedura *Candida albicans* BDU-47 e *Candida tropicalis* BDU-30 são muito sensíveis ao impacto dos óleos essenciais de menta piperiate, saturea laxiflora e saliva officinalis e após 10 minutos de influência as células vivas são destruídas. A composição dos óleos essenciais é suscetível de ter um efeito antifúngico mais elevado, após 5 minutos de impacto, 100% das células *de Candida albicans* BDU-47 e 80% das células de Candida tropicalis BDU-30 são destruídas.

CONCLUSÃO

Das 23 espécies da flora do Azerbaijão *(Achillea millefolium L., Orqanium vulqare* L., *Foeniculum vulqare* Mill., *Ocimum basilicum* L., *Menta piperitae* L., *hortelã selvagem (Manjerona)* - *Satured laxiflora* C. Koch., *Salvia officinalis* L., *Rozmarinus officinalis* L., *Coriandrum sativum* L., Pimpinella Saxifraga L., Juniperus subina L., 3 espécies do género *Zizifora* e 11 espécies do género *Thymus* L. produziram óleos essenciais, cuja atividade antimicrobiana (antibacteriana e antifúngica) foi estudada.

Como culturas de teste foram utilizadas bactérias gram-positivas *Bacillus anthracoides* TU-1, *Bacillus subtilis* BDU-43 e *Staphulococcus aureus* TU-4, bactérias gram-negativas *Escherichia coli* TU-2 e Pseudominas aeruginosa TU-3, e fungos de levedura Candida tropicalis BDU 30 e *Candida albicans* BDU-47.

Foi demonstrado que os óleos essenciais de menta piperiate, ocimum basiculum, saturea laxiflora, rosmarinus officinalis, saliva officinalis, zizifora tenior, nepeta cataria, thymus transcaucasicus, foeniculum vulgare e coriandrum sativum têm atividade antibacteriana e antifúngica e que a extensão da atividade pode mudar significativamente dependendo dos tipos de óleos essenciais e das espécies de microrganismos.

Foi estabelecido que quando a dispersão dos óleos essenciais diminui em álcool etílico, o seu efeito antimicrobiano também diminui.

O óleo essencial de Thymus transcaucasicus actua mais eficazmente contra bactérias gram-positivas e gram-negativas, os óleos essenciais de menta piperiate e saturea laxiflora actuam contra bactérias gram-negativas e fungos de levedura, o óleo essencial de foeniculum vulgare actua contra bactérias gram-positivas e o óleo essencial de rosmarinus officinalis actua contra bactérias gram-negativas. A composição dos óleos essenciais tem uma ação altamente eficaz contra todas as bactérias e fungos de levedura testados.

REFERÊNCIAS

1. *Abad M., Bermejo P., Valverde S., Villar A.* Anti-inflammatory activity of hydrokuachilin, a sesquiterpene lactone from *Tana- cetum microphyllum* // Planta med., 2002, v.68, №3, p. 228-231.
2. *Ajunov T.I., Nikolayev S.M.* Ação anti-inflamatória das plantas "Camfora-25" // Recursos vegetais. 2009, v.45, p. 105-110. *(em russo)*
3. *Akhmedova G.F. Ibadullayeva S.J.* Óleo essencial de Heracleum L. de Nakhichevan / Materiais de Az. NIITI, N2032, Baku, 1983, 14 p. *(em russo)*
4. *Akhundov G.F., Isayev Y.M., Koryagin I.I.* Flora of Azerbaijan. Baku, 1957-1961. *(em russo)*
5. *Akobirshoyeva A.A.* Algumas peculiaridades das plantas herbáceas que são usadas no Tajiquistão // Recursos vegetais, 2009, v.45, N1, p. 122185. *(em russo)*
6. *Alekseyev L.I., Teryuk L.V., Gruzdyev I.V.* Composição componencial thymus hirticautis óleo essencial // Recursos vegetais, 2011, v.47, N2, p. 98-105. *(em russo)*
7. *Aliyev N., Guliyeva Kh., Ibragimov H.* Atividade antimicrobiana de óleos essenciais de espécies de Heracleum L. Do Azerbaijão // Recursos vegetais, 1971, v.7, N1, c. 85-89. *(em russo)*
8. *Anisimova A.C.. Petrichenco B.M., Demyanova E.B* Composição do óleo essencial de origanum vulgare L. / Materiais de conferências de Perm, 2007, p. 18-23. *(em russo)*
9. *Aria T., Sugie H., Hiradate S. et al.* Idenficação de um componente da feromona sexual de *Psendococcus cryptus* // Jour. chem. ecol., 2003, v.29, p. 2213-2223.
10. *Arun P., Kumar A., Sukhmal C. et al.* Effect of chromium and leadon yield, chemical composition of essential oil and accumulation of heavy metals of mint species // Commun. Soil. Sci. and Plant anal., 2010, v.41, №18, p. 2170-2186.
11. *Azaenman B.* (editor) Global problem of resistance of microbes contra a medicina. Moscovo, 2001, 210 p. *(em russo)*
12. *Baatour O., Kaddour R., Wannes W. et al.* Efeitos da alteração no crescimento, nutrição mineral, rendimento e composição do óleo essencial da manjerona // Ata physiol. plant., 2010, v. 32, №1, p. 45-51.
13. *Bakhshaliyeva K.F.* Micobiota de plantas oleaginosas essenciais. Resumo do autor. Baku. 2012, 24 p *(em azerbaijano).*
14. *Baygarov D.S., Nefedova A.B., Kiseva T.L., Ustinov L.A.* Estudo comparativo de óleos essenciais de gálico e anião.// Medicina Tradishinal, 2008, v.13, N2, p.37-43. *(em russo)*
15. *Bekhechi Ch., Bekarra F., Abdelovahid D. et al.* Composição e atividade antibacteriana do óleo essencial de *Thymus fontanesii* Boiss // J. Essent. oil Res., 2007, v. 19, №6, p. 594-596.
16. *Bellardi M., Contaldo N., Benni A. et al.* Efeito da infeção por fitoplasma na qualidade do óleo essencial de Grindelia robusta // J. Plant pathol., 2009, v. 91, №1, p. 240-246.
17. *Belousova N.I., Khan B.A., Berezovskaya T.P.* Composição do óleo essencial de Ledum palustre L. de Tomsk // Vegetable resources. 1991, v.27, N3, p. 81-89. *(em russo)*
18. *Bernard A., Frogia A., Secci F. et al.* Redução estereoespecífica catalisada por paládio de ésteres de 2-ciclobutilideno-propil // Tetrahedron, 2003, v.44, p. 9433-9440.
19. *Bicchi C., Damato A., Frattini C. et al.* Diversidade química do conteúdo das estruturas secretoras de *Heracleum sphondylium* subsp. // Phytochem., 1990, v.29, №6, p. 1883-1887.
20. *Bondarenko A.C., Ayzenman B.E., Bakina L.A.* O estudo da atividade antimicrobiana do óleo essencial de Psorlea drapasea Bunge // Vegetable resoures, 1974, v. 10, N4, p. 583-588. *(em russo)*
21. *Borgkarlson A., Valterova J. Nilson K.* Compostos voláteis de flores de 6 espécies da família *Apiaceae:* buguês para diferentes polinizadores // Phytochem., 1994, v.35, N1, p. 111-119.
22. *Botina S.G., Polyjutova Y.U., Glazova A.A.* Resistência de bactérias do género Lactobacillus contra antibióticos. Microbiologia, 2011, v.80, №2, p. 175-183. *(em russo)*
23. *Brada M., Bessina M., Marlier M. et al.* Variabilite dela composi- tion chimique des huiles essentialles de *Mentha rotundifolia* // Biotechnol. agr. soc. et environ., 2007, v. 11, №1, p. 3-7.
24. *Burkova V.N., Boyev S.G., Vengerovsky A.N., Yudina N.V., Arbuzov A.G.* Antiinflammatory and antiallergenic effect of extracts from Urtikadiva // Vegetable resources. 2011, v.47, N2, p. 136-143. *(em russo)*
25. *Buskunova G.G., Amineva A.A.* Digressão de óleos essenciais de *Achille anobilis //* Ciência Agrária, 2008, №12, p. 9-12. *(em russo)*
26. *Cao M., Sun X., Yuan Ch.* Duas novas flavanonas antibacterianas de Saphora flavensces // Chin. Chen. Lett., 2006, v.17. p.1048-1050.

27. *Carrubba A., Torre R.* Análises estatísticas sobre o óleo essencial de frutos de coentro Itália // Jor. Essent. oil Res., 2002, v.14, p. 389396.
28. *Chacko C., Sethuraman M., George V.* Monoterpenóides das sementes de Heracleum candolleanum M. // Fitoterapia, 2004, v.71, №5, p. 612-613.
29. *Chei H. S., Song H. S., Ukeda H.* Actividades de poupança de radicais de óleos essenciais de citrinos e seus componentes // Jour. Agric. and food chem., 2000, v.48, №9, p. 4156-4161.
30. *Chelin N.V., Marchishin S.M.* Choromato-mass spectrophotometric estudos óleo essencial de folhas, raízes, rizomas e frutos de Levisticum officinale // Química medicinal, 2010, v.12, №1, p. 73-76. *(em russo)*
31. *Chen A., Taguchi t., Sakai K. et al.*Actividades antioxidantes de chitibiote e chitriose // Biol. Pharm. Bull, 2003, v.26, №9, p. 1326-1330.
32. *Chen L., Cheng X., Shi W. et al.* Inibição do crescimento de mutantes de Streptococcus, St. aureus por kurarinone, um flavonoide bioativo isolado de Saphora flavescens // J. Clin. Mikrobiol, 2005, v.43, №7, p. 3574-3575.
33. *Cheng H., Lin T., Yu K. et al.* Actividades antioxidantes e de eliminação de radicais livres de Terminalia chebula // Biol. Pharm. bull., 2003, v.26, №9, h. 1331-1335.
34. *Chernogorod A.I., Vinogradov B.A.* Essential oil of species genus Achillea comprising fragranol // Vegetavle resoures, 2006, v.42, N2, p. 61-68.
35. *Cherodubova A.I., Kolesnikova R.D., Deryujkin R.I.* Estudo da composição do óleo essencial do género Artemisia // Vegetable resoures, 1991, v.17, N2, p. 282-293. *(em russo)*
36. *Chipiga A.P., Volchenkov V.F., Zyukov D.G.* Reference book of technologist on essential oil production. Moscovo, 1991, 184 p. *(em russo)*
37. *Chobanov R.E., Aleskerov A.N., Djankhanakhmedova Sh.N., Sofiyeva L.A.* Estimativa experimental das propriedades antiparasitárias dos óleos essenciais de várias espécies de Artemisia da flora do Azerbaijão // Vegetable resoures, 2004, v.40, N4, p.94-98 *(em russo)*
38. *Cho J., Baik K., Jung J.* Efeitos anti-inflamatórios in vitro de cynaropiierin uma lactona sesquiterpénica de semsuria lappa // Eur. Jour. pharmacol., 2000, v.398, №3, p. 399-407.
39. *Cooc C., lanaras T., Kokkini S.* Essentiel oils of two Calamintha grandulosa from Greece // J. Essent. oil Res., 2007, v.19, №6, p. 534-539.
40. *Crockett S., Demirci B., Baser K. et al.* Constituintes voláteis de Hypericum L. secção Myriandra // J. Essent. oil Res., 2008, v.20, №3, p.244-249.
41. *Dambrauskiene E.* Ivairin faktorin itaka eterinii kiekini vaistino ciobrelio zaliavoje // Sodininkyste e Darzininkyste, 2010, v.29, №2, p. 55-60.
42. *Damirov I.A., Prilipko L.I., Shukurov D.Z., Kerimov Y.B.* Herbal plants of Azerbaijan. Baku, 1988, 318 p. *(em russo)*
43. *Danijela V., Mika M., Sonja S.* Influência das condições climáticas continentais na composição do óleo essencial de Salvia brachyodon VANDAS transferido da costa de Adriate // Chem. and Biodivers., 2010, v.7, №5, p. 1208-1216.
44. *Darmawan J., Kasapis S., Curran P.* Charakterisation of volatile compounds in selected citrus fruit from Asia // J.Essent. oil Res., 2008, v.20, №1, p.21-24.
45. *Dob T., Dahmane D., Chelghoum Ch.* Composição química do óleo essencial de janiperus phoenicea L. // J.Essent. oil Res., 2008, v.20, №1, p.15-20.
46. *Dorman M. J., Bachmayer O., Kosar M.* Antioxidant properties of aqueous extracts from selected *Laminaceae* species grown in Turkey // J. Agric. and food chem., 2004, v.52, №4, p. 762-770.
47. *Dorojnina M.V.* Composição do óleo essencial da raiz de Acorus calamus // Ecology of southem Siberia. 2008, par 11, p. 12-13. *(em russo)*
48. *Drab A.I., Pak P.I., Seydakhmetova R.B., Adekenov S.M.* Impact of exract of Sausserea salsa // Vegetable resources, 2005, v.41. N 4. p.92-98. *(em russo)*
49. *Dukunbayeva A.D., Sadirbekov D.T., Atajanova G.A.* Dinâmica de acumulação de óleo essencial em Ajania fruktikulosa Poljek // Vegetable resources, 2006, v.42, N4, p. 45-49. *(em russo)*
50. *Duquesnoy E., Castola V., Casanova J.* Composição e variabilidade química do óleo de gema de Abies alba Mill. // Flavour and Fragrance J., 2007, v.22, №4, p. 293-299.
51. *El-sharly A., Hofez S.,Wink M.* Estudo comparativo dos óleos essenciais e extractos de Achillea fraqrantissima (Forssk.) Sch. Bip. e Achillea santolina L. do Egito // Die pharmazie, 2004, v.59, №3, p. 226-230.
52. *Essein E., Ogunwande I., Ogundinu A. et al.* Análise do óleo essencial de dialium guineense selvagem //

J. Essent. oil Res., 2007, v. 19, №6, p.545-547.

53. *Fedoseeva L.M., Karacheva S.I., Karabasova E.B.* Antimicrobial activity dry extract from leaves of Bergenia crassifolia // Vegetable resoures, 2000, v.36, N1, p. 53-57. (*em russo*)

54. *Fedyanina E.P., Slashnina D.G.* Conteúdo do óleo essencial de Ledum palustre // Ecology of south Siberia, 2008, N12, parte 1, p. 50-51. (*em russo*)

55. *Fit I., Rapuntean G., Rapuntean S. et al.* Efeito antibacteriano de extractos vegetais essenciais em *Staphylococcus aureus* em comparação com antibióticos // Not. bot. horti agrobot., 2009, v. 37, №2, p. 117-123.

56. *Gadea S., Vatca S., Varbon D. et al.* Determinação da taxa fotossintética em várias plantas aromáticas // Bull. Univ. Agr. Sci. and Vet. med., 2008, v. 65, №1, p. 539-542.

57. *Ganbarov Kh., Mammadova R.* Antibacterial activity of essential oils of aromatic plants // Jour. of Biotechnology, 2012, v.161, p.27

58. *Ganbarov Rh.G., Ismailov R.S., Mammadova R.M.* Atividade antimicrobiana do óleo essencial de rosmarinus officinalis // Actas da Universidade de Baku. Ciências naturais, 2010, №1, p.62-67 (*em azerbaijanês*).

59. *Ganiyev M.* Farmokology. Baku. 2010, 493 p. (*em azerbaijanês*)

60. *Garabajiu A.V., Koronkov M.G., Nyanikova G.G.* Impacto de cistrons, germatrans e protrons contra de microorganismos // Relatórios de RA de ciências, 2011, v. 439, №6, p. 838-840. (*em russo*)

61. *Gasimov F.Y.* Chemical compenents of thymus transcaucasicus essential oil and its Relpful properties / Materiais da 1.ª Conferência Bioquímica do Azerbaijão. Baku, 2001, p. 38-39 (no Azerbaijão).

62. *Gerbenova N.Y., Petekhina T.S., Lesnovskaya Y.Y., Kharitonova N.P.* Antimicrobial activity of extracts from plants og genus Salvia // Vegetable resources, 2000, v.36, N3, p. 9-18. (*em russo*)

63. *Giamperi L., Fraternali D., Cara P. et al.* Análise dos óleos essenciais de plantas selvagens e domesticadas de Glechoma Sardoa Beg. // J .Essent. oil Res., 2008, v. 20, №1, p.38-40.

64. *Govindarajan R., Rastoji S., Vijayakumar M.* Estudos sobre as actividades antioxidantes de Desmodium gigantikum // Biol. Pharm. bull., 2003, v.59, №10, p. 1424-1427.

65. *Guitle F., Oivero V., Byrne H. et al.* Composição química e toxicidade contra *Artemia franciscana* do óleo essencial de Callist- emon speciosus // J. Essent. oil Res., 2008, v. 20, №3, p.272-275.

66. *Gubanova E.A., Popova O.I.* Phenol compounds of plants from Russia // Vegetable resources, 2009, v.45, N3, p.137-159. (*em russo*)

67. *Gulchin I., Uguz M., Oktay M. et al.* Evolução das actividades antioxidantes e antimicrobianas da salva esclareia (Salvia sclarea L.) // Turk. J. Agrik. For., 2004, №28, h. 25-33.

68. *Guliyeva Z.G., Guseynov D.Y., Gasimov F.Y., Akhundov R.A.* O estudo da composição química do óleo essencial de Thyme kochy // Reports ANA of sciences, 1979, v.35, N8, p.89-91. (*em russo*)

69. *Gurbanov E.M.* Medicinal plants. Baku. 2009, 356 p. (*em azerbaijanês*)

70. *Gurbanov E.M.* Systematics of higher plants. Baku, 2009, 420 p. (*em azerbaijanês*)

71. *Gurbanova E.E., Gajiev V.D., Isayev D.D., Mamedova N.G.* Recursos de plantas herbáceas da região de Dashksan do Azerbaijão // Recursos vegetais, 2009, v.45, N1, p. 60-64. (*em russo*)

72. *Gurinovich L.K., Puchkova T.V.* Óleos essenciais. química, análise e aplicação. Moscovo. 2005, 165 p. (*em russo*)

73. *Hans K.* Atherische Ole- variabilitat in Arznei and Gewurzpflanzen // Julius-Kuhn-Arch., 2009, №422, p. 70-76.

74. *Heves I., Oliviera J., Camara C., Schwartz M.* Composição química dos óleos das folhas de Lippia gracilis schaucr de duas localidades de Penambuco // J. Essent. oil Res., 2008, v. 20, №2, p. 157-160.

75. *Hwang E., Run Y., Kim H. et al.* Efeitos inibitórios das lavandulil flavanonas de *Saphora flavescens* // Bioorg. Med. Chem., 2008, v.16, p. 6669-6674.

76. *Ibadullayeva S.J.* Óleo essencial de Apium graveolens // Ciência e tecnologia "Sigma". 1977, N28, p. 18-20. (*em russo*)

77. *Ibadullayeva S.J.* Óleo essencial de Herakleum antasiaticum Manden // Química dos compostos naturais, 2000, v.85, p. 265267. (*em russo*)

78. *Ibadullayeva S.C.* Petroselinum Hoffm. Journal "Bilgi", 2000, N1, p.56-59 (*em azerbaijanês*).

79. Ibadullayeva *S.C.* Useful plants of corymbose. Baku, 2001, 147 p. (*em azerbaijanês*)

80. *Ibadullayeva S.C.* Cultivo de plantas oleaginosas essenciais. Transecção dos jardins botânicos de Mardakan. Baku. Parte 2. 2001, p. 57 (*em azerbaijanês*).

81. *Ibadullayeva S.J.* Essential oil of Umbrellate plants from Azerbaijan flora. Moscovo, 2001, p. 115-116.

82. *Ibadullayeva S.J., Shukiyeva A.I., Rasulov F.A.* Essential oils plants of Nakhichevan / Materials of conferens "Antimicrob". Baku, 2001, p.23. *(em russo)*
83. *Ibadullayeva S.J., Mekhitiyeva N.P., Mamedova S.A.* Biological pecularities of essential oil plants of family Apiacea Lindl. Do Azerbaijão / Materiais do simpósio internacional. Moscovo, 2001, p. 154-157. *(em russo)*
84. *Ibadullayeva S.C.* O estudo das peculiaridades do óleo essencial de plantas do género Heracleum L.// Reports of Azerbaijan Academy of sciences. 2002, v. 44, N2. p. 45-48. *(em azerbaijano)*
85. *ibadullayeva S.C.* Changes of essential oils during storage for a long time. XI Simpósio Internacional de Cultivo de Plantas. Simphoropol. 2003, p. 148. *(em azerbaijano)*
86. *Ibadullayeva S.C.* Petroselinums of Azerbaijan flora. Baku, 2004, 320 p. *(em azerbaijanês)*
87. *Ibadullayeva S.C., Jafarly I.Q.* Essential oils and aromatherapy (Óleos essenciais e aromaterapia). Baku, Elm, 2007, 115 p. *(em azerbaijanês)*
88. *Innoktnzi P., Hall D., Cross J.* Componentes da feromona de agregação masculina do gorgulho da flor do morangueiro, Anthonomus rubi Herbst. // Jour. chem. ecol., 2001, v.27, N6, p. 1203-1218.
89. *Ismailov R.J., Mammadova R.M., Ganbarov Kh.G.* Antimikrob activity of essential oil composition. Patente (Azerbaijão). I 20110038, 2011 *(em azerbaijanês).*
90. *Izotov D.U., Tagilsev J.G., Kolesnikova R.D., Syunko V.A.* Substâncias activas biológicas de Ledum palustre // Proceedings of higher scholls, 2010, №2, p. 29-30 *(em russo).*
91. *Javidnia K., Miri R., Soltani M., Khosrawi A.* Composição do óleo essencial de Tanacetum polycephalum schults do Irão // J. Essent. oil Res., 2008, v. 20, №3, p.209-211.
92. *Javidnia K., Miri R., Soltani M., Khosrawi A.* Constituintes do óleo essencial de Marrabium astracanicum Jacg do Irão // J. Essent. oil Res., 2007, v. 19, №6, p.559-561.
93. *Javidnia K., Miri R., Soltani M., Khosrawi A.* Composição do óleo essencial de duas espécies de Eremostachys do Irão // J. Essent. oil Res., 2008, v. 20, №3, p.226-228.
94. *Jeong Ch., Jeong M., Jeong S., Lee K.* Antibacterial activity of Saphora flavanone G. isolated from the roots of Saphora flavescens // J. microbiol. Biotechnol, 2007, v.17, N5, p. 858-864.
95. *Jeong S. I., Lim J.* Composição química e actividades antibacterianas do óleo essencial de *Abies koreana* // Phytother Res., 2007, v.21, p. 1296-1250.
96. *Jigitjanova S.V., Rabjabova L.N., Zvonsov I.B., Radjayeva L.D.* Composição química do óleo essencial de Thymus baikalensis // Química de materiais vegetais. 2008, №1, p. 73-76. *(em russo)*
97. *Jigitjanova S.V., Rabjaeva L.N., Radjaeva L.D.* Análises comparativas do óleo essencial Artemisia absinthium da Mongólia // Bulletin Buryet stat University. 2009, №3, p. 66-69. *(em russo)*
98. *Jigitjanova S.V., Soktoyeva T.E., Radnayeva L.D., Taraskin V.V.* Composição do óleo essencial de Artemisia rupestris da região de Irkutsk // Boletim da Sibéria Oriental. 2009, №2, p. 103-105. *(em russo)*
99. *Jirgolova E.A., Baisankayeva D.B.* Biological resources of essential oil plants (Recursos biológicos das plantas oleaginosas essenciais). Astrakhan, 2008, p. 54-56. *(em russo)*
100. *John A., George V., Pradeep N. et al.* Composição química e atividade antibacteriana dos óleos de folhas, bork e frutas de Neolitsca fischeri gamble // J. Essent. oil Res., 2008, v. 20, №3, p.272-282.
101. *John A., Karunakaran V., George V. et al.* Constituintes e atividade antibacteriana dos óleos essenciais das folhas e frutos de *Pittosporum viridulum* // J. Essent. oil Res., 2007, v. 19, №6, p.591593.
102. *John A., Varughese G., Pradeep N., Sethuraman N.* Composição e atividade antibacteriana dos óleos de folhas e frutos de Phitosporium meelgherrense wight et Arn. // J. Essent. oil Res., 2008, v. 20, №4, p.380-382.
103. *Jordan M., Martiner R., Goodner K. et al.* Variação sazonal de Thymus hycmalis // Industrial crops Products, 2006, B24, h. 253263.
104. *Juliani H., Simon J., Quansah C. et al.* Diversidade química dos óleos essenciais de Lippia mutiflora da África Ocidental // J. Essent. oil Res., 2008, v. 20, №1, p.49-55.
105. *Jung H., Yoon N., Kang S. et al.* Actividades inibitórias de flavonóides prenilados de Saphora flavescens contra a aldose redutase e geração de produtos finais de glicação avançada // J. Pharm. Pharmakol, 2008, v.60,№9, p. 1227-1236.
106. *Kasimov F.Y., Aliyev N.D., Ibragimov H.H.* The study of essential oils plants genus thymus L. And antimicrobial activity of them // Relatórios da ANA das ciências, 1980, v.36, N8, p. 72-78.
107. *Kasimov F.Y.* Recursos de plantas industriais do Azerbaijão // Química, Biologia e medicina, 2003, N4, p. 59-68. *(em russo)*

108. *Kasimov F.Y.* Ekology-geographic spreeding of plants genus Thymus L. in Caucassus // Chemistry, biology and medicine, 2003, N4, p. 59-68. *(em russo)*
109. *Kasimov F.Y.* Chemical composition of essential oils of plants genus thymus L. from Azerbaijan / Materials of International conference. Moscovo, 2004, v.1, p. 274-277. *(em russo)*
110. *Kasimov F.Y.* Impact of drying to amount of essential oil and chemical composition its // Transecções do Instituto de Botânica da ANA das ciências. Baku: Elm, 2004, p. 377-381. *(em russo)*
111. *Kasimov F.Y.* Essential oils species of genus Thymus L. From Caucassus flora and their application // Procecdings of the Ana of sciences. Ciências Biológicas, 2006, N5-6, p. 33-46. *(em russo)*
112. *Kasimov F.Y.* Espécies de óleos essenciais de Thymus L. da flora de Caucassus e cursos sua aplicação. Dissertação de doutoramento. Ferver. Ciências. Baku, 2006, 49 p. *(em russo)*
113. *Kasimov F.Y.* Component composition of essential oils of plants from Azerbaijan flora and antimicrobial activity of their / Materiais da 1.ª Conferência Internacional. Baku, 2006, v.2, p.58. *(em russo)*
114. *Kasumov F.* Estudo da composição química dos óleos essenciais de *Thymus nummularius* Bieb. e das suas propriedades úteis Simpósio Internacional sobre Química de Produtos Naturais . Karachi, 2006, p. 2002.
115. *Kanayev M.V., Zemskova Y.K.* Effectivnes of growth biostimulants in growth of essential oil plants / Materiais da conferência. Saratov, 2007, p.152-154. *(em russo)*
116. *Karvoti A., Scaltsa H., Gbolate A.* Constituintes dos óleos essenciais destilados de Citrus reticulate e C. paradise da Nigéria // J. Essent. oil Res., 2007, v. 19, №6, p.520-522.
117. *Katayoum M., Marjid S., Akbarzadeh M.* A composição do óleo essencial de Artemisia tschernieviana Besser. // J. Essent. oil Res., 2008, v. 20, №2, p.109-111.
118. *Kazarinova N.V., Trachenko K.G., Muzichenko L.M., Shurgaya A.M.* Application of essential oil Origanum vulgare L. and O. bytythanthum // Vegetable resources, 1999, v.35, N4, p. 51-58. *(em russo)*
119. *Kazarinova N.V., Trachenko K.G.* Óleo essencial de Origanum vulgare L. e menta piperita / Materiais da conferência. Alma-Ata, 2000, p. 136-137. *(em russo)*
120. *Kazarinova N.V., Trachenko K.G., Muzichenko L.M.* Composição e atividade antibiótica do óleo essencial de Origanum vulgare L. da Sibéria ocidental // Vegetable resources, 2002, v.38, N2, p. 99-103. *(em russo)*
121. *Khaydukova E.V., Nadejdin D.V., Kossif L.A., Teslov L.S.* Antimicrobial activity dry extracts from top of Salvia tesguicola and leaves Salvia officinalis // Vegetable resoures, 2003, v.39, N3, p. 134-136. *(em russo)*
122. *Khanina M.A., Serich E.A., Berezovskaya T.P., Khan V.A.* Seskviterpenoids of essential oil of Artemisia fakutika // Vegetable resoures, 1991, v.27, N3, p.90-91. *(em russo)*
123. *Khodjmatov K. Kh., Ramazanov N.Kh.* plantas oleaginosas essenciais do Uzbequistão // Vegetable resoures, 1980, v.16, N1, p. 104-107. *(em russo)*
124. *Kim Y., Lee G., Chang J., Park H.* Atividade antimalárica de lavandulil flavanonas isoladas das raízes de Saphora flavescens // Biol. Pharm. bull., 2004, v.27, №5, p. 748-750.
125. *Kirichenko E.B.* Ecophysiology of mint (Ecofisiologia da hortelã). M.: Nauka, 2008, 142 p. *(em russo)*
126. *Kirichenko E.B., Orlova Y.V., Kurilov D.R.* Composição dos componentes do óleo essencial de Artemissia lerchiana Web // Reports RA of sciences, 2008, v.422, N4, p. 554-557. *(em russo)*
127. *Kiril S., Kirici S., Sonmez O.* Effect of different row distances on same agronomical characteristics and essential oil composition of cumin // Bodenkultur, 2008, v. 59, №1-4, p.77-83.
128. *Kochapahdee S., Pandey V., Pralomkam W. et al.* Resistência anti-helmíntica no homem e nas cabras em Tailand // Veterin. Res., 2001, v.137, №5, p. 124-125.
129. *Kontratyeva V.V., Voronkova T.U., Shelenova O.V., Olekhnovich L.S.* Physiologo-biochemical aspects of saliva splendens // Proceedings of the RA of sciences, biological sciences, 2008, v. 422, N3, p. 296-303. *(em russo)*
130. *Kovalenko N.A., Supichenko G.N., Leontyev V.N., Shutuva A.G.* Composição elementar dos óleos essenciais de Coriandrum sativum. Vegetable resoures, 2011, v.47, N2, p. 91-97. *(em russo)*
131. *Kulatayeva L.K., Pak R.N., Yermektayeva B.A., Adekenov S.M.* Antimicrobial and and wound hiling activity of extracts and essential oils of medicinal plants // Vegetable resoures, 2006, v. 42, N2, p. 103-109.
132. *Kulikovskiy Y.V., Vaqabov V.M., Ivanov A.Y.* Polifosfato inorgânico de células de Saccharomyces cerevisiae // Microbiologiya, 2011, v. 80, №1, p. 13-17. *(em russo)*
133. *Kulisic T., Mios M.* Atividade antioxidante do chá aquens // Food Technol. Biotechnol., 2006, v.44, №4,

p. 485-492.

134. *Kumisheva L.A.* Antiinflammatory and antibacterial activity of some medicinal plants. Vegetable resoures, 2009, v. 45, N1, p. 126-137. (*em russo*)

135. *Kuprichenko Y.B., Orlova U.V., Kurilov D.R.* Artemisia lerchina Web as a producer of essential oil // Physiology of plants, 2008, v. 55, N6, p. 934-941. (*em russo*)

136. *Kurdgeli M.L., Popova D.* Estabelecimento de óleo essencial de roseira *II* Armazenamento e processamento de matérias-primas agrícolas, 2008, №7, p. 48-49. *(em russo)*

137. *Laour H., Bouleacheb N., Akkal S. et al.* Composição e atividade antibiótica do óleo essencial de Amnoides atlantica II J. Essent. oil Res., 2008, v. 20, №3, p. 266-269.

138. *Li R., Jiang T., Yu J.* Composição do óleo essencial dos noedles de Abies nephronlepis Maxim. da China II Flavour and Fragrance J., 2005, v.20, №5, p. 534-536.

139. *Lima N., Cergueria S., Hashimoto F. et al.* Composição e variação química do óleo essencial das folhas de Eugenia brasiliensis Lam. II J. Essent. oil Res., 2008, v. 20, №3, p. 229-232.

140. *Lis A., Mielczarek J., Kalemba D., Nazaruk J.* Composição química do óleo essencial da erva de Erigeron ammurs L. II J. Essent. oil Res., 2008, v. 20, №3, p. 223-225.

141. *Lopeslats D., Mckay T., Kolodziejezyk P.* Distribuição de voláteis em Artemisia cana II Pharm. Boil., 2008, v. 46, №6, p. 373-376.

142. *Lyakh E.M., Sibulya N.V.* Estudo da atividade antibacteriana e antifúngica do extrato volátil de Myricaria bacteata II Vagetable resources, 2009, v.45, N1, p. 154-156. *(em russo)*

143. *Mammadova S.A., Mehtiyeva N.P., Ibadullayeva S.J., Mustafayeva C.J.* Useful properties of essential oils *I* 5-th International conference "Bioantooxidant". Moskva, 1998, p.3-4. *(em russo)*

144. *Mammadova R.M., Ganbarov Kh.G.* Quantidade de microrganismos em óleos essenciais II Transecções do Instituto de Microbiologia da ANA de ciências. Baku: Elm, 2007, v.7, p. 66-69. *(em azerbaijano)*

145. *Mammadova R.M.* Antimicrobial characteristic of coriandrum sativum essential oil II Transecções do Instituto de Microbiologia da ANA de ciências. Baku: Elm, 2008, v. 5, p.160-161. *(em azerbaijano)*

146. *Mammadova R.M.* Antimicrobial activity of ocimum basilicum essential oil II Transecções de microbiologia Instituto de Ciências da ANA. Baku: Elm, 2008, v. 6, p. 214-221. *(em azerbaijano)*

147. *Mammadova R.M., Ganbarov Rh.G..* Antimicrobial activity of saliva officinalis essential oil II Relatórios da ANA de ciências. 2008, v. 44, N5, p. 98-102. *(em azerbaijano)*

148. *Mammadova R.M., Ganbarov Kh.G.* Antibacterial activity of nepeta cataria essential oils. Materiais de conferências BSU. Baku, 2009, 242 p. *(em azerbaijano')*

149. *Mammadova R.M.* Antimicrobial activity of thymus transcaucasicus essential oil // Transecções de Botânica Instituto de Ciências da ANA. Baku: Elm, 2009, v. 24, p. 730-738. (*em azerbaijano*)

150. *Mammadova R.M., Ganbarov Kh.G..* Antimicrobial activity of saturea laxiflora essential oil / Materiais da conferência da República do Azerbaijão. Baku. 2010, p. 270. *(em azerbaijano)*

151. *Mammadova R.M., Ismaylov R.J., Ganbarov Kh.G.* Antimicrobial activity of essential oil of Satureja laxiflora // Vegetable resoures, 2010, v.46, N1, p.111-118. *(em russo)*

152. *Mammadova R.M., Ganbarov Kh.G.* Atividade antimicrobiana do óleo essencial de Foeniculum vulgare Mill. Grawing no Azerbaijão // Transecções do Instituto de Microbiologia da ANA das Ciências. Baku: Elm, 2011, v.9, N1, p.134-140. *(em russo)*

153. *Maksimovic Z., Milenkovic M., Ristic M.* Composição química e atividade antimicrobiana do óleo essencial de Thymus pamonicus All. // Cent. Eur. Jour. Biol., 2008, v.3, N2, p. 149-154.

154. *Marchuk N.Y., Vinoqradov B.A., Ejov V.N.* Dynamics of content and composition of essential oils Cupressus sempervirens // Vegetable resoures. 2011, v.47, N2, p. 85-90. (*em russo*)

155. *Maria M., Zumino M., Lopez M. et al.* Variação na composição do óleo essencial e atividade antimicrobiana de Baecharis sportioides da Argentina // J. Essent. oil Res., 2007, v. 19, №6, p. 509-513.

156. *Marques F., Wendler E., Sales M. et al.* Óleo volátil de Psidium catteianum sabine da floresta Altântica brasileira // J. Essent. oil Res., 2008, v. 20, №6, p. 519-520.

157. *Martinez S., Madrid J., Megias M., Jorden J.* Effect of Thume essential oils and monensin on in vitro ruminal degradation // J. Aric. food. chem., 2006, v.54, N18, p. 6598-6602.

158. *Mecherara I., Hassani A., Castola V., Casanova J.* Composição e variabilidade química do óleo essencial de Pistacia lentiscus L.
Il J. Essent. oil Res., 2008, v. 20, №1, p. 32-38.

159. *Mecherara I.,Hassani A., Castola V., Casanova J.* Composição do óleo essencial de folhas, frutos e galhas de Algerian pistica Il J. Essent. oil Res., 2008, v. 20, №3, p. 215-219.

160. *Mehtiyeva N.P.* Peculiaridades biológicas do óleo essencial de plantas do género Pinpinella do

Azerbaijão. Dissertação de mestrado em ciências. Baku, 1998, 22 p. *(em russo)*

161. *Mesheryuk G.I., Timchuk K.S., Chelovskaya L.N.* Óleo essencial de Daucus carotu L top. Cultivo na Moldávia II Recursos Vegetais, 1983, v. 19, p.218-224. *(em russo)*

162. *Mighri H., Akront A., Eljeni H. et al.* Composição e variabilidade química intra-específica do óleo essencial de Artemisia herba-alba que cresce selvagem numa zona árida de Tunisiun II Chem. and Biodivers., 2010, v.7, №11, p. 2079-2717.

163. *Mishurova S.S., Malinovskaya T.A., Ahmedov I.B., Mammadov D.G.* Essential oil plant of vitex agnus-castus and their antimicrobial activity II Vegetable resoures, 1986, v.22, N4, p, 526-530 *(em russo)*

164. *Mizina P.G., Kurkin V.A., Jdanov I.P., Bikov V.A.* Antibacterial activity some medicinal form of plants II Vegetable resoures, 2001, v.37, N4, p. 97-99. *(em russo)*

165. *Mockute D., Bernotiene G., Judzentiene A.* O óleo essencial de Origanum vulgare L. que cresce selvagem no distrito de Vilms II Phytochem., 2001, v.57, №1, p. 65-69.

166. *Monia E., Jolloul B., Mathien A. et al.* Composição química e atividade antimicrobiana e antioksidant de óleos essenciais e vários extractos de Juniperus phoeniceae II J. Food sci., 2009, v. 74, №1, p. 364-371.

167. *Mou X., Fu C., Bu H. et al.* Composição de óleos essenciais da China II Química de compostos naturais, 2007, №3, p. 278280.

168. *Mustafayeva S.D., Ahmadova E.R.* Planta produtora de óleo essencial *Achiellea filipendulina* Lam. que cresce no Azerbaijão II Vegetable resoures, 1989, N1, p.79-83. (*em russo*)

169. *Nikolov N., Dimitrov D., Dimitrov P.* Utilização de sapropelles do mar Negro para melhorar o crescimento e a reprodução de pinças de rosa de Kazanlika // Geologia e recursos minerais do oceano, 2009, №4, p. 91-92.

170. *Nikolayeva I.G., Khobrokova V.P., Nikolayeva G.G, Nikolayev S.M.* Immunomodulating activity medicinal plants // Vegetable resoures, 2009, v.45, N1, p. 137-140. *(em russo)*

171. *Nikitina V.S., Shendel G.V.* Content phenolic compounds and aminoacids in top of Geranium pretence // Vegetable resoures, 2008, v.44, N2, p. 71-81.

172. *Novruzov E.N.* Pigments of reproductive organs of plants and their significance (Pigmentos dos órgãos reprodutores das plantas e seu significado). Baku: Elm, 2010, 312 p. *(em russo)*

173. *Olennikov D.I., Zulfugarov I.N., Toropova A.A., Ibrahimova G.A.* Composição química do suco Caallizy e sua atividade antioksidand // Química de matérias-primas vegetais, 2008, N4, p. 95-100. (*em russo*)

174. *Olennikov D.I., Sapdanov D.V.* Composição e atividade biológica dos compostos fenólicos de Saphara flavescens // Vegetable resoures, 2010, v.46, N2, p. 125-159.

175. *Olennikov D.I., Toropova A.A., Tajchayeva L.M., Nikolayev S.M.* Antioksidant activity of "phytourcent" // Vegetable resoures, 2010, v.46, N4, p. 145-152. (*em russo)*

176. *Oliveria F., Feri P., Paula J. et al.* Influência sazonal na composição do óleo essencial de *Eucaliptus usophylla* // J. Essent. oil Res., 2008, v. 20, №6, p. 555-560.

177. *Orlova A.M., Tagilsev Y.G., Kolesnikova R.D.* Essential oil of bark of Abies nephrolepis and Piceea ajanensis // Vegetable resoures, 2004, v.40, N1, p. 47-57. (*em russo*)

178. *Oslem T., Sengul K., Kisil S., Diraz E.* Alterações na composição do óleo essencial de orégãos devido a variações diurnas em diferentes fases de desenvolvimento // Not. bot. horti agrobot., 2009, v. 37, №2, p. 177-181.

179. *Oyedeji A., Laval O., Adeniyi B. et al.* Composição do óleo essencial de três espécies de Zanthoxylum // J. Essent. oil Res., 2008, v. 20, №1, p. 69-71.

180. *Ozek T., Ba§er K., Husni C. et al.* Composição do óleo essencial de Hippomarathrum cristatum Boiss // J. Essent. oil Res., 2007, v. 19, №6, p. 540-542.

181. *Pak R.N., Beysenbaeva A.A., Seydahmetova R.B.* Wound healing activity of essential oil of Artemisia globella // Vegetable resoures, 2004, v.40, N2, p. 101-107. (*em russo)*

182. *Parreira N., Magalhaes L., Morais D. et al.* Actividades antiprotozoária esquistossomicida e antimicrobiana do óleo essencial das folhas de *Baecharis dracunculifolia* // Chem. and Biodivers., 2010, v. 7, №4, p. 993-1001.

183. *Pashinskiy V.G., Akstenenko S.G., Kravsova S.S., Hasanov V.V.* Antiinflammatory activity extract of leaves of Rubus ideus // Vegetable resoures, 2008, v.44, N1, p. 110-113. (*em russo)*

184. *Peres R., Uzbera J., Lafont F., Galver C.* Composição e variabilidade do óleo essencial em Thymus rygis de Espanha // J. Essent. oil Res., 2008, v. 20, №3, p. 192-200.

185. *Petrichenko V.M., Suxonina T.V., Odegova T.F.* Antimicrobial activity extracts of plants genus Euphrasia // Vegetable resoures, 2002, v.38, N3, p. 82-85. (*em russo*)
186. *Petrichenko V.M., Suxonina T.V., Babiyan L.K., Shramm N.I.* Composição química e atividade antioxidante substâncias activas biológicas de plantas // Chem. Pharm. Jour., 2006, v.40, N6, p. 66-67. (*em russo*)
187. *Pola-Paul J., Perer A., Velasco A. et al.* Composição do óleo essencial de Santolina oflongifolia Boiss de Espanha // J. Essent. oil Res., 2008, v. 20, №1, p. 65-68.
188. *Polejayeva I.V., Veselova O.F., Polejayeva N.I., Menyalo L.N.* Antioksidant properties water extract from top of *Chamaenerin angustifolium* // Vegetable resoures, 2008, v.44, N2, p.104-108 (*em russo*)
189. *Polina S.A.* Antioxidant activity of essential oil some wild plant of Siberia / Materiais da conferência de jovens cientistas. Abakan, 2010, N14, parte 1, p. 35-36 (*em russo*)
190. *Povetyeva T.N., Gaydamoovich N.N., Pashinskiy V.G.* Antiimflammatory and antiallergic effect of tincture of top *Akonitium Sptentrionali* // Vegetable resoures, 2005, v.41, N4, p. 99-105 (*em russo)*
191. *Preobrajenskaya N.E., Sasiperova I.F., Tkachenko K.G., Tkachenko K .G.* Impact of essential oil against phytopathogen bacteria and fungi / Materiais da conferência científica "Volatile productions". Kiev, 1985, parte 1, p.74. (*em russo)*
192. *Puertas-Mejia M., Hillebrand S., Stashenko E., Winterhalter P.* In vitro racical sucavenging activity of essential oils from Calumbian plants and fractions from oregano-essential oil // Flavour and Fragrance Jourk., 2002, v.117, p. 380-384.
193. *Pushkareva E.S., Strukova E.G.* Composição fraccionada do óleo essencial de Artemisia absinthium // Ecology of south Siberia, 2010, N14, part 1, p. 38-39. (*em russo)*
194. *Pushkina G.P., Malankina E.L., Tchaganov R.R., Morozov A.I.* Aplicação eficaz de regulador de crescimento e adubação no cultivo de plantas oleaginosas essenciais // Achievement of science and technics, 2010, N17, p. 17-19. (*em russo*)
195. *Quan W., Lee H., Kim Ch. et al.* Antiallergic prenylated flavonoids from the roots of *Saphora flavenscens* // Planta. med., 2008, v.74, №2, p. 168-170.
196. *Quijano C., Pino J.* Análise de compostos voláteis de frutos de camu-camu isolados por diferentes métodos // J. Essent. oil Res., 2007, v. 19, №6, p. 527-533.
197. *Raj G., George V., Pradeep N., Sethuraman M.* Composição química e atividade antimicrobiana do óleo de folhas de Sysygium gardneri // J. Essent. oil Res., 2008, v. 20, №1, p. 72-74.
198. *Raj G., George V., Pradeep N., Sethuraman M.* Constituintes voláteis e atividade antibacteriana de Eugenia rottlriana wight et Arn. // J. Essent. oil Res., 2007, v. 19, №6, p. 588-590.
199. *Ravid U., Larkov O., Dudai N., Lewinsohn E.* Thyjane monoterpens in origanum species / Conferência mundial sobre plantas medicinais e aromáticas. Budapesht, 2001, p. 45.
200. *Razborsek M., Voncina D., Dolecek V., Voncina E.* Determinação dos principais ácidos feólicos, diterpenos fenólicos e triterpenos em Rosemary // Ata chem. Sov., 2007, v.54, p. 60-67.
201. *Roal A., Elmar A., Oray A. et al.* Composição do óleo essencial de *Levisticum officinale* W. D. Koch de alguns países europeus // J. Essent. oil Res., 2008, v. 20, №4, p. 318-322.
202. *Rosas-Romero A., Manchado C., Crescente O. et al.* Antiinflammatary sesquiterpene lactones from *Lourtegia ballo* taefolia // Planta med., 2002, v.68, №1, p. 843-845.
203. *Rustaiyan A., Masoudi Sh., Kasemi M.* Constituintes de óleos voláteis de diferentes partes de *Artemisia ciniformis* Krasch. // J. Essent. oil Res., 2007, v. 19, №6, p. 548-551.
204. *Rota M., Herrera A., Martiner R., Jordan M.* Atividade antimicrobiana e composição química de *Thymus vulgaris* // Food control, 2008, vol. 19, №7, p. 681-687.
205. *Sabulal B., George V., Nediyaparanbu S., Dan M.* Óleos voláteis da raiz, caule e folhas de *Schefflera stellata* Harms. (atividade antibacteriana) // J. Essent. oil Res., 2008, v. 20, №1, p. 79-82.
206. *Sales J., Pinto J., Botrel P. et al.* Composição e variabilidade química no óleo essencial de *Hytes marrubioides* Epl.// J. Essent. oil Res., 2007, v. 19, №6, p. 552-556.
207. *Salhi P., Sapvoli A., Aschari V.* Composição química do óleo essencial de stachys acerosa e sua atividade antibiótica e antioxidante // Química de compostos naturais, 2007, N3, p. 281-282. (*em russo*)
208. *Saratikova A.S., Prishep T.P., Vengerovskiy A.I.* Propriedades anti-imflamatórias dos óleos essenciais de Achillea millefolium // Chemistry of pharm. Jour., 1986, N5, p. 585-588. (*em russo*)
209. *Sassella A., caccia M., Tettamanti C. et al.* Comparaison de clones tessinois // Rev svissi viticult. arboricult. et horticult., 2008, v. 40, №2, p.117-123.
210. *Schwob I., Viano J., Bessiere J., Haddad Ch.*Comparação da composição do óleo essencial de daniellia oliveri Hutch et Dalz. folhas de Senegel e Costa do Marfim // J. Essent. oil Res., 2008, v. 20, №2, p.

155-157.

211. *Serejkina E.S.* Composição do óleo essencial de Syringa vulgaris // Ecologia da Sibéria do Sul. 2008, N12, parte 1, p. 43-44. (*em russo)*

212. *Seydahmadova R.B., Beysenbayeva A.A., Atajanova G.A.* Composição química e atividade biológica do óleo essencial de Achillea absinthium // Chemistry of pharm. Jour., 2002, N3, p. 27-30. (*em russo)*

213. *Shantanova L.N., Lubsandorjeva P.B., Bodoyev A.V., Nicolayev S.M.* Antiinflammatory and antioxidant properties try extract from black leaves // Vegetable resoures, 2008, v.44, N3, p. 109-117. (*em russo*)

214. *Shantanova L.N., Bodoyev A.V. Lubsandorjeva P.B.* Wound healing activity of plant preparation of Bergenia // Vegetable resoures, 2010, v.46, N2, p. 110-118. (*em russo)*

215. *Shilova I.V., Kubacheva N.V., Korotkova S.I., Krasnov E.A.* Antioxidant properties of biological activ substances from Alfredia cirnua // Vegetable resoures, 2008, v.44, N1, p. 114-121. (*em russo*)

216. *Shkil N.A., Chanuchina N.V., Kazarinova N.V., Tkachenko K.G.* Impact of essential oil against antibiotic sensitivity of microorganisms // Vegetable resoures, 2006, v.42, N1, p. 100-107. (*em russo)*

217. *Shutova A.G.* Estimativa da atividade antioxidante de extractos e óleos essenciais de plantas medicinais // Vegetable resoures, 2007, v.43, N1, p. 112-125.

218. *Shutova A.G., Spiridovich E.V., Taranovich I.M. Component* composition of essential oil of representatives genus Abies // Vegetable resoures, 2009, v.45, N4, p. 60-67.

219. *Shutova A.G., Spiridovich E.V., Taranovich I.M. Component* composition of essential oil representatives genus Juniperus // Vegetable resoures, 2011, v.47, N1, p. 72-79.

220. *Slepikh V.V.* Volatile production activity of Pinus Kochiana and environmental factors // Biol. reports of north Caucasus, 2005, v.1, p. 95-103. (*em russo*)

221. *Slepikh V.V.* Antibacterial activity and component composition of volatile metabolites of woody plants // Vegetable resoures, 2009, v.45, N4, p. 91-104. *(em russo)*

222. *Sohn H., Son K., Kwon C., Kang S.* Antimikrobial and cytotoxic activity of flavonoids isolated from medicinal pants // Phytomedicine, 2004, vol. 11, p. 666-672.

223. *Stancheva I., Geneva M., Georgiev G. et al.* Variação do óleo essencial das folhas de Salvia officinalis durante a vegetação após tratamento com fertilizante foliar e thediazuron // Commun. Soil. Sci. and Plant Anal., 2010, v. 41, №3, p. 244-249.

224. *Stefanello M., Cervi A., Ito I. et al.* Composição química e atividade antimicrobiana dos óleos essenciais de *Eugenia Chlorophylla* // J. Essent. oil Res., 2008, v. 20, №1, p. 75-78.

225. *Stefanello M., Salvador M., Ito I. et al.* Composição química, variação sesonal e evolução dos óleos essenciais de *Talauma ovate* // J. Essent. oil Res., 2008, v. 20, №6, p. 565-569.

226. *Stepen R.A., Yesyakova O.A.* Impacto da poluição ambiental no conteúdo e composição do óleo essencial de coníferas // Coniferous broad-leaved forest, 2007, v.24, N1, p. 122-127. (*em russo)*

227. *Sukhinina T.V., Petrichenko V.M.* Component composition and biological activity some species of genus Euphrasia from Russia // Vegetable resoures, 2009, v.45, N4, p. 129-136. (*em russo*)

228. *Tabanca N., Demirçi F., Wedge D., Baser K.* Distribuição enantiomérica da composição e atividade antimicrobiana do *Tanacetum argentum* // J. Pharm. Bioend. Anal., 2007, vol. 45, №5, p. 714-719.

229. *Tajbakhash M., Rineh A., Khalizadeh M.* Composição química dos óleos essenciais das folhas, flores, caule e raiz de *Phlomis olivieri* Benth // J. Essent. oil Res., 2007, v. 19, №6, p. 501-503.

230. *Tajbakhash M., Rineh A., Khalizadeh M, Eslami B.* Constituintes químicos dos óleos essenciais das folhas, flores, caule e partes aéreas de *Salvia aethiopis* L. do Irão // J. Essent. oil Res., 2007, v. 19, №2, p.569-571.

231. *Takeoka G., Dao L., Rodriguez D., Patterson R.* Voláteis do espaço aéreo das flores *de Scutellaria coliformica* A. Gray // J. Essent. oil Res,
2008, v. 20, №2, p.169-171.

232. *Taran D.D., Saratikov A.C., Prishep T.P.* Propriedades cicatrizantes de feridas do óleo essencial Achillea Yakutsky // Militarymedical Jour, 1989, N8, p. 50-52. (*em russo)*

233. *Tariku Y., Alymete A., Hailu A., Rohloff J.* Composição do óleo essencial, estudo antileishmanial e de toxicidade de *Artemisia abyssiica* e *Satureja puctata* ssp. // Chem. and biodivers., 2010, v. 7, №4, p.1009-1018.

234. *Timoshina L.G.* O estudo da composição química e mineral da hortelã-pimenta e Melissa officinalis L // Ecologia do sul da Sibéria, 2008, N12, parte 1, p. 45-46. (*em russo)*

235. *Tkachenko K.* Constituintes de óleos essenciais de frutos de algumas espécies de Heracleum L. // J. Essent. oil Res., 1994, v. 5, №6, p. 687689.

236. *Tkachenko K.G., Pakrovsky L.M., Tkachev A.V.* Composição dos componentes do óleo essencial de

várias espécies de Heracleum L. stronge na região de Leninegrado. Vegetable resoures, 2001, v.37, N4, p. 6468. (*em russo*)

237. *Tkachenko K.G., Pakrovsky L.M., Tkachev A.V.* Composição dos componentes do óleo essencial de várias espécies de Heracleum
L. estranho na região de Leningrado. Recursos Vegetais, 2001, v.37, N4, p. 69-75. (*em russo*)

238. *Tkachenko K.G., Pokrovsky L.M., Tkachev A.V.* Composição dos componentes do óleo essencial de várias espécies de Heracleum L. Strange na região de Leninegrado. Vegetable resoures, 2001, v.37, N3, p. 7277. (*em russo*)

239. *Tkachenko K.G., Tkachev A.V.* Component composition of essential oil of Origanum vulgare L. cultivated in Leningrad region // Vegetable resoures, 2002, v.38, N1, p. 97-101. (*em russo*)

240. *Tommasi L, Negro C., Cerfedo A. et al.* Influência de factores ambientais na variabilidade do óleo essencial em *Thymbra capitata* L. // J. Essent. oil Res., 2007, v. 19, №6, p. 572-580.

241. *Toronova A.A., Olennikov D.N., Tankhaeva L.M.* Antioxidant activity of dry extract from Comarum palustre // Vegetable
resoures, 2011, v.47, N1, p. 124-131.

242. *Ustyugova E.A., Fedorova G.B., Katrukha G.S., Stoyanova L.G.* Estudo do complexo antibiótico de Lactococcus lactis // Microbiologiya, 2011, v.80, №5, p. 644-650. *(em russo)*

243. *Vdovitchenco M.Y., Kuzovkina I.W.* O método de produção de plantas herbáceas // Boletim da Universidade Estatal de Moscovo, Biologia. 2011, №2, p. 4-6. (*em russo)*

244. *Velickovic D., Nikolova M., Ivancheva S. et al.* Extração de flavonóides do jardim (salvia officinalis L.) e sálvia glutinosa por maceração ultra-sónica // J. Serb. Chem. Soc., 2007, vol. 72, №1, p. 73-78.

245. *Vichkanova S.A., Rubinchik M.A., Adgina V.V.* Antimicrobial activity of natural cumarins // Vegetable resources, 1973, v.9, N3, p. 370-376 (*em russo*)

246. *Voronkova N.M., Verkholet V.P., Kholina A.P.* Biological pecularities of plants from volcanic places // Procedimentos da RA das ciências, série biológica. 2911, N3, p. 289-294. (*em russo*)

247. *Xavier S., Umberto P., Philippe G., Antoine D.* Comparaison de varieties dorigan cultives en Franche-Comte // Rev. suisee, viticult., arboricult. et horficult, 2010, v.42,

248. *Yefremov A.A., Zikova I.D.* C omposição do óleo essencial das folhas de Allum victoriolis // Vegetable resources. 2011, v.47, N2, p.106-109. (*em russo*)

249. *Yefremov A.A., Zikova I.D., Drojjina M.R.* Chenges of composition of essential oil of Acorus calamus // Vegetable resoures, 2011, v. 47,N1, p.118-123. (*em russo)*

250. *Yenina O.L., Kirichenko Y.B., Olekhnovich E.B.* Pecularidades da acumulação de óleo essencial durante o cultivo de Menta piperata. Samara, 2010, p. 28-30. (*em russo*)

251. *Yenyutina E.Y., Simonova I.Y., Fateeva T.V.* O estudo das peculiaridades antimicrobianas de Inula britannica // Phytincides. 1990, v.14, N2, p. 234-237. (*em russo*)

252. *Zauralov O.A.* Significado físico dos óleos essenciais de plantas // Vegetable resoures, 1975, v.11, N2, p. 289-304. (*em russo*)

253. *Zon Y., Lu Y., Wei D.* Atividade antioxidante de um extrato rico em flavonóides de *Hypericum perforatum* L. in vitro // Jour. Agric. and food Chemistry, 2004, v. 52, p. 5032-5039.

MIX
Papier aus verantwortungsvollen Quellen
Paper from responsible sources
FSC® C105338

Printed by Books on Demand GmbH, Norderstedt / Germany